水利工程特色高水平骨干专业（群）建设系列教材

U0166887

综 合 化 学

主　编　樊慧菊　李　涛

副主编　杨林林　刘甜甜　李　强

主　审　刘伟群

中国水利水电出版社

www.waterpub.com.cn

·北京·

内 容 提 要

　　本教材分为有机化学和分析化学两篇，共十七章，其中有机化学部分主要介绍饱和烃、不饱和烃、脂环烃、芳香烃、卤代烃，醇、酚、醚，醛、酮，羧酸等有机化合物的内容；分析化学部分主要阐述滴定分析法、重量分析法、吸光光度法等化学、仪器分析方法以及实验结果的处理方法等内容。

　　本书为高职高专水利、水环境、给排水等相关专业提供有机化学和分析化学的基础内容，可作为高职高专水利水电工程技术、水环境监测与治理技术、给水排水工程技术等专业的教学用书，也可作为水处理相关专业技术人员与相关人员的参考用书。

图书在版编目（CIP）数据

综合化学 / 樊慧菊, 李涛主编. -- 北京 : 中国水
利水电出版社, 2022.3
水利工程特色高水平骨干专业（群）建设系列教材
ISBN 978-7-5226-0534-0

Ⅰ. ①综… Ⅱ. ①樊… ②李… Ⅲ. ①化学－高等职
业教育－教材 Ⅳ. ①06

中国版本图书馆CIP数据核字(2022)第037595号

	水利工程特色高水平骨干专业（群）建设系列教材	
书　　名	**综合化学** ZONGHE HUAXUE	
作　　者	主　编　樊慧菊　李　涛	
	副主编　杨林林　刘甜甜　李　强	
	主　审　刘伟群	
出版发行	中国水利水电出版社	
	（北京市海淀区玉渊潭南路 1 号 D 座　100038）	
	网址：www. waterpub. com. cn	
	E - mail：sales@ mwr. gov. cn	
	电话：（010）68545888（营销中心）	
经　　售	北京科水图书销售有限公司	
	电话：（010）68545874、63202643	
	全国各地新华书店和相关出版物销售网点	
排　　版	中国水利水电出版社微机排版中心	
印　　刷	清淞永业（天津）印刷有限公司	
规　　格	184mm×260mm　16 开本　11.5 印张　280 千字	
版　　次	2022 年 3 月第 1 版　2022 年 3 月第 1 次印刷	
定　　价	**49.00 元**	

前　言

本教材主要由有机化学和分析化学两部分组成。有机化学部分主要阐述常见的有机化合物饱和烃、不饱和烃、脂环烃、芳香烃、卤代烃，醇、酚、醚，醛、酮，羧酸等的化学结构式、化学结构、命名、物理化学性质等内容；分析化学主要阐述滴定分析法、重量分析法、吸光光度法等化学、仪器分析方法以及误差产生的原因及数据分析等内容。

本教材由樊慧菊、李涛担任主编并完成全书统稿，由杨林林、刘甜甜、李强担任副主编。编写工作分工如下：第1章、第2章、第3章、第4章、第5章由北京农业职业学院樊慧菊编写，第6章、第7章、第8章由北京京水建设集团有限公司李涛编写，第9章、第10章、第11章由北京农业职业学院杨林林编写，第12章、第13章、第14章由北京农业职业学院刘甜甜编写，第15章、第16章、第17章由北京清河水利建设集团有限公司李强编写，参加编写工作的还有北京市南水北调团城湖管理处王腾飞。北京京水建设集团有限公司刘伟群高级工程师担任主审。

在教材编写过程中，北京京水建设集团有限公司、北京清河水利建设集团有限公司及北京市南水北调团城湖管理处给予了高度关注和大力支持，并提出指导性意见和建议，在此一并表示感谢。

在本教材的编写过程中，编者参考了相关教材，并引用了部分图表、结构式等内容，已将主要参考文献列于书后，未能逐一列出，在此一并对相关文献的作者表示感谢。

限于编者水平，教材中难免出现不妥之处，敬请同行专家和广大读者批评指正。

编者

2021 年 12 月

目 录

第1篇 有 机 化 学

第2篇　分　析　化　学

第 1 篇

有 机 化 学

第1章 绪 论

1.1 有机化学的研究对象及任务

有机化学是含碳化合物的化学，它与生命科学及人民生活息息相关，是化学中的一个重要分支。

有机化合物大量存在于自然界中，如粮食、糖、油脂、丝、毛、棉、麻、药材、天然气和石油等。两千多年以前，人们就知道利用和加工这些由自然界取得的有机化合物。如我国古代就有关于酿酒、制醋、制糖及造纸术等的记载。19世纪初期，当化学刚刚成为一门科学的时候，由于那时的有机化合物都是从动植物即有生命的物体中取得的，而它们与由矿物界得到的矿石、金属和盐类等物质在组成及性质上又有较大的区别，因此便将化学物质根据来源分成无机化合物与有机化合物两大类。"有机"一词来源于"有机体"，即有生命的物质。这是由于当时人们对生命现象的本质缺乏认识而赋予有机化合物的神秘色彩，认为它们是不能用人工方法合成的，而是"生命力"所创造的。随着科学的发展，越来越多的原来由生物体中取得的有机化合物，可以用人工的方法来合成，而无须借助于"生命力"。但"有机"这个名称却被保留下来。由于有机化合物数目繁多，而且在结构和性质上又有许多共同的特点，所以有机化学便逐渐发展成为一门独立的学科。

有机化学研究的第一项任务是分离、提取自然界存在的各种有机化合物，测定它们的结构和性质，以便加以利用。例如从中草药中提取有效成分、从昆虫中提取昆虫信息素，等等。从复杂的生物体中分离并提纯所需的某一个化合物往往是相当艰巨的工作。例如，由7万多只某种雌蟑螂中才分离出不到1mg的该蟑螂信息素，并花费了30多年时间才确定其结构。由于近代分离技术及实验物理学的发展，为分离、提纯及结构测定提供了许多快速、有效而准确的方法。

物理有机化学研究是有机化学研究中的另一项重要任务，也就是研究有机化合物结构与性质间的关系、反应过程的途径和影响反应的因素等，以便控制反应向人们需要的方向进行。

有机化学研究的第三项任务便是，在确定了分子结构并对许多有机化合物的反应有相当了解的基础上，以由石油或煤焦油中取得的许多简单有机化合物为原料，通过各种反应，合成人们所需要的自然界存在的，或自然界不存在的全新的有机化合物，如维生素、药物、香料、食品添加剂、染料、农药、塑料、合成纤维和合成橡胶等各种工农业生产和人们生活的必需品。

组成生物体的物质除了水和种类不多的无机盐以外，绝大部分是有机化合物，它们在生物体中有着各种不同的功能。例如，构成动植物结构组织的蛋白质与纤维素；植物及动物体中储藏的养分——淀粉、肝糖、油脂；使花、叶及昆虫翅膀呈现各种鲜艳颜色的物质；花或水果的香气；黄鼠狼放出的臭气；葱、蒜的特殊气味；昆虫之间传递信息的物质，等等。

生物的生长过程实际上是无数的有机分子的合成与分解的过程，正是这些连续不断并互相依赖的化学变化构成了生命现象。生物体中进行的许许多多化学变化与实验室中进行的有机反应在一定程度上有其相似性，所不同的是催化生化反应的是结构极为复杂的蛋白质——酶。所以有机化学的理论与方法，是研究生物学的必要基础。只有对组成生物体的物质分子的结构和化学变化有所了解，才能弄清生物过程的机理。至今几乎所有生物化学的重要突破，都包含了大量化学、物理学等方面的研究工作。例如，作为生命现象物质基础的蛋白质，是结构极为复杂的有机高分子化合物，随着物理学、化学等多种学科的发展成就，对核酸、蛋白质等复杂分子的结构有了相当的认识，并且了解到核酸及蛋白质在遗传信息传递的控制，各种不同的酶在机体中的专一作用等，都与它们的结构密切相关。彻底揭开蛋白质结构的奥秘，将对生物学的研究有着极为重要的意义。因此，研究有机化学的深远意义之一在于研究生物体及生命现象。

1.2 有机化学的特点

通过对众多有机化合物结构的研究发现，有机化合物的共同特点是，它们都含有碳原子，所以现代有机化学的定义是"碳化合物的化学"。但一氧化碳、二氧化碳、碳酸盐及金属氰化物等含碳的化合物仍属无机化学研究的范畴。有机化合物分子中除含有碳外，绝大多数还含有氢，而且许多有机化合物分子中还常含有氧、氮、硫、卤素等其他元素，所以也常把有机化学称作"碳氢化合物及其衍生物的化学"。有机化学学科发展迅速，有机化合物的种类也以惊人的速度增长。2015 年 6 月，美国化学文摘社（CAS）在 CAS 物质数据库中收录的物质已突破一亿大关，而有机化合物的总数目已超过了 8000 万种。除了数量特别多之外，有机化合物在结构和性质上有许多与一般化合物不同的特点。

1.2.1 有机化合物结构特点

1. 以共价键相连

由于有机化合物是含碳的化合物，碳元素位于周期表的第二周期第ⅣA族，介于电负性很强的卤素和电负性很弱的碱金属之间，这就决定了碳原子难以得失电子形成离子键，碳原子之间以及碳原子与其他原子之间主要通过公用电子对而形成共价键。因此，原子之间主要以共价键相结合的形式连接，是有机物基本的、共同的特征。

2. 同分异构现象普遍存在

有机化合物的数量之多，首先是因为碳原子相互结合的能力很强。碳原子可以相互结合成不同碳原子数目的碳链或碳环。一个有机化合物分子中所含碳原子数目可以从一个至数万个，几乎没有限制。另外，即使含有相同原子数（分子式相同），也可以由于原子间的连接顺序和连接方式不同（构造不同），而形成性质不同的多种物质。分子式相同，而结构和性质不同的化合物称为同分异构体，这种现象称为同分异构现象。例如，分子式 C_2H_6O 就可以代表乙醇和甲醚两种不同的化合物，它们互为同分异构体。

$$CH_3CH_2OH \qquad\qquad CH_3OCH_3$$

乙醇（沸点 78.3℃）　　　　甲醚（沸点 −24.9℃）

显然，一个有机化合物含有的碳原子数越多，原子种类越多，分子中原子间的可能排列方式也越多，它的同分异构体数目也越多。例如，分子式为 $C_{10}H_2$ 的同分异构体数可达 75 个。同分异构现象的存在是有机化合物之所以众多的主要原因，而同分异构现象在无机化合物中并不多见。

在有机化学中，化合物的结构是指分子中原子间的排列次序和结合方式、原子相互间的立体位置以及分子中电子的分布状态等各项内容的总称。这些将在后续章节讨论。

1.2.2　有机化合物的性质特点

与无机化合物相比，有机化合物一般有如下性质特点：

（1）大多数有机化合物都容易燃烧，例如汽油、乙醇等。而多数无机化合物耐高温，不易燃烧。

（2）一般有机化合物的热稳定性较差，受热易分解。许多有机化合物在 200～300℃ 即逐渐分解。

（3）有机化合物的熔点、沸点较低。有机化合物分子中原子间以共价键相键合，分子与分子之间靠微弱的范德华引力相结合，这就使固态有机物熔化或液态有机物气化所需要的能量较低；而无机分子间的排列是受强极性的离子间静电引力作用，要破坏无机分子间的排列，所需的能量要高得多。因此，有机化合物的熔点和沸点比无机化合物要低得多。

（4）大多数有机化合物难溶于水，易溶于有机溶剂。化合物的溶解性能通常遵循"相似相溶"规则，即极性化合物易溶于极性溶剂中，非极性或极性较弱的化合物易溶于非极性溶剂中。一般有机化合物的极性较弱或没有极性，而水分子的极性较强。所以一般有机化合物难溶于水，而易溶于极性较弱或非极性的有机溶剂中，如苯、乙醚、丙酮、石油醚等。但一些极性较强的有机化合物，如低级醇、羧酸、磺酸等也易溶于水。

（5）有机化合物的化学反应速率较慢。除了某些反应（多数为放热的自由基反应）的反应速率极快外，多数反应的反应速率缓慢。为了加快反应，经常采用加热、加催化剂或者光照等手段来增加分子的动能，降低活化能或改变反应历程来提高反应速率。

（6）有机反应的副反应较多，产物复杂。由于有机反应涉及共价键的断裂和生成，专一性的断键很难控制，当有机化合物和试剂反应时，分子中各个原子部位都有可能受到影响，因而导致反应产物的多样化。在一定条件下，生成目标产物的反应称为主反应，其余的称为副反应。选择最有利的反应条件以减少副反应来提高主产品的产率也是研究有机化学的一项重要任务。书写有机化合物反应方程式时，一般只写主反应，用"⟶"来代替"═"，一般也不需要配平。

需要说明的是，有机化合物与无机化合物的性质差别并不是绝对的。有些有机化合物（如四氯化碳）不但不能燃烧，而且可用作灭火剂；有些有机化合物可耐高温；有些化合物可以作为超导材料。

1.3 化学键与分子结构

1.3.1 有机化合物中的共价键

分子结构就是讨论原子如何结合成分子、原子的连接顺序、分子的大小及立体形状，以及电子在分子中的分布等问题，化学键即是将原子结合在一起的电子的作用。化学键有两种基本类型，即离子键和共价键，有机化学物中原子之间主要是以共价键相结合。一般说来，原子核外未成对的电子数，也就是该原子可能形成的共价键的数目。例如，氢原子外层只有一个未成对的电子，所以它只能与另一个一价的原子结合形成双原子分子，而不可能再与第二个原子结合，这就是共价键的饱和性。

量子力学的价键理论认为，共价键是由参与成键原子的电子云重叠形成的，电子云重叠越多，则形成的共价键越稳定，因此电子云必须在各自密度最大的方向上重叠，这就决定了共价键有方向性。

共价键的饱和性和方向性决定了每一个有机物分子都是由一定数目的某几种元素的原子按照特定的方式结合形成的，因此每一个有机分子都有其特定的大小及立体形状。

相同元素的原子间形成的共价键没有极性。不同元素的原子间形成的共价键，由于共用电子对偏向于电负性较强的原子而具有极性。

1.3.2 共价键的键参数

在描述以共价键形成的分子时，常要用到键长、键角、键能和键的极性等参数来表征共价键的物理量，称为共价键的键参数。

(1) 键长。两个原子形成共价键，是由于两个原子借助原子核对共用电子对的吸引而联系在一起的，但两个原子核之间还有很强的斥力，使两原子核不能无限靠近，而保持一定的距离。键长是两核之间最远与最近距离的平均值，或者说是两核之间的平衡距离。形成共价键的两原子核间的平均距离称为共价键的键长。同一种键，在不同化合物中，其键长的差别是很小的。例如，C—C 键在丙烷中为 0.154nm，在环己烷中为 0.153nm（1nm＝10^{-9}m）。

(2) 键角。分子中某一原子与另外两个原子形成的两个共价键在空间形成的夹角称为键角。键长与键角决定着分子的立体形状。由图 1.1 可看出，在不同化合物中由相同原子形成的键角不一定完全相同，这是由于分子中各原子或基团相互影响所致的。

(3) 键能。原子结合成稳定的分子时要放出能量；相反的，如果将分子拆开成原子，则必须给以相同的能量。以双原子分子 AB 为例，将 1mol 气态的 AB 拆开成气态的 A 及 B 所需的能量，称为 A—B 键的解离能，通常称为键能。但对于多原子分子来说，键能与键的解离能是不同的。例如，将 1mol 甲烷分解为四个氢原子及一个碳原子，亦即打开四个 C—H 键，需要吸收 1660kJ 能量，并且打开每一个 C—H 键所需要的热量不相同，比如甲烷分子中第一个

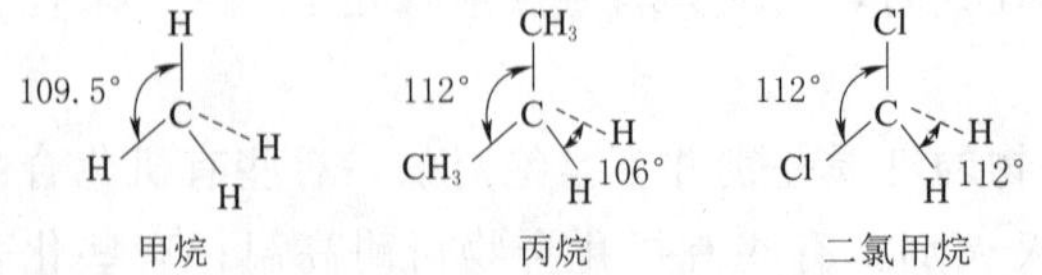

图 1.1 某些分子中的键角

C—H 键的解离能为 435kJ/mol，第二个、第三个 C—H 键的解离能为 443kJ/mol，第四个 C—H 键的解离能为 339kJ/mol，因此 415kJ/mol 是平均值，即平均键能，通常称为 C—H 键的键能。

键能是化学键强度的主要标志之一，在一定程度上反映了键的稳定性，相同类型的共价键中，键能越大，键越稳定。

（4）键的极性。对于两个相同原子形成的共价键来说（如 H—H），可以认为成键电子云对称分布于两原子之间，这样的共价键没有极性。但当两个不同的原子形成共价键时（C—H），由于两原子对成键电子云的引力不完全一样，分子的一端电子云密度高些，另一端电子云密度低些。可以认为一个原子带部分负电荷，另一个原子则带部分正电荷。这种由于电子云的不完全对称而呈现极性的共价键称为极性共价键。键的极性以偶极矩 μ 表示，其单位为库仑·米（C·m）。偶极矩是一个向量，通常用箭头表示其方向，箭头指向的是负电荷中心，偶极矩越大，键的极性越强。

1.3.3　分子间作用力

化学键是分子内部原子与原子间的作用力，这是一种相当强的作用力，一般的键能至少有 100kJ/mol。化学键是决定分子化学性质的重要因素。

除了高度分散的气体之外，分子之间也存在一定的作用力，这种作用力较弱，要比键能至少小一个数量级。分子间的作用力也叫范德华力，是决定物质物理性质（如沸点、熔点和溶解度等）的重要因素。

分子间作用力一般包括以下四种：

（1）取向力。极性分子之间的永久偶极而产生的相互作用力。它仅存在于极性分子之间。当两个极性分子相互靠近时，由于极性分子有偶极，所以同极相斥，异极相吸，从而使极性分子按一定方向排列，这就是取向。分子的偶极矩越大，取向力越大，温度越高，取向力越小；分子间距离越大，取向力越小。

（2）诱导力。在极性分子和非极性分子之间，以及极性分子之间都存在诱导力。当极性分子与非极性分子靠近时，非极性分子在极性分子的偶极电场影响下，原来重合的正负电荷重心发生位移，从而产生了诱导偶极，这种诱导偶极与极性分子的固有偶极之间的作用力为诱导力。极性分子之间相互靠近时，除了会有取向力，也会由于相互的影响，使分子发生变形从而产生诱导偶极，产生诱导力。诱导力的本质是静电作用，极性分子的偶极矩越大，被诱导的分子的变形越大，诱导力越大；分子间距离越大，诱导力越小。诱导力的大小与温度无关。

（3）色散力。任何分子由于电子的不断运动和原子核的不断振动，正负电荷中心会有瞬间的不重合，从而产生瞬间偶极，分子间的这种由于瞬间偶极相互作用而产生的力叫色散力。非极性分子之间只存在色散力，极性分子之间除取向力和诱导力之外也存在色散力。

（4）氢键。当氢原子与一个原子半径较小、而电负性又很强，并带未共用电子对的原子 Y（Y 主要是 F、O、N 等原子）结合时，由于 Y 极强的吸电子作用，使得 H—Y 间电子出现的概率密度主要集中在 Y 一端，而使氢原子几乎成为裸露的质子而显正性，带部分正电荷的氢便可与另一分子中电负性强的 Y 相互吸引，而与其未共用电子对以静电引力相结合，这种分子间的作用力称为氢键。

1.3.4　共价键的断裂方式及有机化学反应的类型

共价键的断裂方式有两种。一种方式是将成键电子对平均分给两个原子或原子团，这种断裂方式称为均裂。均裂生成的带有单电子的原子或原子团称为自由基（或游离基）。自由基一般不稳定，迅速发生反应。由自由基引起的反应称为自由基型反应或游离基型反应。产生均裂反应的条件是光照或加热等；有时，容易产生自由基的含低键能共价键的分子作引发剂（如过氧化物、偶氮化合物等）也能引发均裂反应。另一种方式是将成键电子对转移给其中的一个原子或原子团，形成负离子，另一个原子或原子团为正离子，这种断裂方式称为异裂。异裂反应一般在酸、碱的催化下，或在极性溶剂中进行。当成键的两原子之一是碳原子时，异裂既可生成碳正离子，也可生成碳负离子。

自由基、碳正离子、碳负离子都是在反应过程中暂时生成的、瞬间存在的活性中间体。在有机化学反应中，根据生成活性中间体的不同，将反应分为自由基反应和离子型反应两大类。通过共价键均裂生成自由基活性中间体的反应，属于自由基反应。通过共价键异裂生成碳正离子、碳负离子活性中间体而进行的反应，属于离子型反应。大多数有机反应都是属于离子型反应或自由基反应。此外还有协同反应，在协同反应中，既无自由基生成，也无离子生成，共价键的断裂和形成是同时进行的。

1.4　有机化合物的分类

数以千万计的有机化合物，可以按照它们的结构分成许多类。一般的分类方法有两种：根据分子中碳原子的连接方式（碳的骨架），或按照决定分子主要化学性质的特殊原子或基团，即官能团来分类。

1.4.1　根据碳架分类

根据碳的骨架可以把有机化合物分成以下三类：

（1）开链化合物。这类化合物中的碳架成直链（或称正链，即不带有支链），或为带有支链的开链。例如：

$$CH_3CH_2CHCH_3 \qquad CH_3CH{=\!=}CH_2 \qquad CH_3CH_2CH_2CH_2OH$$
$$\underset{\displaystyle CH_3}{|}$$

　　2-甲基丁烷　　　　　　丙烯　　　　　　　正丁醇

由于长链状的化合物最初是在油脂中发现的，所以开链化合物也称为脂肪族化合物。

（2）碳环化合物。这一类化合物分子中含有完全由碳原子组成的环。根据碳环的特点它们又可分为以下两类：

1）脂环族化合物。性质与脂肪族化合物相似，在结构上也可看作是由开链化合物关环而成的。例如：

环己烷　环戊二烯

2）芳香族化合物。这类化合物分子中都含有一个由碳原子组成的在同一平面内的环闭共轭体系，它们在性质上与脂肪族化合物有较大区别，其中一大部分化合物分子中都含有一个或多个苯环。例如：

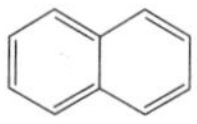

苯　　萘

（3）杂环化合物。这类化合物分子中的环是由碳原子和其他元素的原子组成的。例如：

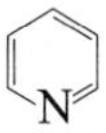

呋喃　　吡啶

1.4.2 根据官能团分类

官能团是指分子中比较活泼、容易发生某些特征反应的原子、原子团或某些特征的化学键。它们对化合物的性质起着决定性的作用。显然，含有相同官能团的有机化合物都具有类似的性质。常见化合物的类别和官能团的结构与名称见表1.1。

表 1.1　　　　　　　　　　常见化合物的类别和官能团的结构与名称

官能团名称	官能团结构	化合物类别	实　　例
碳碳单键	C—C	烷烃	CH_3CH_3　乙烷
碳碳双键	C=C	烯烃	CH_2=CH_2　乙烯
碳碳叁键	C≡C	炔烃	CH≡CH　乙炔
芳环	 (苯环)	芳烃	 (苯环)　苯
羰基	O‖ —C	酮	O‖ CH_3CCH_3　丙酮
羟基	—OH	醇、酚	CH_3OH　甲醇，(苯环)—OH　苯酚 
巯基	—SH	硫醇，硫酚	CH_3SH　甲硫醇，(苯环)—SH　苯硫酚 
氨基	—NH_2	胺	CH_3NH_2　甲胺
烷氧基	—OR	醚	CH_3OCH_3　甲醚
卤原子	X	卤代烃	CH_3I　碘甲烷
硝基	—NO_2	硝基化合物	CH_3NO_2　硝基甲烷
羧基	O‖ —C—OH	羧酸	CH_3COOH　乙酸

第2章　饱和烃（烷烃）

只有碳、氢两种元素组成的有机化合物称为碳氢化合物，简称为烃。根据烃分子中氢原子的饱和程度，烃可分为饱和烃和不饱和烃。饱和烃是指分子中的碳除了碳碳单键相连外，碳的其他价键都为氢原子所饱和。饱和烃分子中所有的化学键均为单键，包括链烷烃（常简称烷烃）和环烷烃。

2.1　烷烃的结构

2.1.1　碳原子的正四面体结构

甲烷是最简单的烷烃，分子式为 CH_4。用物理方法测得甲烷分子为正四面体结构（图 2.1），碳原子位于正四面体的中心，四个氢原子在正四面体的四个顶点上，四个 C—H 键长都为 0.109nm，所有 H—C—H 键角都是 109.5°。

为了更形象地表明分子的立体形象，通常使用凯库勒模型（或称球棍模型）[图 2.2（a）]和斯陶特模型（或称比例模型）[图 2.2（b）]等表示。由于凯库勒模型能很好地表明原子在空间的相对位置和几何特性，所以目前应用较为普遍。但斯陶特模型能更真实地反映分子中原子的相互关系和分子的立体形象，只是价键的分布情况不如前者明显。

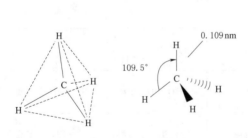

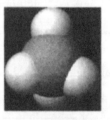

（a）球棍模型　　　　　（b）比例模型

图 2.1　甲烷的正四面体结构　　　　图 2.2　甲烷的结构表示模型

2.1.2　碳原子的 sp³ 杂化轨道

碳原子的基态电子排布是 $1s^2 2s^2 2p_x^1 2p_y^1 2p_z^0$，未成对电子的数目是两个，但在烷烃分子中碳原子可以形成四个共价键。杂化轨道理论认为，在有机物分子中碳原子都是以杂化轨道参与成键。当烷烃中的碳原子参与成键时，首先是一个 2s 电子激发跃迁到 2p 轨道上，使碳原子具有四个未成对电子，然后由一个 s 轨道和三个 p 轨道混合起来重新组成四个能量相等的新轨道，称为 sp³ 杂化轨道，如图 2.3 所示。在烷烃分子中碳原子均是以 sp³ 杂化轨道成键。

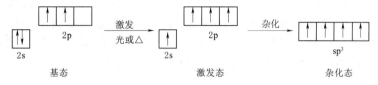

图 2.3 sp³ 杂化轨道形成示意图

2.1.3 烷烃分子的形成

四个 sp³ 杂化轨道对称地分布在碳原子的四周，分别指向正四面体的四个顶角，对称轴之间的夹角为 109.59°，这样可使价电子尽可能彼此离得最远，相互间的斥力最小，有利于成键。sp³ 杂化轨道有方向性，图形为一头大，一头小，如图 2.4 所示。在形成甲烷分子时，四个氢原子的 s 轨道分别沿着碳原子的 sp³ 杂化轨道的对称轴靠近碳原子，当它们之间的吸引力与斥力达到平衡时，以"头碰头"的方式发生电子云交盖，形成四个等同的碳氢键，化学上把这种成键电子云沿键轴方向呈圆柱形对称重叠而形成的化学键称为 σ 键，如图 2.5 所示。

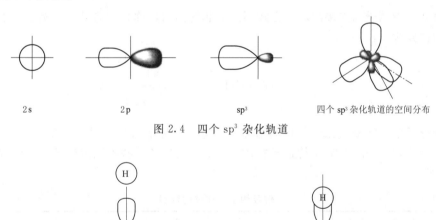

2s   2p   sp³   四个 sp³ 杂化轨道的空间分布

图 2.4 四个 sp³ 杂化轨道

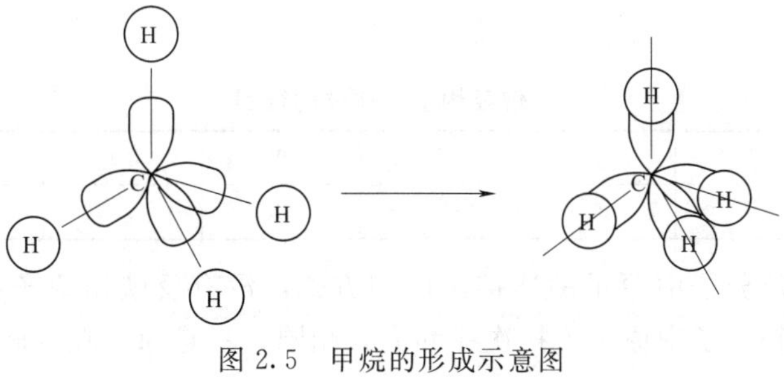

图 2.5 甲烷的形成示意图

2.2 烷烃的同系列和同分异构现象

2.2.1 烷烃的同系列

烷烃中最简单的是含一个碳原子的化合物，称作甲烷，分子式是 CH_4。含两个碳原子的是乙烷，分子式为 C_2H_6。依此类推，含有三个碳原子的是丙烷，分子式是 C_3H_8；含有四个碳原子的是丁烷，分子式是 C_4H_{10}……碳原子数目逐渐增多，可以得到一系列的化合物。由上面列出的四个化合物可以看出，从甲烷开始，每增加一个碳原子，就相应地增加两个氢原子。因此可以用 C_nH_{2n+2} 这样一个式子来表示这一系列化合物的组成，这个式子称为烷烃的通式。这些结构相似，而在组成上相差 CH_2 或它的倍数的许多化合物，组成一个系列，称为同系列，同系列中的各化合物称为同系物。

2.2.2 烷烃的同分异构现象

由于碳原子间成键方式多种多样，因此具有相同分子式组成的化合物，可能有不同的结构，这种现象称为同分异构现象。分子式相同、结构和性质不同的化合物彼此称为同分异构体，简称异构体。分子的同分异构现象主要包括构造异构和立体异构，如下图所示。

异构体 ｛
构造异构 ｛
碳链异构，例如：$CCH_3CH_2CH_2CH_3$ 和 $CH_3CH(CH_3)_2$
位置异构，例如：$CH_3CH_2CH_2OH$ 和 $CH_3CH(OH)CH_3$
官能团异构，例如：CH_3CH_2OH 和 CH_3OCH_3
立体异构 ｛
构象异构
构型异构 ｛ 旋光异构 / 顺反异构

仅由分子中原子的连接次序和方式不同引起的异构，称为构造异构。例如，丁烷分子有两种构造异构体：

$$CH_3—CH_2—CH_2—CH_3 \qquad \begin{matrix} & CH_3 & \\ & | & \\ CH_3— & CH— & CH_3 \end{matrix}$$

正丁烷 　　　　　　　　　异丁烷

烷烃分子中，随着碳原子数目的增多，构造异构体的数目也越多。例如，C_7H_{16} 有 9 个构造异构体，C_8H_{18} 有 18 个构造异构体。表 2.1 列出了一些不同碳原子数目的烷烃构造异构体数目。

表 2.1　　　　　　　　　　　　　烷烃构造异构体的数目

碳原子数	6	7	8	9	10	15	20
异构体数目	5	9	18	35	75	4347	366319

构造异构只反映分子中原子的连接次序和方式，没有反映出原子在空间位置上的关系。立体异构指的是分子中原子连接次序和方式相同，只是原子在空间伸展方向不同而产生的异构。

2.3 烷烃的命名

2.3.1 普通命名法

直链烷烃的普通命名法与系统命名法相同。命名有支链的烷烃时，用"正"表示无分支，用"异"表示端基有 $(CH_3)_2CH-$ 结构，用"新"表示端基有 $(CH_3)_3C-$ 结构。例如，戊烷的三个同分异构体的普通命名如下：

（正）戊烷 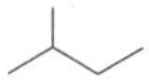   异戊烷    新戊烷

普通命名法中，工业上常用的异辛烷是一个特例，不符合上述规定：

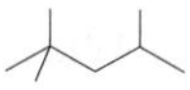

异辛烷

用正、异、新可以区分烷烃中具有五个碳原子以下的同分异构体，但命名多于五个碳原子的烷烃时就困难了。例如，六个碳原子的烷烃有五个同分异构体，除用正、异、新表示其中三个异构体外，另外两个无法加以区别，故普通命名法只适用于简单的化合物。

2.3.2 系统命名法

直链烷烃按照分子中碳原子数命名为某烷。例如：

$$CH_3CH_2CH_2CH_2CH_2CH_3 \qquad CH_3(CH_2)_9CH_3$$

戊烷   十一烷

带有支链的烷烃可看作直链烷烃的烃基衍生物，命名时须遵循以下原则：

（1）选择最长的碳链作为主链，按照主链碳原子数命名为某烷。若有两条或两条以上等长的最长碳链时，则选择连有较多取代基且侧链具有最低位次的碳链为主链。

（2）根据最低系列原则对主链进行编号，使取代基的位次尽可能小，若有多个取代基，逐个比较，直至比出高低为止。

（3）命名取代基时，把它们在母体链上的位次作为取代基的前缀，之间用"–"相隔。如果带有几个相同的取代基，则可以合并，但应在取代基名称之前写明位次和数目，各个位次数字之间用","分隔，取代基数目须用汉字二、三、……示。

（4）书写化合物名称时，按优先基团顺序规则，将较优基团后列出。

【例 2.1】

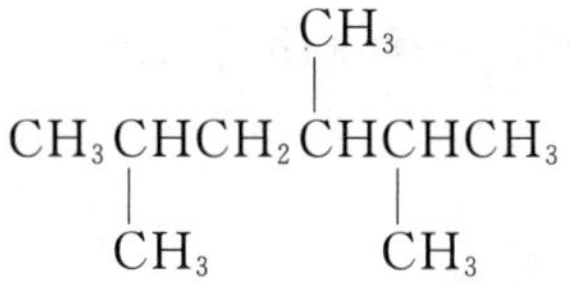

$$\begin{array}{c}
CH_3 \\
| \\
CH_3CHCH_2CHCHCH_3 \\
| \qquad | \\
CH_3 \qquad CH_3
\end{array}$$

| 1 | 2 | 3 | 4 | 5 | 6 | 2,4,5 |
| 6 | 5 | 4 | 3 | 2 | 1 | 2,3,5* |

解析：主碳链有六个碳原子，因此选六碳链为主链。主链有两种编号方向，第一行编号，取代基位号 2,4,5；第二行编号，取代基位号为 2,3,5。根据最低系列原则，用第二行编号。该化合物的名称为 2,3,5-三甲基己烷。

【例 2.2】

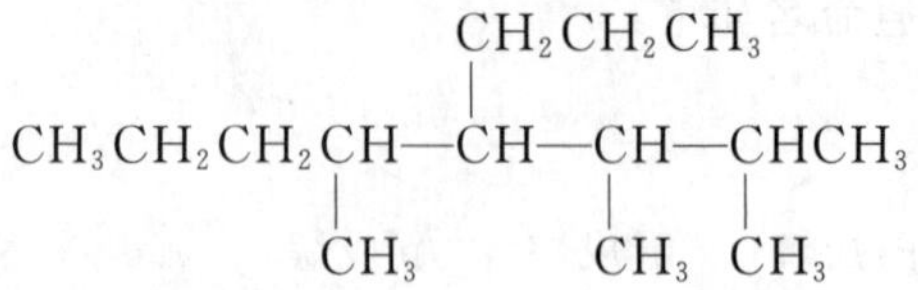

$$CH_2CH_2CH_3$$
$$|$$
$$CH_3CH_2CH_2CH-CH-CH-CHCH_3$$
$$|　　　　|　　|$$
$$CH_3　　CH_3　CH_3$$

| 1 | 2 | 3 | 4 | 5 | 6 | 7 | 8 | 4,5,6,7 |
| 8 | 7 | 6 | 5 | 4 | 3 | 2 | 1 | 2,3,4,5* |

解析：该化合物有两根八个碳的最长链，因此通过比较取代基数目来确定主链。横向长链有四个取代基，弯曲的长链有两个取代基，多的优先，所以选横向长链为主链。主链有两种编号方向，第一行取代基位号为 4,5,6,7；第二行取代基位号为 2,3,4,5。根据最低系列原则，用第二行编号。该化合物的名称为 2,3,5-三甲基-4-丙基辛烷。当一个化合物中有两种或两种以上的取代基时，按取代基的顺序规则确定次序，小的基团放在前面，所以甲基放在丙基的前面。

又如，下面两个化合物的全称为：

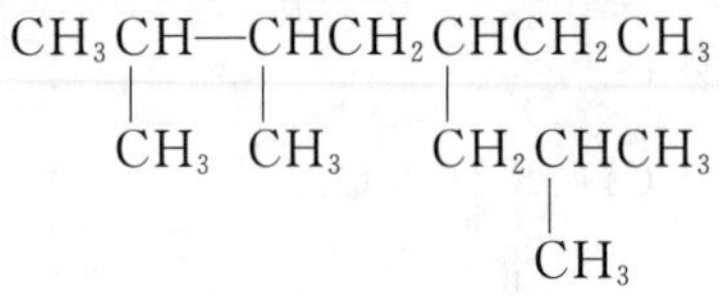

$$CH_3CH-CHCH_2CHCH_2CH_3$$
$$|　　|　　|$$
$$CH_3　CH_3　CH_2CHCH_3$$
$$|$$
$$CH_3$$

$$CH_3CH_2CH-CH-CH_2CHCH_3$$
$$|　　|　　　|$$
$$CH_3　CH_2　CH_3$$
$$|$$
$$CHCH_3$$
$$|$$
$$CH_3$$

2,3,7-三甲基-5-乙基辛烷 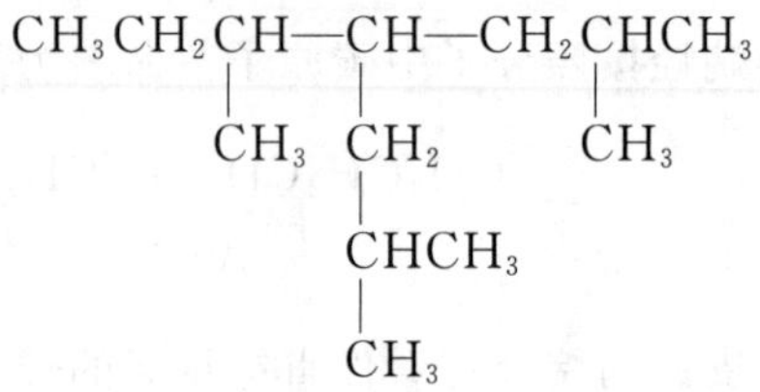　　　　2,5-二甲基-4-异丁基庚烷

2.3.3　衍生物命名法

烷烃的衍生物命名法以甲烷为母体，其他部分则作为甲烷的取代基来命名。例如：

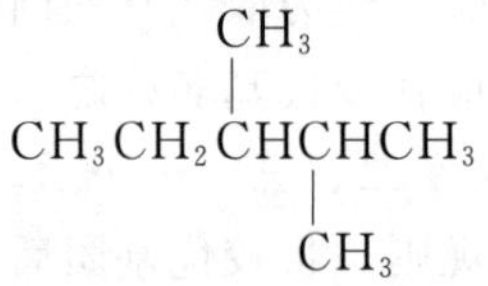

$$CH_3$$
$$|$$
$$CH_3CH_2CHCHCH_3　　　甲基乙基异丙基甲烷$$
$$|$$
$$CH_3$$

在衍生物命名法中，为了方便，一般总是选择连有取代基最多的碳原子作为甲烷的碳原子，取代基按照最低系列原则，较优基团后列出。

2.4　烷烃的物理性质

1. 物态

室温（25℃）和 1 个大气压（0.1MPa）下，$C^1 \sim C^4$ 的烷烃为气体，$C^5 \sim C^{17}$ 的直链烷烃为液体，C^{17} 以上的直链烷烃为固体。

2. 沸点

直链烷烃的沸点随着相对分子质量（碳数）的增加而有规律地升高，并且升高的趋势渐缓。烷烃的同分异构体中，支链越多的沸点越低。因为支链较多的烷烃结构较松散，分子间接触面积较小，分子间作用力较小。例如戊烷分子的三种异构体中，沸点随支链增多而下降。

$$CH_3CH_2CH_2CH_2CH_3 \qquad\qquad CH_3\underset{\underset{\displaystyle CH_3}{|}}{C}HCH_2CH_3 \qquad\qquad CH_3\underset{\underset{\displaystyle CH_3}{|}}{\overset{\overset{\displaystyle CH_3}{|}}{C}}CH_3$$

正戊烷（沸点 36.5℃）　　异戊烷（沸点 28℃）　　新戊烷（沸点 9.5℃）

3. 熔点

烷烃的熔点除随相对分子质量增加而升高外，还与分子在固体晶格中的排列有关。分子的对称性越高，排列越紧密整齐，分子间引力越大，熔点越高。在低相对分子质量的直链烷烃中，偶数碳比相邻的奇数碳烷烃熔点高。这是因为在固体中，直链烷烃为锯齿状，奇数碳烷烃的两端甲基处在同侧，而偶数碳烷烃的两端甲基处在异侧。因此，偶数碳链彼此靠近的程度大于奇数碳链，故相互作用力大，熔点高。

烷烃的熔点变化除与相对分子质量有关外，还与分子的对称性有关。一般来说，分子的对称性越大，分子的排列越紧密，分子间的作用力越大，其熔点越高。例如，在戊烷的三种异构体中，对称性高的新戊烷熔点明显高于正戊烷和异戊烷；另外，由于异戊烷结构中含有一个支链，分子的对称性下降，因此熔点比正戊烷低。

4. 相对密度

烷烃的相对密度都小于1，且随相对分子质量的增加而增加。由于分子间作用力随着相对分子质量的增加而增大，分子间的距离相对减小，从而相对密度增加。

5. 溶解性

烷烃的极性较小，根据相似相溶原理，烷烃易溶于低极性溶剂，如 CCl_4、乙醚等有机溶剂，不溶于水等强极性溶剂。

2.5 烷烃的化学性质

烷烃的化学性质稳定，在一般条件下（常温、常压）与大多数试剂如强酸、强碱、强氧化剂、强还原剂及活泼金属等都不发生反应。这是由于烷烃分子内的共价键都为 σ 键，键能较大，需要较高的能量才能使之断裂。另外碳和氢的电负性差别很小（C：2.5，H：2.1），因而分子中的共价键不易极化，整个分子中的电子云分布较均匀，不易与反应试剂发生作用。但在高温、高压、光照或有催化剂存在时，烷烃也可以发生一些化学反应。这些反应在石油化工中占有重要的地位。

2.5.1 卤代反应及自由基反应机理

烷烃与某些试剂可以发生反应，烷烃分子中的氢原子可被其他原子或原子团所取代，这种反应称为取代反应。

1. 卤代反应

卤代反应是指烷烃分子中的氢原子被卤素原子所取代的反应，也称为卤化反应。

$$R-H+X_2 \xrightarrow{\text{光照或加热}} R-X+HX$$

烷烃的卤代反应一般指氯代和溴代反应，因为氟代反应过于剧烈（爆炸性反应），而碘代反应很难直接发生反应。卤素的反应活性次序为：$F_2 > Cl_2 > Br_2 > I_2$。

烷烃于室温并且在黑暗中与氯气不反应，但在日光或紫外光照射（以 $h\nu$ 表示光照）或在高温下，能发生取代反应，烷烃分子中的氢原子能逐步被氯取代，得到不同氯代烷的混合物。例如，甲烷的氯化：

$$CH_4+Cl_2 \xrightarrow{h\nu} CH_3Cl+HCl$$
$$\text{氯甲烷}$$

$$CH_3Cl+Cl_2 \xrightarrow{h\nu} CH_2Cl_2+HCl$$
$$\text{二氯甲烷}$$

$$CH_2Cl_2+Cl_2 \xrightarrow{h\nu} CHCl_3+HCl$$
$$\text{三氯甲烷}$$

$$CHCl_3+Cl_2 \xrightarrow{h\nu} CCl_4+HCl$$
$$\text{四氯化碳}$$

产物中除上述四种甲烷的氯化产物外，还含有乙烷、乙烷的氯化产物，甚至有时还含有碳原子数更多的烷烃及它们的氯化产物。从上面的反应式无法看出反应物是经历什么途径转化为生成物的，也无法解释为什么会有上述这些产物生成。这就是反应机理（或称反应历程、反应机制）所要解决的问题。

2. 卤代反应的机理

所谓反应机理是对由反应物至产物所经历的途径的详细描述，又称反应历程。它是在大量同一类型的实验事实基础上总结出的一种理论假设，这种假设必须能够合理地解释实验事实，并能在实践中得到进一步的证实。

实验证明，甲烷的卤代反应机理为自由基反应，或称为自由基型的链反应。这种反应的特点是反应物需要在光照或加热条件下，化学键发生均裂，产生一个活泼的自由基。自由基反应一般都经过链引发、链增长（或称链传递）、链终止三个阶段。链引发阶段是产生自由基的阶段。由于键的均裂需要能量，所以链引发阶段需要加热或光照。

（1）链引发。在光照或加热至 $250\sim400\,℃$ 时，氯分子吸收光能而发生共价键的均裂，产生两个氯原子自由基，使反应引发。

$$Cl_2 \xrightarrow{h\nu} 2Cl\cdot$$

（2）链增长。氯原子自由基能量高，反应性能活泼。当它与体系中浓度很高的甲烷分子碰撞时，从甲烷分子中夺取一个氢原子，结果生成了氯化氢分子和一个新的自由基——甲基自由基。

$$Cl\cdot+CH_4 \longrightarrow HCl+CH_3\cdot$$

甲基自由基非常活泼，当与体系中的氯分子碰撞时，夺取氯原子生成一氯甲烷和新的氯原子自由基。

$$CH_3 \cdot + Cl_2 \longrightarrow CH_3Cl + Cl \cdot$$

生成的新的氯原子自由基与反应体系中甲烷分子碰撞时，又可以重复进行上述反应过程，周而复始地传递下去。这种每步反应都生成一个新的自由基，从而使反应可以不断继续进行下去的反应称为自由基链反应。随着反应体系中甲烷不断消耗，甲烷的浓度逐渐下降而一氯甲烷含量增加，氯原子自由基与一氯甲烷碰撞的概率也随之增加，从而生成二氯甲烷并进一步生成三氯甲烷、四氯化碳。

$$CH_3Cl + Cl \cdot \longrightarrow \overset{\cdot}{C}H_2Cl + HCl$$

$$\overset{\cdot}{C}H_2Cl + Cl_2 \longrightarrow CH_2Cl_2 + Cl \cdot$$

$$CH_2Cl_2 + Cl \cdot \longrightarrow \overset{\cdot}{C}HCl_2 + HCl$$

$$\overset{\cdot}{C}HCl_2 + Cl_2 \longrightarrow CHCl_3 + Cl \cdot$$

$$CHCl_3 + Cl \cdot \longrightarrow \overset{\cdot}{C}Cl_3 + HCl$$

$$\overset{\cdot}{C}Cl_3 + Cl_2 \longrightarrow CCl_4 + Cl \cdot$$

（3）链终止。随着反应的进行，氯气和甲烷迅速消耗，自由基的浓度不断增加，自由基与自由基之间发生碰撞结合生成分子的机会就会增加。

$$Cl \cdot + Cl \cdot \longrightarrow Cl_2$$

$$CH_3 \cdot + CH_3 \cdot \longrightarrow CH_3CH_3$$

$$CH_3 \cdot + Cl \cdot \longrightarrow CH_3Cl$$

两个自由基结合生成了稳定的分子，消耗了体系的自由基，使链反应不再传递进行，反应至此终止。

2.5.2　氧化反应

烷烃在常温常压下不与氧气发生反应，但在加热、加压和催化剂的作用下，烷烃可被完全氧化或部分氧化。

如果点火引发，烷烃可以完全燃烧生成二氧化碳和水，同时放出大量的热。如甲烷燃烧的方程式：

$$CH_4 + O_2 \xrightarrow{\text{燃烧}} CO_2 + H_2O \qquad \Delta H = -891kJ/mol$$

低碳烷烃（$C^1 \sim C^6$）的蒸气与空气混合至一定比例时，遇到火花会发生爆炸。在一定的条件下，烷烃也可以被部分氧化，生成含氧有机化合物。碳链在任何部位都有可能断裂，不但碳—氢键可以断裂，碳—碳键也可以断裂，生成含碳原子数较原来烷烃为少的含氧有机物，如醇、醛、酮和酸等。反应产物复杂，不能用一个完整的反应式来表示，只能简单来表示。

$$RCH_2CH_2R' + O_2 \longrightarrow RCH_2OH + R'CH_2OH$$

醇　　　　醇

$$RCH_2CH_2R' + O_2 \longrightarrow \underset{酸}{R\overset{\overset{\displaystyle O}{\|}}{C}OH} + \underset{酸}{R'\overset{\overset{\displaystyle O}{\|}}{C}OH}$$

烷烃在高温和足够的空气中燃烧（实际是激烈的空气氧化），则完全氧化，生成二氧化碳和水，并放出大量的热能，其通式为

$$C_n + H_{2n+2} + \left(\frac{3n+1}{2}\right)O_2 \longrightarrow nCO_2 + (n+1)H_2O + 热能$$

第3章　不饱和脂肪烃

分子中含有碳碳双键（C＝C）或碳碳三键（C≡C）的烃称为不饱和烃。不饱和烃通常分为不饱和脂肪烃、不饱和脂环烃和芳香烃三大类。不饱和脂肪烃是指含有 C＝C 或 C≡C 的开链不饱和烃；不饱和脂环烃是指含有 C＝C 或 C≡C 的环状不饱和烃；而芳香烃作为一类特殊的不饱和烃将在后续章节进行讨论。不饱和脂肪烃一般包括烯烃、炔烃和二烯烃等，不饱和脂环烃一般包括环烯烃和环炔烃等。

3.1　烯烃

通常情况下，分子中含有碳碳双键的开链不饱和烃称为烯烃。与同碳数的烷烃相比，烯烃少了两个氢原子，其通式为 C_nH_{2n}。碳碳双键是烯烃的特征结构，也称为烯烃的官能团。例如：

$$CH_2＝CH_2 \qquad CH_3CH＝CH_2 \qquad CH_3CH_2CH＝CH_2$$

乙烯 　　　　　　　丙烯 　　　　　　　1-丁烯

$$CH_3\underset{\underset{CH_3}{|}}{C}＝CH_2 \qquad CH_3CH_2CH＝CHCH_3$$

2-甲基丙烯 　　　　　　　　2-戊烯

3.1.1　烯烃的结构

烯烃的结构特征是碳碳双键，碳碳双键是指两个碳原子之间以两对共用电子对形成的两个共价键，在书写上一般以"C＝C"表示。最简单的烯烃是乙烯，分子式为 C_2H_4。以乙烯为例讨论烯烃双键的结构。

现代物理方法证明：乙烯是平面型分子，两个碳原子和四个氢原子均在同一平面上，如图 3.1 所示。碳碳键的键长为 0.133nm，碳氢键的键长为 0.108nm。另外，C＝C 双键的键能为 610kJ/mol，小于两个 C—C 单键键能之和［347×2＝694（kJ/mol）］，说明 C＝C 双键并不是由两个 C—C 单键简单地加和而成，而是由两种不同的键组成。

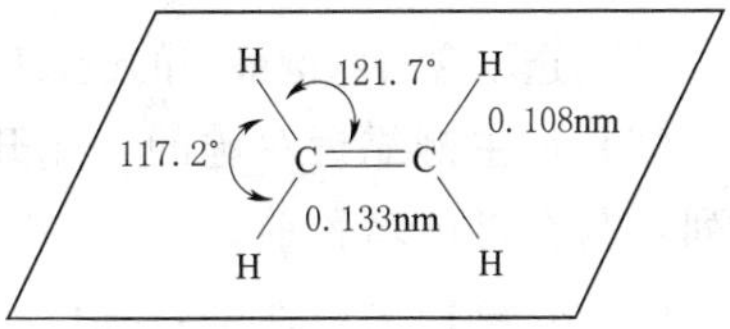

杂化轨道理论认为，碳原子在形成双键时是以 sp^2 杂化方式进行的，图 3.2 为碳原子的 sp^2 杂化示意图。碳原子的 2s 轨道上的一个电子跃迁到 2p 轨道中，然后 2s 轨道和两个 2p 轨道进行杂化，形成三个能量等同的 sp^2 杂化轨道，剩余一个未参与杂化的 2p 轨

图 3.1　乙烯的结构图

道。四个价电子分别分布在三个 sp^2 杂化轨道和未杂化的 2p 轨道上。三个 sp^2 杂化轨道的对称轴处于同一平面，其轴线间夹角为 120°。未参与杂化的 2p 轨道垂直于这三个 sp^2 杂化轨道组成的平面，sp^2 杂化碳原子的轨道分布如图 3.3 所示。

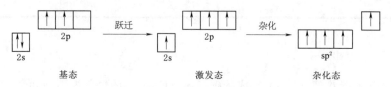

图 3.2　碳原子的 sp^2 杂化示意图

图 3.3　sp^2 杂化碳原子的轨道分布

3.1.2　烯烃的同分异构现象

3.1.2.1　烯烃的命名

1. 系统命名法的基本原则

烯烃的命名原则和烷烃基本相同，也有普通命名法（同烷烃，称为某烯）及系统命名法，其中系统命名法的基本原则为：

（1）选取含有双键的最长碳链作为主链，按主链碳原子数称为"某烯"。

（2）从主链靠近双键的一端开始，依次将主链上的碳原子编号。把双键碳原子的最小编号写在烯的名称的前面。

（3）支链作为取代基，其位次、数目和名称应写在烯的名称之前，排列次序也按优先基团顺序规则排列，较优的基团后列出。例如：

$$
\begin{array}{c}
\overset{5}{C}H_3\overset{4}{C}H\overset{3}{C}H{=}\overset{2}{C}H\overset{1}{C}H_3 \\
| \\
CH_3
\end{array}
\qquad
\begin{array}{c}
\overset{1}{C}H_3\overset{2}{C}H\overset{3}{C}H{=}\overset{4}{C}H\overset{5}{C}H\overset{6}{C}H_2\overset{7}{C}H_2\overset{8}{C}H_3 \\
| \qquad\qquad | \\
CH_3 \qquad CH_2CH_3
\end{array}
$$

4-甲基-2-戊烯　　　　　　　　2-甲基-5-乙基-3-辛烯

2. 多烯烃系统命名的步骤

（1）选取含有双键最多的最长碳链作为主链，按主链碳原子数称及双键的个数为"某几烯"。

（2）从主链靠近双键的一端开始，依次将主链上的碳原子编号，双键的位次由小到大排列，写在母体名称前。

（3）支链作为取代基，其位次、数目和名称应写在母体的名称之前，排列次序也按最低系列原则，较优的基团后列出。例如：

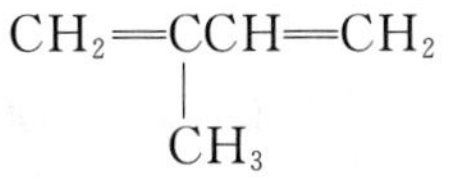

$$CH_2=CCH=CH_2$$
$$\overset{|}{CH_3}$$

$$\overset{}{CH}=CHC=CHCH_2CH_3$$
$$\overset{|}{CH_3}$$

2-甲基-1,3-丁二烯 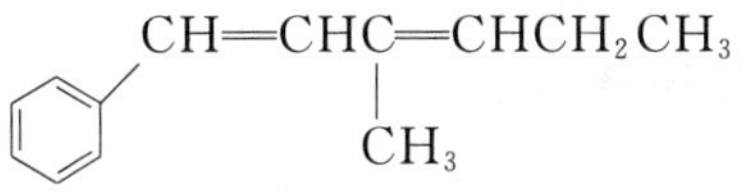　　　　　3-甲基-1-苯基-1,3-己二烯

3.1.2.2　烯烃的同分异构现象

由于 C ═ C 双键的存在，烯烃的异构比烷烃复杂，包括碳链异构、位置异构和顺反异构。其中碳链异构和位置异构属于构造异构，而顺反异构属于构型异构。

与烷烃的异构相似，烯烃也可以产生碳链异构。例如：

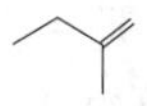

2-甲基-1-丁烯 　　　　1-戊烯

对于碳链相同的烯烃，由于官能团（C ═ C 双键）的位置不同而产生的异构称为位置异构。例如：

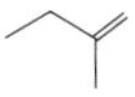

2-甲基-1-丁烯 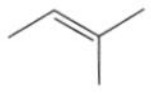　　2-甲基-2-丁烯

烯烃双键碳上所连接的四个原子或基团处于同一平面上，由于双键中 π 键存在，双键碳原子不能绕 σ 键轴自由旋转，因此当双键的两个碳原子上各连接两个不同的原子或基团时，这些原子或基团将产生不同的空间取向。这种由于双键碳上原子或基团的不同空间位置而产生的异构称顺反异构，也称为几何异构。例如，2-丁烯的顺反异构：

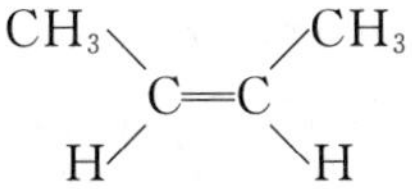

$$\overset{CH_3}{\underset{H}{}}C=C\overset{CH_3}{\underset{H}{}}$$
　　　　　　$$\overset{CH_3}{\underset{H}{}}C=C\overset{H}{\underset{CH_3}{}}$$

顺-2-丁烯（沸点 3.7℃） 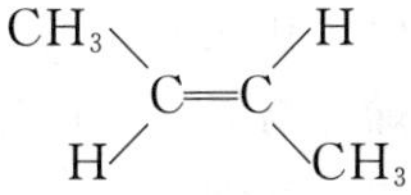　　　反-2-丁烯（沸点 0.9℃）

当双键两端相同的原子或基团处于双键的同侧时称为顺式异构体，处于异侧时称为反式异构体。2-丁烯的顺反异构体的物理常数不同，则物理性质不同，因此顺反异构体是不同的化合物。

烯烃顺反异构现象的起因是 C ═ C 双键不能自由旋转，而产生顺反异构体的必要条件是两个双键碳原子中的任何一个所连接的两个原子或基团不相同。例如，2-丁烯具有顺反异构体，而 1-丁烯因有一个双键碳上连有两个相同的氢原子而无顺反异构体。顺反异构体可采用顺反命名法，即顺式异构体在系统名称前加"顺"字，反式异构体加"反"字，中间用连字符"-"连接。例如：

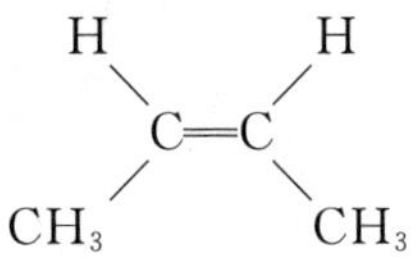

$$\overset{H}{\underset{CH_3}{}}C=C\overset{H}{\underset{CH_3}{}}$$
　　　　　　$$\overset{H}{\underset{CH_3}{}}C=C\overset{CH_3}{\underset{CH_3}{}}$$

顺-2-戊烯 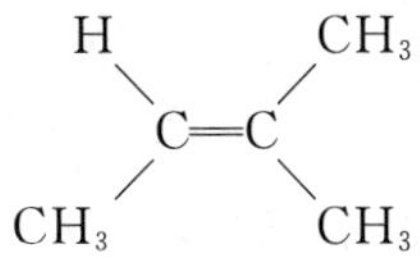　　　　反-3-甲基-2-戊烯

3.1.3　烯烃的物理性质

烯烃的物理性质和烷烃相似。沸点随着碳原子数目的增多而升高，支链增加使沸点降低。另外，末端烯烃的沸点比相应的内烯烃略低。在常温下，4 个碳原子以下的烯烃为气体，含 5～17 个碳原子的烯烃为液体，含 18 个碳原子以上的烯烃为固体。烯烃的相对密度小于 1，但较相应的烷烃略高。烯烃难溶于水，易溶于非极性的有机溶剂，如苯、乙醚、四氯化碳等。

3.1.4　烯烃的化学性质

烯烃的特征官能团（C＝C 双键）决定了烯烃是一类化学性质活泼的有机化合物，能发生一系列的化学反应。C＝C 双键由 σ 键和 π 键组成。σ 键结合较牢固，键能大，不易断裂；而 π 键结合不牢固，键能较小，易断裂。基于 π 键的断裂，烯烃可以发生加成、氧化和聚合等反应。另外，由于双键的影响，与双键直接相连的碳原子（α‐C）上的氢原子（α‐H）也具有一定的活泼性，可以发生一些反应（如卤代和氧化反应）。

3.1.4.1　加成反应

不饱和烃中的 π 键在试剂的作用下发生断裂，两个不饱和碳原子分别与试剂中的原子或基团结合，形成两个 σ 键的反应称为加成反应。在烯烃的加成反应中，碳原子的杂化状态由 sp^2 杂化变成了 sp^3 杂化，不饱和烃变成了饱和化合物。烯烃可以和多种试剂发生加成反应，但是试剂不同，发生加成反应的机理也不同。

1. 催化加氢反应

烯烃与氢加成，要打开一个 π 键及一个 H—H 键，生成两个 C—H 键，反应是放热的，但即使是放热反应，在无催化剂时，反应也很难进行，这说明反应的活化能很高。在金属催化剂作用下，烯烃与氢气加成生成相应烷烃的反应称为催化氢化反应。常用的催化剂有镍、钯、铂等金属，其催化活性 Pt＞Pd＞Ni。

$$RCH = CH_2 + H_2 \xrightarrow[\text{(Pt 或 Pd)}]{Ni} RCH_2CH_3$$

凡是分子中含有碳碳双键的化合物，都可在适当条件下进行催化氢化。加氢反应是定量完成的，所以可以通过反应吸收氢的量来确定分子中含有碳—碳双键的数目。

2. 亲电加成反应

烯烃中双键的 π 键电子云分布在 σ 键所在平面的上下方，受原子核的束缚力较小，所以 π 键电子云容易流动，易极化，容易受到带正电荷或带部分正电荷的原子或基团（缺电子试剂）的进攻而发生反应。在化学反应中，具有亲电性能的缺电子试剂称为亲电试剂，由亲电试剂作用而引起的加成反应称为亲电加成反应。常用的亲电试剂有 HX、H_2O、H_2SO_4、X_2、HOX 等。

（1）与卤化氢加成。

烯烃与卤化氢气体或浓的氢卤酸（如 HI、HBr、HCl 等）发生亲电加成反应，生成相应的卤代烃。这是制备卤代烃的重要方法。例如：

$$CH_3CH = CHCH_3 + HCl \longrightarrow CH_3CH_2\underset{\underset{Cl}{|}}{C}HCH_3$$

烯烃与 HX 的亲电加成反应历程分为两步：

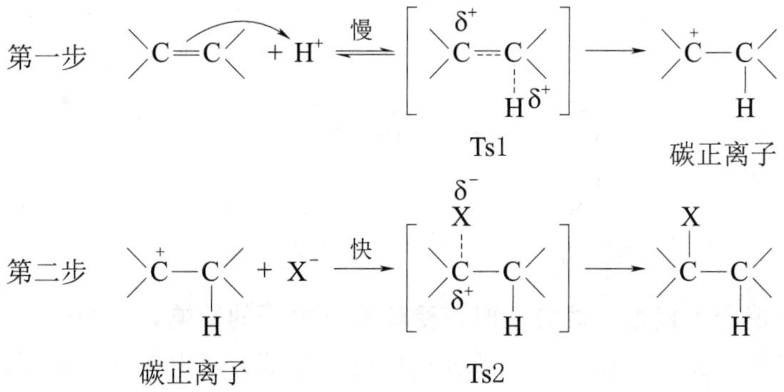

第一步

第二步

第一步，卤化氢分子解离出的 H^+ 首先进攻双键碳原子，经过渡态 Ts1，生成中间体碳正离子（C^+）。

第二步，碳正离子迅速与 X^- 结合，经过渡态 Ts2，生成卤代烃。

从酸碱概念来看，反应历程中的第一步可以看作一个酸碱反应，其中烯烃为碱（电子给予体），H 为酸（电子受体）。因为第一步是决定整个反应速率的控制步骤，因此：

1）HX 的酸性越强，亲电加成反应速率越快，即 HX 的反应活性次序为：HI＞HBr＞HCl。HF 因酸性太弱，一般不与烯烃发生加成反应。

2）烯烃的"碱性"越强，即双键碳上电子云密度越大，亲电加成反应速率越快。因此，当双键碳上连有供电子基（如烷基—R）时，双键碳上电子云密度增大，反应速率加快；当双键碳上连有吸电子基（如卤素—X）时，则反应速率减慢。所以，烯烃与 HX 的亲电加成反应活性一般有以下次序：

$$R_2C = CR_2 > R_2C = CHR > R_2C = CH_2$$
$$RCH = CHR > RCH = CH_2 > CH_2 = CH_2 > CH_2 = CHCl$$

（2）与卤素加成。

烯烃与卤素加成生成邻二卤代烃。卤素的反应活性次序为：氟＞氯＞溴＞碘。通常氟与烯烃的反应太剧烈，难以控制，往往得到碳链断裂的各种产物，无实用意义。碘与烯烃的加成反应速率非常慢，且为可逆反应，又往往逆反应占优势，故不常用。因此，烯烃与卤素的加成反应实际上是指与氯和溴的加成。

烯烃与溴的反应通常以四氯化碳为溶剂，在室温下即可发生反应，反应现象非常明显，生成无色的二溴代烷而使溴的红棕色褪去，且反应定量进行，可用于烯烃中双键含量的测定，因此溴水或溴的四氯化碳溶液都是鉴别不饱和键常用的试剂，其反应方程式如下：

$$CH_3 - CH = CH_2 + Br_2 \longrightarrow CH_3 - \underset{\underset{Br}{|}}{C}H - \underset{\underset{Br}{|}}{C}H_2$$

1,2-二溴丙烷

烯烃与卤素（Cl_2、Br_2）的加成反应分两步进行。以烯烃和溴的加成为例说明其反应机理。

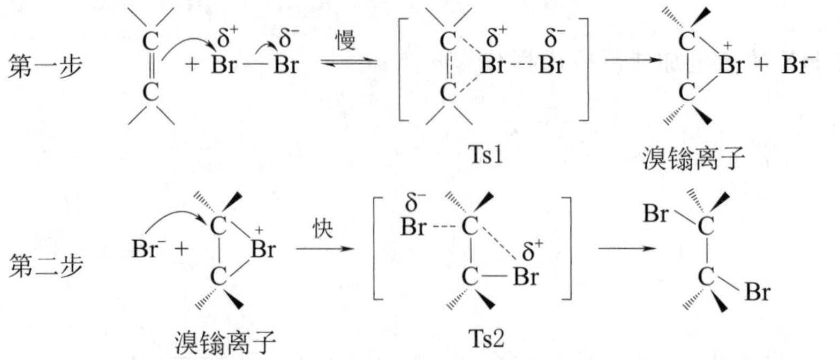

第一步

Ts1　　　　溴鎓离子

第二步

溴鎓离子　　　　Ts2

第一步，当溴分子接近烯烃分子时，受烯烃 π 电子的影响，溴分子发生极化，一个溴原子带部分正电荷，另一个溴原子带部分负电荷。带部分正电荷的溴原子进一步接近烯烃时，溴的极化程度加深，经过渡态 Ts1，结果使溴分子发生了不均等的异裂，带正电荷的溴原子和烯烃的一对 π 电子结合生成溴鎓正离子三元环中间体。在溴鎓正离子中，正电荷可由组成三元环的三个原子共同分担。

第二步，由于空间阻碍作用，溴负离子只能从溴鎓正离子的背面进攻带部分正电荷的碳原子，经过渡态 Ts2，鎓离子的三元环开环，最终生成邻二溴产物。

在两步反应历程中，其中第一步反应速率较慢，是决定整个反应速率的关键步骤。第二步反应较快，加成方式为反式加成。

（3）与水的加成。

烯烃与水不能直接发生反应。这是因为水是一种很弱的酸，其解离生成的质子浓度很低，难以与烯烃双键进行亲电加成反应。通常烯烃与水的加成需在酸（H_2SO_4、H_3PO_4 等）催化下进行。例如：

$$CH_3CH=CH_2 + H_2O \xrightarrow{H^+} CH_3\underset{\underset{OH}{|}}{C}HCH_3$$

烯烃与水加成生成醇，称为烯烃的直接水合法制醇。其反应的机理是，H^+ 与水中氧上未共用电子对结合成水合质子 $H:\overset{+}{O}H_2$，烯烃与 $H:\overset{+}{O}H_2$ 作用生成碳正离子，碳正离子再与水作用得到质子化的醇，最后质子化的醇与水交换质子而得到醇及水合质子。不对称烯烃与水的加成遵循马氏规则。在酸催化下反应历程也经过碳正离子中间体，因此往往有重排产物的存在。

（4）与硫酸的加成。

烯烃能和硫酸加成，生成可以溶于硫酸的烷基硫酸氢酯，反应很容易进行，只要将烯烃与硫酸一起摇荡，便可得到清亮的加成产物的溶液。例如：

$$CH_3-CH=CH_2 + HO-SO_2-OH \longrightarrow CH_3-\underset{\underset{O-SO_2-OH}{|}}{C}H-CH_3 \xrightarrow[\triangle]{H_2O} CH_3-\underset{\underset{OH}{|}}{C}H-CH_3$$

硫酸氢异丙酯　　　　　　　　　异丙醇

反应历程与卤化氢的加成一样，首先是烯烃与质子的加成，生成碳正离子，然后碳正离子再与硫酸氢根结合。烯烃与硫酸的加成，经过碳正离子中间体，有重排产物产生。不对称烯烃与硫酸的加成，产物遵循马氏规则。

3.1.4.2 氧化反应

烯烃的 C＝C 双键容易被氧化，并且氧化剂不同，产物不同。在氧化剂作用下，首先是 π 键发生断裂，若氧化条件较强烈，σ 键也可以断裂。

1. 催化氧化

在特定的催化剂存在下，烯烃与 O_2 作用可被氧化成环氧化合物或羰基化合物。乙烯或丙烯在活性银或氧化银催化作用下，可经空气氧化生成环氧乙烷或 1,2-环氧丙烷，这是工业上合成这两种重要环氧化合物的方法。

$$CH_2 = CH_2 + O_2 \xrightarrow[220\sim280℃]{Ag} CH_2 - CH_2 \quad (O)$$

$$CH_3CH = CH_2 + O_2 \xrightarrow[\sim300℃]{Ag} CH_3CH - CH_2 \quad (O)$$

乙烯或丙烯在氯化钯和氯化铜的水溶液中，可被 O_2 氧化生成乙醛或丙酮，它们都是重要的化工原料。

$$CH_2 = CH_2 + O_2 \xrightarrow[100\sim125℃]{PdCl_2 - CuCl_2} CH_3CHO$$

$$CH_3CH = CH_2 + O_2 \xrightarrow[120℃]{PdCl_2 - CuCl_2} CH_3\overset{\overset{\displaystyle O}{\|}}{C}CH_3$$

2. 与高锰酸钾的反应

烯烃很容易被高锰酸钾等氧化剂氧化，如在烯烃中加入高锰酸钾的水溶液，则紫色褪去，生成褐色二氧化锰沉淀，这也是鉴别不饱和键的常用方法之一。但必须注意，除不饱和烃外，某些有机化合物如醇、醛等，也能被高锰酸钾氧化。

氧化产物决定于反应条件，在温和的条件下，如冷的高锰酸钾溶液，产物为邻二醇。

$$3RCH = CHR' + 2KMnO_4 + 4H_2O \longrightarrow 3RCH - CHR' + 2MnO_2 + 2KOH$$
$$\qquad\qquad\qquad\qquad\qquad\qquad\qquad\quad OH \quad OH$$
邻二醇

如果在酸性条件或加热情况下，则进一步氧化的产物是碳碳双键处断裂后生成的羧酸或酮。例如：

$$R^1 - \overset{\overset{\displaystyle R^2}{|}}{C} = CH - R_3 \xrightarrow{[O]} R^1 - \overset{\overset{\displaystyle R^2}{|}}{C} = O + O = \overset{\overset{\displaystyle R^3}{|}}{C} - OH$$
酮 　　　　 羧酸

即当以双键相连的碳原子上连有两个烷基的部分，氧化断裂的产物为酮；以双键相连的碳

25

原子上只连有一个烷基的部分，氧化断裂后生成羧酸。通过一定的方法，测定所得酮及（或）羧酸的结构，则可推断烯烃的结构。

3.1.4.3 聚合反应

在催化剂作用下，许多烯烃通过加成的方式互相结合，生成高分子化合物，这种反应叫聚合。乙烯、丙烯等在一定条件下，可分别生成聚乙烯、聚丙烯。

$$n CH_2 \!=\! CH_2 \xrightarrow[\text{温度，压力}]{O_2} \text{─}\!\!\left[CH_2 \!-\! CH_2\right]\!\!\text{─}_n$$

聚乙烯

$$n CH_3 \!-\! CH \!=\! CH_2 \xrightarrow[\text{温度，压力}]{Al\,(C_2H_5)_3 - TiCl_4} \text{─}\!\!\left[\underset{\underset{CH_3}{|}}{CH} \!-\! CH_2\right]\!\!\text{─}_n$$

聚丙烯

高分子化合物是由许多简单的小分子（可以是完全相同的或是不同的）连接成的相对分子质量相当高的物质，这些小分子称作单体，生成的大分子化合物称为高分子聚合物，参与聚合反应的单体数目称为聚合度，用 n 表示。

聚乙烯无毒，化学稳定性好，耐低温，并有绝缘和防辐射性能，易于加工，可用以制成食品袋、塑料壶、杯等日常用品，在工业上可制管件、电工部件的绝缘材料，防辐射保护衣等。聚丙烯的透明度比聚乙烯好，并有耐热及耐磨性，除可作日用品外，还可制造汽车部件、合成纤维等。

在聚合反应中若只有一种单体，称为均聚；有时也可以用两种或两种以上的单体进行聚合，称为共聚。例如，工业上常用的乙丙橡胶就是一种高分子共聚物，由乙烯和丙烯按一定比例共聚而成。

$$n CH_2 \!=\! CH_2 + n \underset{\underset{CH_3}{|}}{CH} \!=\! CH_2 \xrightarrow{\text{共聚}} \left[CH_2 \!-\! CH_2 \!-\! \underset{\underset{CH_3}{|}}{CH} \!-\! CH_2 \right]_n$$

乙丙橡胶

3.2 炔烃

通常情况下，分子中含有碳碳三键（C≡C）的开链不饱和烃称为炔烃。炔烃与相应的烯烃相比少了两个氢原子，其通式为 C_nH_{2n-2}炔烃与同碳数的环烯烃和二烯烃互为同分异构体。碳碳三键（C≡C）为炔烃的官能团。

3.2.1 炔烃的结构

最简单的炔烃为乙炔，分子式为 C_2H_2。研究表明，乙炔是一种线型分子，两个碳原子和两个氢原子均在同一直线上。碳碳三键的键长比双键还短，为 0.120nm，碳氢键的键长为 0.106nm。另外，C≡C 三键的键能为 837kJ/mol，小于三个 C—C 单键键能之和。

乙炔分子中，碳原子外层的四个价电子以一个 s 轨道与一个 p 轨道杂化，组成两个等同的 sp 杂化轨道，两个 sp 杂化轨道的轴在一条直线上。两个 sp 杂化的碳原子，各以一个 sp 杂化轨道结合成碳-碳 σ 键，另一 sp 杂化轨道各与氢原子结合，所以乙炔分子中的碳原子和氢原子都在一条直线上，即键角为 180°。

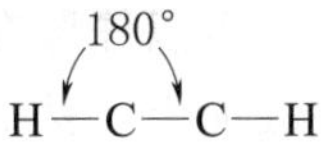

$$H—C—C—H$$

乙炔的分子模型如图 3.4 所示。

3.2.2 炔烃的物理性质

炔烃的物理性质和烷烃、烯烃基本相似。沸点随着碳原子数目的增多而升高，支链化使沸点降低，末端炔烃比内炔烃沸点低。炔烃的熔点、沸点和相对密度比相应的烷烃和烯烃高，这是由于炔烃分子较短小、

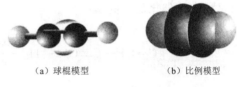

（a）球棍模型　　　　（b）比例模型

图 3.4　乙炔分子模型

细长，在液态和固态中，分子彼此接近，分子间的范德华作用力较强。另外，炔烃分子的极性大于烯烃，对称的炔烃无极性。

常温常压下，乙炔、丙炔和丁炔是气体，从戊炔开始为液体，高级炔烃为固体。炔烃的相对密度小于 1，不溶于水，易溶于醚、四氯化碳、苯、丙酮等有机溶剂。在常压下，15℃时，1 体积的丙酮可溶解 25 体积的乙炔。因为乙炔在较大的压力下，爆炸力极强，所以储存乙炔的钢瓶内就填充了用丙酮浸透的硅藻土或碎软木，这样，在较小的压力下就可溶解大量乙炔。纯的乙炔是无色无臭的气体，由电石水解生成的乙炔由于夹杂有少量含硫及含磷的化合物，因此有一种特殊的臭气。乙炔燃烧时发出明亮的火焰。乙炔在氧气中燃烧的火焰温度可高达 3500℃，所以可用于熔融及焊接金属。

3.2.3 炔烃的化学性质

炔烃的官能团是 C≡C 三键，和烯烃的官能团 C＝C 双键相似，都含有活泼易断裂的 π 键，因此炔烃也可以发生与烯烃相类似的许多化学反应，如催化氢化、亲电加成、氧化等反应。但两种官能团中碳原子的杂化方式不同、电负性不同，使炔烃又具有不同于烯烃的特殊性质，如炔烃可以进行亲核加成反应以及末端炔烃具有一定的酸性等。

乙炔分子中的碳原子为 sp 杂化状态，与 sp^2 或 sp^3 杂化状态相比，它含有较多（50%）的 s 成分。s 成分较多，则轨道距核较近，也就是原子核对 sp 杂化轨道中的电子约束力较大，换言之，sp 杂化状态的碳原子电负性较强。各种不同杂化状态的碳原子的电负性由强到弱的顺序为：$sp>sp^2>sp^3$。由于 sp 杂化碳原子的电负性较强，所以炔烃虽然有两个 π 键，但不像烯烃那样容易给出电子，因此炔烃的亲电加成反应一般要比烯烃慢些。

3.2.3.1 加成反应

1. 催化加氢反应

在常规催化剂铂、钯或镍的作用下，炔烃与两分子氢加成生成烷烃，反应一般难以停

留在烯烃的阶段。

$$RC\equiv CH \xrightarrow[\text{Pt（或Pd，Ni）}]{H_2} RCH=CH_2 \xrightarrow[\text{Pt（或Pd，Ni）}]{H_2} RCH_2CH_3$$

如果使用活性较低的催化剂，反应则可以停留在烯烃的阶段。常用活性较低的催化剂及其制备方法有：①将钯附着在碳酸钙表面上，然后加入少量醋酸铅或氧化铅使之毒化，得到林德拉催化剂；②将钯附着在硫酸钡表面上，然后加入少量喹啉使之毒化，得到克拉姆催化剂；③在乙醇溶液中，用硼氢化钠还原醋酸镍得到硼化镍催化剂，常称 P-2 催化剂，又称布朗催化剂。例如：

$$\underset{C_2H_5}{\overset{CH_3}{>}}C=CH-C\equiv CH + H_2 \xrightarrow[\text{Pb(OAc)}_2]{\text{Pd-CaCO}_3} \underset{C_2H_5}{\overset{CH_3}{>}}C=CH-CH=CH_2$$

由于 C≡C 三键比 C=C 双键更容易被吸附在催化剂的表面，因此炔烃比烯烃更容易发生催化加氢反应。可以从反应的氢化热值反映出来。例如，乙炔的氢化热比乙烯的氢化热值高，因此乙炔比乙烯更容易加氢。

$$CH_2=CH_2 + H_2 \longrightarrow CH_3CH_3 \qquad \Delta H = -137kJ/mol$$
$$HC\equiv CH + H_2 \longrightarrow CH_2=CH_2 \qquad \Delta H = -175kJ/mol$$

催化氢化为顺式加成，对于内炔烃，部分加氢后主要生成顺式烯烃。例如：

$$C_2H_5-C\equiv C-CH_3 + H_2 \xrightarrow[\text{喹啉}]{\text{Pd-BaSO}_4} \underset{C_2H_5}{\overset{H}{>}}C=C\underset{CH_3}{\overset{H}{<}}$$

有机分子加氢或脱氧的反应称为还原反应；若加氧或脱氢则称为氧化反应。炔烃也可以用还原剂还原成烯烃，通常将炔烃置于液氨中用金属钠或锂还原，经过自由基碳负离子中间体，主要产物为反式烯烃。

2. 亲电加成反应

与烯烃相似，炔烃也可以和 HX、H_2O、X_2 等亲电试剂发生亲电加成反应，但是炔烃的三键碳为 sp 杂化，电负性较大，对 π 电子的束缚能力较强，使之不易极化。因此，炔烃的亲电加成反应活性比烯烃低。

3. 与卤化氢加成

炔烃与卤化氢的加成反应分两步进行，先生成一卤代烯烃，进一步反应生成偕二卤代烷（两个卤原子连在同一个碳上的烃）。例如：

$$HC\equiv CH + HCl \longrightarrow CH_2=CHCl \longrightarrow CH_3CHCl_2$$

在一卤代物中，卤原子的吸电子效应使双键碳上的电子云密度降低，不利于其进一步发生亲电加成，所以，炔烃与卤化氢的加成可以停留在烯烃阶段。若卤化氢过量，则反应可进行到底。

如果用亚铜盐或汞盐作为催化剂，可加速反应进程。不对称炔烃与卤化氢的加成遵循马氏规则。例如：

$$C_2H_5-C\equiv CH + HBr \xrightarrow{Hg^{2+}} C_2H_5-\underset{Br}{C}=CH_2$$

4. 与水加成

在硫酸及汞盐的催化下，炔烃能与水加成。首先生成烯醇（—OH 与双键相连），烯醇不稳定，容易重排成醛或酮。这种一个分子在反应过程中发生了原子或基团的转移和电子云的重新分布，而最后生成较稳定分子的反应称为分子重排反应。该重排又称为烯醇式醛（酮）式互变异构。

$$H-C\equiv C-H + H-OH \xrightarrow[H_2SO_4]{HgSO_4} [H_2C=\underset{}{C}-O-H] \longrightarrow CH_3-\underset{}{C}=O$$

乙烯醇　　　　　　乙醛

5. 与卤素加成

炔烃可以和一分子卤素加成生成二卤代物，也可以和二分子卤素加成生成四卤代物。反应可以控制在一分子加成的阶段。

$$R-C\equiv C-R \xrightarrow{X_2} \underset{R}{\overset{X}{C}}=\underset{X}{\overset{R}{C}} \xrightarrow{X_2} R-\underset{X}{\overset{X}{C}}-\underset{X}{\overset{X}{C}}-R$$

二卤代物　　　　四卤代物

3.2.3.2 亲核加成反应

炔烃和烯烃在化学性质上一个明显的区别是炔烃可以进行亲核加成反应，而烯烃不能。这是因为炔烃中三键碳的电负性较大，有一定的接受电子能力，而烯烃双键碳的电负性相对较小，接受电子的能力较差。

炔烃可以和 ROH、RCOOH、HCN 等在一定条件下发生亲核加成反应，生成含有双键的产物。例如与氢氰酸加成乙炔在氯化亚铜及氯化铵的催化下，可与氢氰酸加成而生成丙烯腈。

$$HC\equiv CH + HCN \xrightarrow{Cu_2Cl_2\cdot NH_4Cl} CH_2=CH-CN$$

丙烯腈

3.2.3.3 氧化反应

炔烃经高锰酸钾或臭氧氧化，一般 C≡C 三键断键，产物均为羧酸或 CO_2。例如：

$$CH_3CH_2CH_2\equiv CH \xrightarrow[H^+]{KMnO_4} CH_3CH_2CH_2COOH+CO_2$$

利用 $KMnO_4$ 溶液的颜色变化可鉴别炔烃的存在，但不能区分烯烃和炔烃。另外，根据 $KMnO_4$ 或臭氧氧化产物的结构可推测原来炔烃的结构。

3.2.3.4 聚合反应

炔烃在一定条件下可以自身加成而发生聚合反应。烯烃的聚合一般生成高聚物，而炔烃的聚合一般为低聚物。

将乙炔通入氯化亚铜和氯化铵的溶液中，可生成乙炔的二聚体和三聚体。其中二聚体乙烯基乙炔可合成氯代丁二烯，氯代丁二烯是合成氯丁橡胶的单体，工业上用此方法合成氯丁橡胶。

在 Ziegler - Nata 催化剂作用下，乙炔也可以直接聚合成链状、相对分子质量高的聚乙炔。聚乙炔分子具有单、双键交替的结构，呈现大 π 键，电子可以流动，因此具有很好的导电性。目前正致力于将聚乙炔作为太阳能电池、电极和半导体材料的研究。

$$n\,HC\equiv CH \xrightarrow{\text{Ziegler - Natta}} \left[\!\!\left[HC=CH\right]\!\!\right]_n$$

3.3　二烯烃

分子中含有多个 C=C 双键的开链不饱和烃称为多烯烃，其中含有两个 C=C 双键的称为二烯烃。二烯烃的通式为 C_nH_{2n-2}，与炔烃互为同分异构体，但它们的结构不同、性质各异。这种异构体间的区别在于所含官能团不同，称作官能团异构，亦属于构造异构。

根据两个碳—碳双键的相对位置可以把双烯烃分为三类：一类是两个碳碳双键连在同一个碳原子上的，称作聚集双烯，如丙二烯；一类是单双键间隔的双烯叫共轭双烯，如 1,3 - 丁二烯；再有一类就是两个碳碳双键被两个或两个以上单键隔开的，如 2 -甲基- 1,4 -戊二烯，称作隔离双烯。

双烯烃的命名与烯烃相同，只是在"烯"前加"二"字，并分别注明两个双键的位置。

3.3.1　共轭二烯烃的结构

1,3 -丁二烯（简称丁二烯）是最简单的共轭二烯烃，它的结构体现了所有共轭二烯烃的结构特征。物理方法证明丁二烯（$CH_2=CH-CH=CH_2$）为平面型分子，分子中所有的碳原子和氢原子均在同一平面上，相邻键的夹角都接近 $120°$。C—C 单键的键长为 $0.148nm$，比普通的 C—C 单键键长（$0.154nm$）短，而 C=C 双键的键长为 $0.135nm$，比普通的 C=C 双键键长（$0.133nm$）略长。

3.3.2　共轭二烯烃的化学性质

共轭二烯烃的官能团是两个碳碳双键，因此具有一般烯烃的化学性质，但由于两个碳碳双键共轭，它又表现出一些特殊的化学性质。

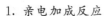

1. 亲电加成反应

共轭二烯烃的亲电加成的活性比一般烯烃高，加成的特点是同时发生 1,2 -加成和 1,4 -加成，得到两种相应的产物。例如，1,3 -丁二烯与 HBr 的加成反应，得到 1,2 -加成产物和 1,4 -加成产物。1,2 -加成方式与一般烯烃相似，是发生在一个双键上的加成，得到 1,2 -加成产物。1,4 -加成是发生在共轭体系两端的加成，即加成到 C^1 和 C^4 上，C^1 和 C^4 之间原来的双键变成单键，同时 C^2 和 C^3 之间原来的单键变成双键，最终得到 1,4 -加成产物。1,4 -加成又称为共轭加成，其反应方程式如下：

$$CH_2{=}CH{-}CH{=}CH_2 + HBr \longrightarrow CH_2{=}CH{-}\underset{Br}{\overset{\quad}{C}}H{-}\underset{H}{\overset{\quad}{C}}H_2 + CH_2{-}CH{=}CH{-}CH_2$$
$$\qquad\qquad\qquad\qquad\qquad\qquad\qquad\quad Br \quad H \qquad\qquad Br \qquad\qquad\qquad H$$

$$\qquad\qquad\qquad\qquad\qquad\qquad 1,2\text{-加成产物} \qquad\qquad 1,4\text{-加成产物}$$

2. 双烯合成反应

共轭二烯烃与含有碳碳双键或碳碳三键的不饱和化合物进行 1,4 -加成，生成环己烯或环己二烯类化合物的反应，称为双烯合成反应。该反应于 1928 年由德国化学家第尔斯（O. Diels）和阿尔德（K. Alder）共同发现，因此又称为 Diels - Alder 反应。双烯合成是共轭二烯烃所特有的反应，是合成六元碳环化合物的一种重要方法，在理论上和实际应用中都具有重要意义。第尔斯和阿尔德两人由此共获 1950 年诺贝尔化学奖。

$$\begin{array}{c}\text{（反应式图）}\end{array}$$

双烯体　亲双烯体

在这类反应中，通常把共轭二烯烃称为双烯体，与其进行反应的烯类或炔类化合物称为亲双烯体。双烯合成反应为协同反应，一步完成，在反应过程中没有中间体生成，旧键的断裂和新键的生成同时完成。反应时，反应物分子彼此靠近，互相作用，形成一个六元环状的过渡态，然后逐渐转化为产物分子。因产物为环状化合物，又称为环加成反应。

3. 聚合反应和合成橡胶

与单烯烃相似，共轭二烯烃在催化剂作用下也可以发生聚合反应，生成高分子聚合物。聚合时，既可以发生 1,2 -加成聚合，也可以发生 1,4 -加成聚合。在 1,2 -加成聚合时，既可以全同聚合，也可以间同聚合；在 1,4 -加成聚合时，既可以顺式聚合，也可以反式聚合。例如：

$$\begin{array}{c}\text{（聚合反应式图）}\end{array}$$

共轭二烯烃的聚合反应是合成橡胶的基本反应。例如，在 Ziegler - Natta 催化剂的作用下，1,3 -丁二烯基本上都可以按 1,4 -加成方式聚合，即发生定向聚合，制得顺- 1,4 -聚丁二烯高聚物，亦称为顺丁橡胶。

$$n\mathrm{CH_2}\!=\!\mathrm{CHCH}\!=\!\mathrm{CH_2} \xrightarrow{\text{Ziegler - Natta}} \left[\!\!\begin{array}{c} \mathrm{CH_2} \quad\quad \mathrm{CH_2} \\ \diagdown \quad\quad \diagup \\ \mathrm{C}\!=\!\mathrm{C} \\ \diagup \quad\quad \diagdown \\ \mathrm{H} \quad\quad\quad \mathrm{H} \end{array}\!\!\right]_n$$

　　这种定向聚合所生成的顺丁橡胶，由于分子排列规整，具有耐磨、耐低温、耐老化、弹性良好等优异性能。顺丁橡胶的主要用途是制造轮胎，还可用于制造耐磨制品（如胶鞋、胶辊）、耐寒制品和防震制品，也可用于塑料的改性剂。

第4章 脂 环 烃

环烃是由碳和氢两种元素组成的环状化合物，根据它们的结构或性质，可以分成脂环烃和芳香烃两类。

性质与脂肪烃相似的环烃称为脂环烃，按照碳原子的饱和程度又可分为环烷烃、环烯烃、环炔烃等。例如：

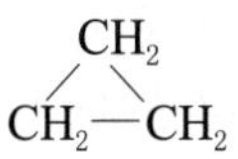

环丙烷 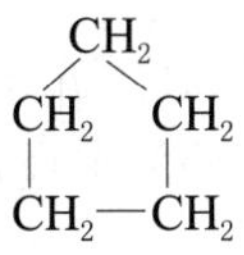　　　　环戊烷 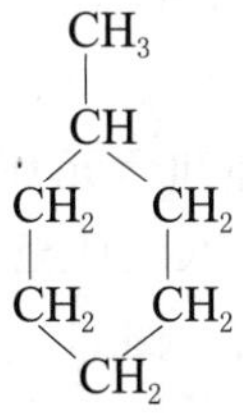　　　　甲基环己烷 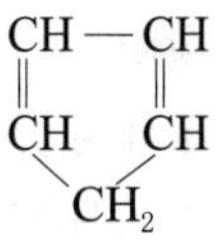　　　　环戊二烯

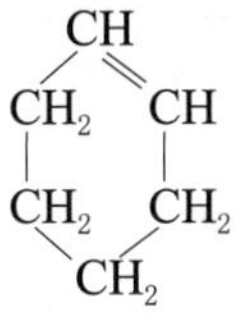

环己烯 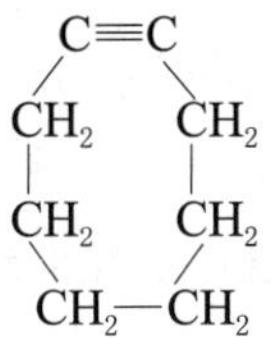　　　　　　　环辛炔

上面结构式常分别用如下键线式表示：

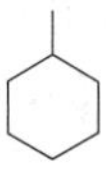

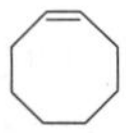

简单脂环烃的命名与相应的脂肪烃基本相同，只是在名称前加"环"字，当环上连有取代基时，按照表示取代基位置的数字尽可能小的原则，将环编号。连有不同取代基时，则根据次序规则，较优基团给以较大的编号。当环上有取代基及不饱和键时，不饱和键以最小的号数表示。例如：

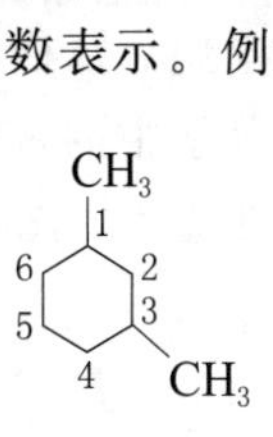

1,3-二甲基环己烷 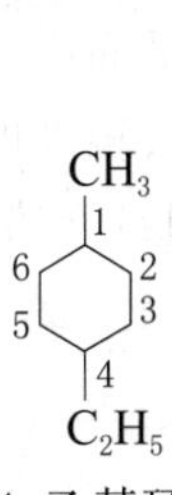　　　1-甲基-4-乙基环己烷 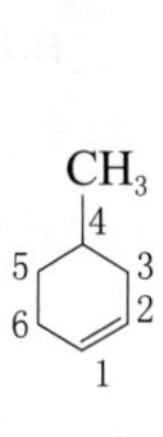　　4-甲基环己烯(不是5-甲基环己烯)

某些情况下，如简单的环上连有较长的碳链时，也可将环当作取代基命名。例如：

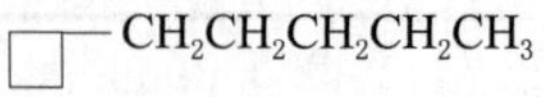

$$□—CH_2CH_2CH_2CH_2CH_3$$

环丁基戊烷

脂环烃的异构有多种形式，如 1,3 -二甲基环己烷与 1,4 -二甲基环己烷即互为异构体，它们的分子式为 C_8H_{16}，符合该分子式的环烷还可以写出很多。例如：

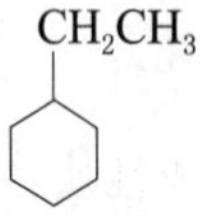

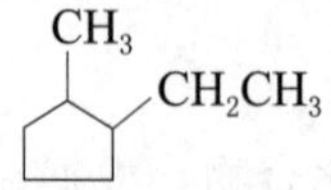

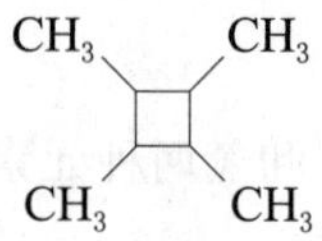

乙基环己烷　　　　　1-甲基-2-乙基环戊烷　　　　　1,2,3,4-四甲基环丁烷

除上述异构外，当环中不同碳原子上连有两个或两个以上取代基时，还有立体异构。

环烷的通式与开链烯烃相同，即 C_nH_{2n}，环单烯烃则具有与单炔烃及双烯烃相同的通式 C_nH_{2n-2}。

在环状化合物中，以五元环和六元环为最普遍，五元环、六元环、七元环属于一般环，三元环、四元环称为小环，八元环至十一元环为中环，十二元环以上为大环。此外还存在许多其他形式的环状化合物。例如：

十氢化萘　　　　　　螺[5,5]十一烷　　　　　降菠烷

限于篇幅，本章主要介绍环烷烃的结构及性质。

4.1　环烷烃的结构

环丙烷分子中三个碳原子必然要在一个平面上，这样 C—C—C 键角就应该是 60°。而烷烃中 sp^3 杂化碳原子的四面体形键角应为 109.5°，因此，在环丙烷中碳原子核之间的连线与正常的 sp^3 杂化轨道之间角度偏差的结果是，C—C 之间的电子云不可能在原子核连线的方向上重叠，也就是没有达到最大程度的重叠，这样形成的键就没有正常的 σ 键稳定。所以环丙烷的稳定性比烷烃要差得多，通常是因为分子内存在着张力。这种张力是由于键角的偏差引起的，所以称为角张力，是影响环烃稳定性的几种张力因素之一。

三元以上的环，成环的原子可以不在一个平面内，如环丁烷及环戊烷。从而碳—碳之间的杂化轨道可以逐渐趋向于正常的键角和最大程度的重叠。环己烷分子中的六个碳原子可以有如下两种保持正常 C—C—C 键角的空间排布方式，即船型与椅型，如图 4.1 和图 4.2 所示。

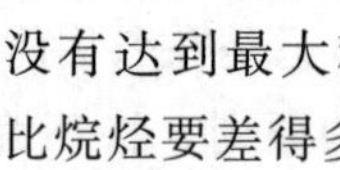

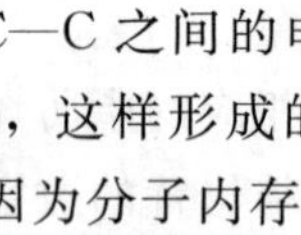

环丁烷　　　　　　　　　　　　环戊烷

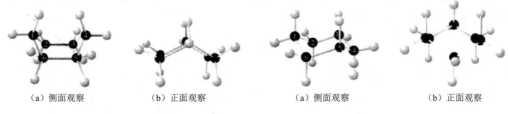

| (a) 侧面观察 | (b) 正面观察 | (a) 侧面观察 | (b) 正面观察 |

图 4.1　环己烷的船型球-棍模型　　　　图 4.2　环己烷的椅型球-棍模型

无论是图 4.1 或图 4.2，环中 C^2、C^3、C^5、C^6 都在一个平面上，但在图 4.1 中 C^1 和 C^4 在 C^2、C^3、C^5、C^6 形成的平面的同侧，称为船型；在图 4.2 中，C^1 和 C^4 则分别在 C^2、C^3、C^5、C^6 形成的平面的上下两侧，称为椅型，它们可以用如下的键线式表示。

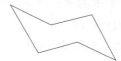

4.1.1　环己烷的构象

船型和椅型是环己烷的两种构象。

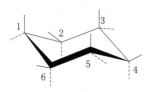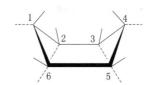

根据碳—碳键长及碳—氢键长可以计算出分子中氢原子间的距离。在船型构象中，C^1 及 C^4 上的两个氢原子相距极近，相互之间的斥力较大，而在椅型构象中则不存在这种情况。另外，从模型考察椅型环己烷中每一个 C—C 键上基团的构象，它们都呈邻位交叉式（图 4.2）；而在船型构象中，C^2—C^3 及 C^5—C^6 上连接的基团为全重叠式（图 4.1），因而船型不如椅型稳定，所以环己烷及其衍生物在一般情况下都以椅型存在。

对椅型环己烷作仔细考察，可以看出 C^1、C^3、C^5 形成一个平面，它位于 C^2、C^4 及 C^6 形成的平面之上，这两个平面相互平行。12 个 C—H 键可以分成两类：一类是垂直于 C^1、C^3、C^5（或 C^2，C^4，C^6）形成的平面，称为直立键，以 a 键表示；另一类则大体与环的"平面"平行，称为平伏键，以 e 键表示。

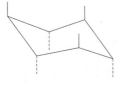

直立键（a键）　　　　平伏键（e键）

如将下面椅型构象图 4.3（a）中的 C^1 按箭头所指向下翻转，而将 C^4 转到上面，即得到另一个椅型构象图 4.3（b）。

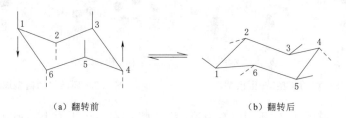

（a）翻转前　　　　　　　　　　（b）翻转后

图 4.3　椅型构象的翻转作用

实际在室温下，两种椅型构象在不断地相互翻转，翻转以后 C^1、C^3 和 C^5 形成的平面转至 C^2、C^4 与 C^6 形成的平面之下，因此 a 键变为 e 键，而 e 键则变为 a 键。

根据计算椅型环己烷中 C^1、C^3、C^5（或 C^2、C^4、C^6）的三个 a 键所连氢原子间的距离与两个氢的范德华半径基本相同，它们之间没有相互排斥作用，但当 C^1 a 键上的氢被其他原子或基团（如—CH_3）取代后，如图 4.4（a）所示，由于—CH_3 的体积比氢大，所以它与 C^3、C^5 上的氢便发生拥挤而产生相互排斥作用，但如—CH_3 连在 e 键上，如图 4.4（b）所示，由于—CH_3 伸向环外，拥挤情况便相对降低，所以图 4.4（b）是较稳定的构象。但当取代基的体积不是很大时，取代基以 a 键或 e 键与环相连的两种构象间的能量差别不大，同时由于环的翻转，a 键与 e 键可以互换，因此甲基环己烷为两种构象的平衡体系，但以 e 键与环相连为主。

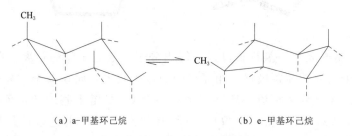

（a）a-甲基环己烷　　　　　　　　　　（b）e-甲基环己烷

图 4.4　甲基环己烷的相互转化

对于多元取代的环己烷，一般来说最稳定的构象应是 e 键取代基最多的构象，尤其是较大的取代基应以 e 键与环相连为最稳定。

在环己烷的椅型构象中，每一个碳原子上各有一个 a 键及一个 e 键；相邻两个碳原子上的 a 键（或 e 键）都是一个向上，另一个向下（反式）；而相隔一个碳原子上的两个 a 键（或 e 键）的方向是一致的（顺式）；处于对位（1,4）的两个碳原子上的 a 键（或 e 键）的方向又是相反的（反式）。

4.1.2　环己烷的异构体

当环己烷上有两个或两个以上取代基时，根据取代基在环面的同侧或反侧，则可以产生几何异构体，如 1,2-二甲基环己烷有顺式与反式两种异构体。由构象式可以看出，顺式异构体的两个甲基一个以 a 键，另一个以 e 键与环相连，这种构象称为 ae 型。而反式异构体的两个甲基可都以 e 键或都以 a 键与环相连，分别称为 ee 型或 aa 型，但 ee 型为占优势的构象。

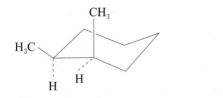

顺-1，2-二甲基环己烷（ae型）　　　　反-1，2-二甲基环己烷（ee型）

在不考虑构象而只讨论构型时，为了书写简便起见，常将椅型环写成平面六边形，将取代基分别写在环平面的上下两侧。

顺-1，2-二甲基环己烷　　　　反-1，2-二甲基环己烷

4.2　环烷烃的物理性质

环烷烃的物理性质与烷烃相似，在常温下，小环烷烃如环丙烷、环丁烷是气体，普通环烷烃如环戊烷、环己烷是液体，大环烷烃呈固态。环烷烃不溶于水，比水轻，环烷的沸点比相应的烷烃略高。三元和四元环烷由于碳—碳间电子云重叠程度较差，所以碳—碳键就不如开链烃中的碳—碳键稳定，表现在化学性质上就比较活泼，它们与烯烃相似，容易与一些试剂加成开环而形成链状化合物。

4.3　环烷烃的化学性质

普通环烷烃的化学性质与相应的链烷烃相似，化学性质稳定，在一般条件下与大多数试剂都不发生反应。但在特殊条件下，可以发生取代、氧化、裂化和异构化等反应。另外，小环烷烃如环丙烷、环丁烷，由于分子中存在较大的张力，化学性质相对活泼，具有一些特殊的反应。

4.3.1　卤代反应

环烷烃与链烷烃相似，在光照或高温条件下可以发生自由基卤代反应。例如：

$$\text{环戊烷} + Cl_2 \xrightarrow{h\nu} \text{氯代环戊烷} + Cl$$

$$\text{环己烷} + Br_2 \xrightarrow{\triangle} \text{溴代环己烷} + Br$$

4.3.2　氧化反应

环烷烃完全燃烧生成二氧化碳和水，同时放出大量的热。

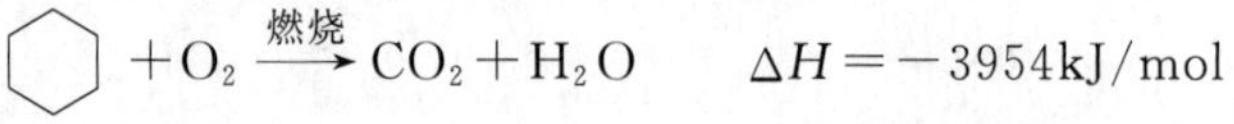

$$\bigcirc + O_2 \xrightarrow{\text{燃烧}} CO_2 + H_2O \qquad \Delta H = -3954 \text{kJ/mol}$$

在一定的条件下，环烷烃也可以被部分氧化，生成含氧有机化合物。例如，使用钴催化剂，在一定的温度和压力下，环己烷可被部分氧化为环己醇和环己酮。

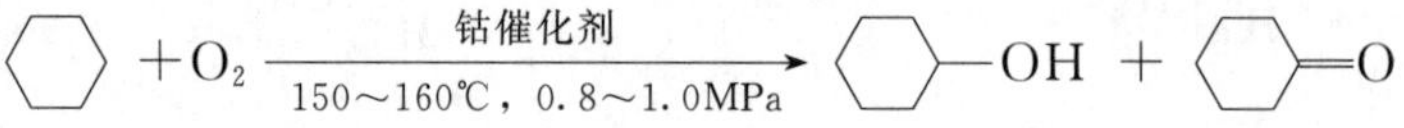

$$\bigcirc + O_2 \xrightarrow[150\sim160℃, \ 0.8\sim1.0MPa]{\text{钴催化剂}} \bigcirc\!-OH \ + \ \bigcirc\!=O$$

4.3.3　小环烷烃的加成反应

小环烷烃分子中同时存在较大的角张力和扭转张力，分子热力学能高，不稳定，容易发生开环加成反应。

1. 催化加氢

环烷烃在催化剂存在下与氢作用，可以开环而与两个氢原子相结合生成链烷烃。但由于环的大小不同，催化加氢的难易程度不同。环丙烷很容易加氢，环丁烷需要在较高温度下加氢，三元碳环和四元碳环都比较容易开环，而环戊烷和环己烷则必须在更强烈的条件下，例如在 300℃ 以上用铂催化，才能加氢。

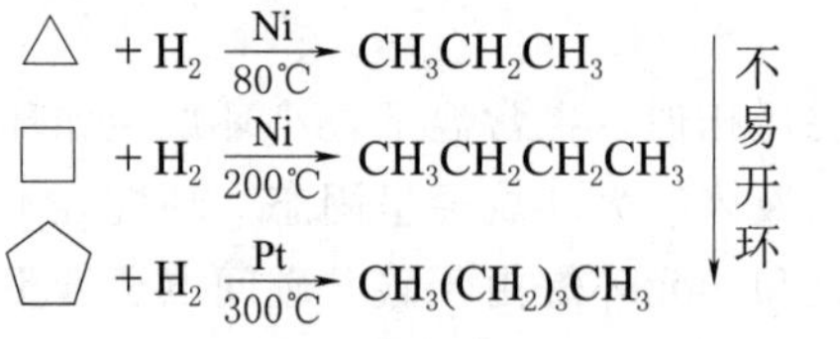

$$\triangle + H_2 \xrightarrow[80℃]{Ni} CH_3CH_2CH_3$$

$$\square + H_2 \xrightarrow[200℃]{Ni} CH_3CH_2CH_2CH_3$$

$$\pentagon + H_2 \xrightarrow[300℃]{Pt} CH_3(CH_2)_3CH_3$$

不易开环

2. 与卤素加成

环丙烷很容易与卤素发生加成反应，生成相应的卤代烃。环丁烷常温下不与卤素加成，加热才起反应。环戊烷、环己烷则不能与卤素发生开环加成，只与卤素发生取代反应。

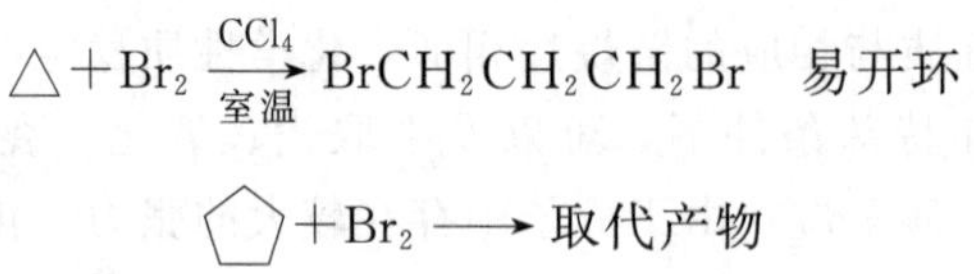

$$\triangle + Br_2 \xrightarrow[\text{室温}]{CCl_4} BrCH_2CH_2CH_2Br \quad \text{易开环}$$

$$\pentagon + Br_2 \longrightarrow \text{取代产物}$$

3. 加卤化氢

环丙烷容易与卤化氢发生加成反应，生成卤代烃。

$$\triangle + HBr \longrightarrow \begin{array}{c} CH_2\!-\!CH_2\!-\!CH_3 \\ | \\ Br \end{array}$$

第5章 芳 香 烃

5.1 芳香烃的分类与命名

"芳香族化合物"原来指的是由树脂或香精油中取得的一些有香味的物质，如苯甲醛、苯甲醇等。由于这些物质分子中都含有苯环，所以就把含有苯环的一大类化合物称作"芳香族化合物"。实际上，许多含有苯环的化合物不但不香，还有很难闻的气味，所以"芳香族"这一名称并不十分恰当。从另一方面来说，含有苯环的化合物有独特的化学性质，这种独特的化学性质称作"芳香性"。但后来发现，许多不含苯环的化合物，也具有与苯相似的"芳香性"。所以"芳香族化合物"这一名称虽然沿用至今，但含义已完全不同，它不再仅指"含有苯环且有香味"的物质，而是指在结构上有某些特点并具"芳香性"的许多化合物。在本节将主要讨论含有苯环的碳氢化合物。

根据分子中所含苯环的数目，可将芳香烃分为单环芳香烃和多环芳香烃两大类。

1. 单环芳香烃

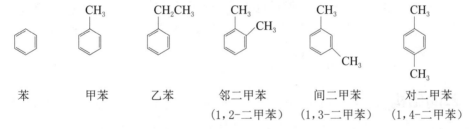

苯　　　　甲苯　　　　乙苯　　　　邻二甲苯　　　间二甲苯　　　对二甲苯
　　　　　　　　　　　　　　　　　　（1,2-二甲苯）（1,3-二甲苯）（1,4-二甲苯）

一般命名苯的同系物时，都以苯作母体，如甲苯、乙苯、丙苯等。当苯环上连有不饱和基团或多个碳原子的烷基时，则通常将苯环作为取代基，如苯乙烯及 2-苯基庚烷。苯分子中除去一个氢原子后，余下的部分（C_6H_5—）称作苯基。通常将甲苯分子中甲基上去除一个氢原子后余下的部分（$C_6H_5CH_2$—）称作苄基 C_6H_5。

苯环上有两个取代基时，就有三种异构体，所以需要注明取代基的位置。例如，上面三个二甲苯可以分别用邻、间、对表示，也可以用 1,2-、1,3-或 1,4-表示，在用数目字表示时，必须选择表示取代基位置的数字最小的标记方法。苯环上有三个以上取代基时，一般都用数目字表示它们的位置。例如，三甲苯的异构体如下：

1,2,3-三甲苯　　　1,2,4-三甲苯　　　　1,3,5-三甲苯（菜）

2. 多环芳香烃

分子中含有一个以上苯环的化合物称为多环芳香烃。多环芳香烃可根据苯环的连接方式分为联苯类、多苯代脂肪烃和稠环芳香烃三类。

（1）联苯类。苯环之间以一单键相连。例如：

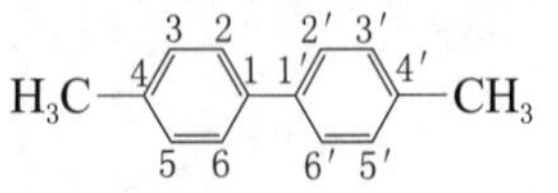

| 4,4′-二甲基联苯 | 1,4-联三苯 | 1,3-联三苯 |

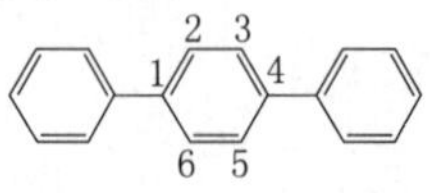

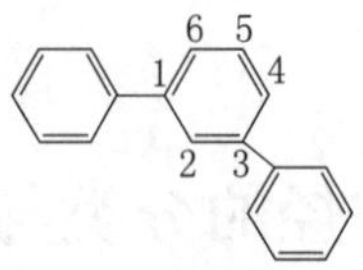

（2）多苯代脂肪烃。这一类可以看作是脂肪烃分子中的氢原子被苯环取代的产物。例如：

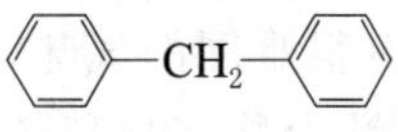

| 二苯甲烷 | 三苯甲烷 | 1,2-二苯乙烯(䓬) |

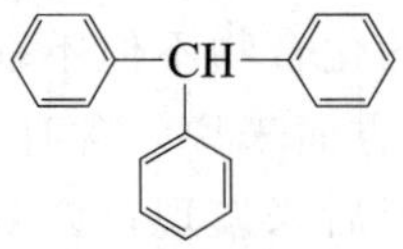

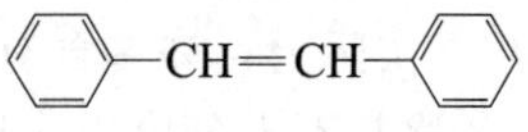

（3）稠环芳香烃。两个或两个以上苯环彼此共用两个相邻的碳原子连接起来的，称作稠环芳香烃，这种连接方式叫并联。这类化合物各有自己特殊的名称和编号方法。例如：

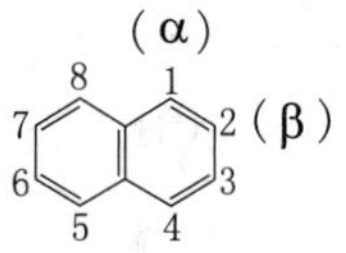

| 萘 | 蒽 | 菲 |

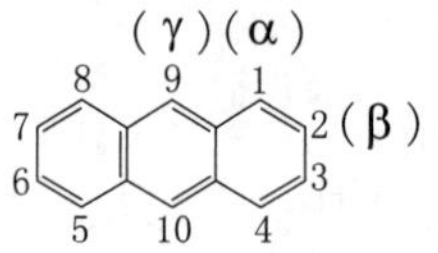

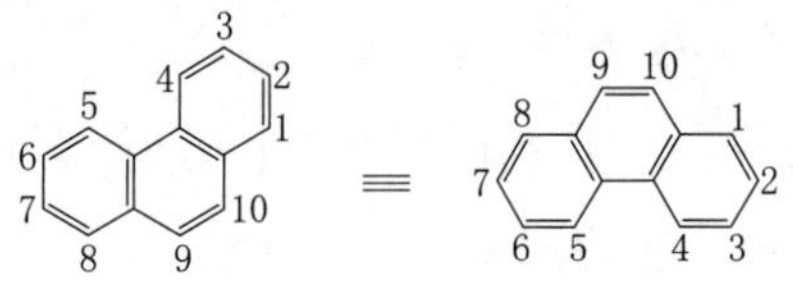

5.2 苯的结构

19 世纪初期发现了苯，并测定其分子式为 C_6H_6，符合 C_nH_{2n-6} 这样一个通式，这就说明它是一个高度不饱和的化合物。分子中必然含有很多不饱和键，根据其通式可以写出如下的许多结构式：

$$HC\equiv C—CH_2—CH_2—C\equiv CH \quad H_2C=CH—CH=CH—C\equiv CH \quad H_2C=CH—C\equiv C—CH=CH_2$$

但苯的性质却与烯烃或炔烃完全不同，它不容易发生加成作用，如苯不能使溴的四氯化碳溶液褪色，也不易被高锰酸钾氧化，所以上述式子不能代表苯的结构。另一方面苯却比较容易发生取代反应，如苯与溴在催化剂作用下未得到加成产物，而是得到取代产物。

苯还可以发生其他一些取代反应。同时发现苯的一元取代产物只有一种，这就说明可能是由于苯分子中只有一个氢原子对这些试剂比较活泼；或是苯分子中的六个氢是等同的，那么无论哪个氢被取代都得到同样的化合物。但苯并不只限于发生一元取代反应，还可以发生二元取代或三元取代反应。

近代物理方法证明，苯分子中的六个碳原子和六个氢原子都在同一平面内，六个碳原子组成个正六边形，碳—碳键长完全相等（0.1396nm），所有的键角都是 120°。

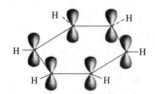

根据杂化理论，苯分子中的碳原子都是 sp^2 杂化的，每个碳原子都以三个 sp^2 杂化轨道分别与碳和氢形成三个 σ 键。由于三个 sp^2 杂化轨道都处在同一平面内，所以苯环上所有原子都在一个平面内，并且键角为 $120°$。每个碳上余下的未参加杂化的 p 轨道由于都垂直于苯分子形成的平面而相互平行（图 5.1），因此所有 p 轨道之间都可以相互重叠；同时，分子中的碳架是闭合的，这就形成了一个"环闭的共轭体系"，这个体系的特点是 p 轨道的重叠程度完全相等，形成一个环状离域的 π 电子云，此环状离域的 π 电子云像两个轮胎一样，分布在分子平面的上下两侧。苯分子的比例模型如图 5.2 所示。

图 5.1　苯分子中 p 轨道示意图　　　图 5.2　苯分子的比例模型

由于所有碳原子上的 p 轨道重叠程度完全相等，所以碳—碳键长完全相等，它比烷烃中的碳—碳单键短，而比孤立的碳—碳双键长。所以实际上苯环不是结构式表示的那样一种单、双键间隔的体系，而是形成了一个电子密度完全平均化了的没有单、双键之分的大 π 键。

因此苯的结构式也常用下式表示：

5.3　苯的物理性质

苯及其低级同系物都是无色液体，比水轻，不溶于水，而易溶于石油醚、醇和醚等有机溶剂。芳香烃燃烧时产生带黑烟的火焰。苯及其同系物有毒，尤其是苯，长期吸入它的蒸气，会引起肝的损伤，损坏造血器官及中枢神经系统，并能导致白血病。甲苯也对中枢神经系统有抑制作用，但不造成白血病。

5.4　苯的化学性质

苯的结构已经说明在苯环中不存在一般的碳—碳双键，所以它不具备烯烃的典型性质。苯环相当稳定，不易被氧化，不易进行加成，而容易发生取代反应，这些是芳香族化合物共有的特性，常把它称作"芳香性"，这是从化学性质上来阐明芳香性。从结构上来说，具有芳香性的物质必须有一个环闭的共轭体系，共轭体系中的原子在一个平面内，在这个平面的上下两侧有环状离域的 π 电子云，而且组成该 π 电子云的 p 电子数必须符合 $4n+2$ 规则（n 为 $0,1,2,3,$ 整数），这个规则称为休克尔规则。如苯环中 p 电子数为 6，即 $n=1$；萘中 p 电子数为 10，即 $n=2$，所以苯和萘都具有芳香性。并非含有苯环的化合物才有芳香性，某些不含苯环的环状化合物，如果它的结构符合休克尔规则，则也具有芳香性。

　　1. 苯环上的亲电取代反应

　　由于苯环中离域的 π 电子云分布在分子平面的上下两侧，所以受原子核的约束较 σ 电子为小，这就与烯烃中的 π 电子一样，它们对亲电子试剂都能起提供电子的作用，所不同的是，烯烃容易进行亲电加成，而芳香烃则由于其结构特点，即具有保持稳定的共轭体系的倾向，所以容易进行亲电取代，而不易进行加成。

　　（1）卤化　苯与氯、溴在一般情况下不发生取代反应，但在铁或相应的铁盐等的催化下加热，苯环上的氢可被氯或溴原子取代，生成相应的卤代苯，并放出卤化氢。

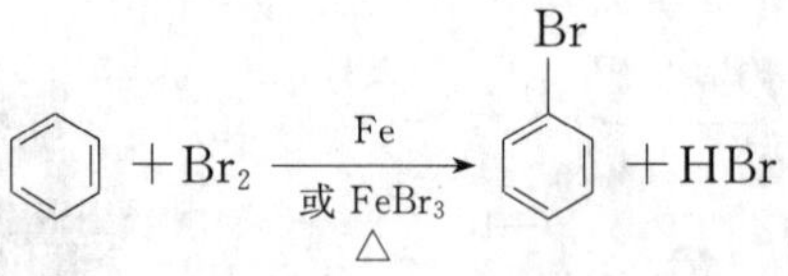

$$\text{苯} + Br_2 \xrightarrow[\triangle]{\underset{\text{或 } FeBr_3}{Fe}} \text{溴苯} + HBr$$

溴苯

产物中除一溴代产物外，还有少量二溴代产物——邻二溴苯和对二溴苯。

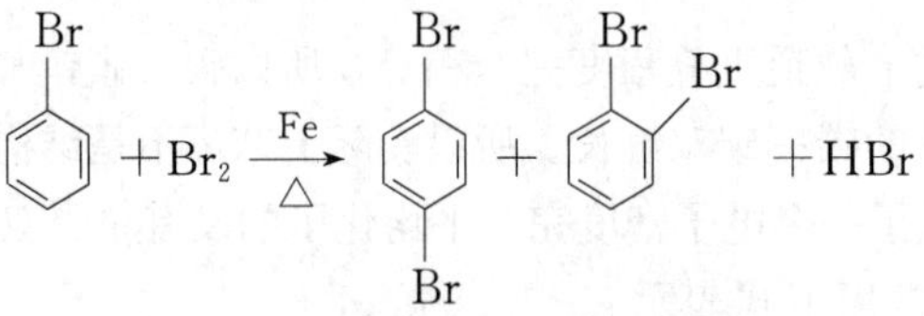

$$\text{溴苯} + Br_2 \xrightarrow{\underset{\triangle}{Fe}} \text{对二溴苯} + \text{邻二溴苯} + HBr$$

对二溴苯　邻二溴苯

　　（2）硝化。以浓硝酸和浓硫酸（或称混酸）与苯共热，苯环上的氢原子能被硝基（—NO_2）取代，生成硝基苯。

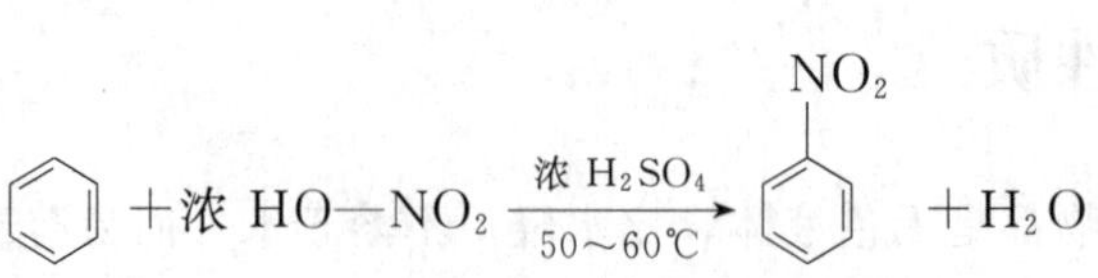

$$\text{苯} + \text{浓 } HO-NO_2 \xrightarrow[50\sim60℃]{\text{浓 } H_2SO_4} \text{硝基苯} + H_2O$$

硝基苯

如果增加硝酸的浓度，并提高反应温度，则可得间二硝基苯。

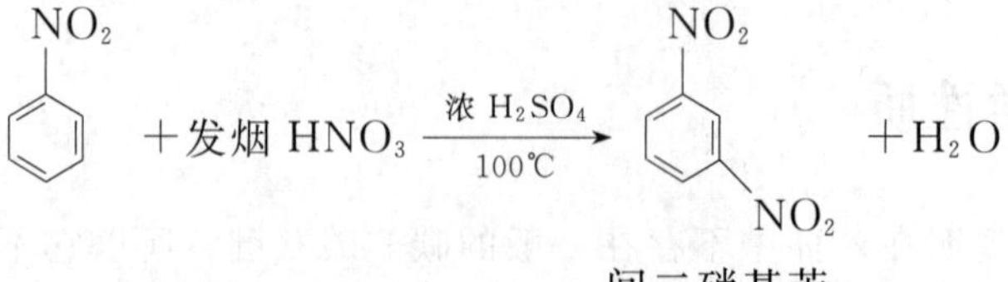

$$\text{硝基苯} + \text{发烟 } HNO_3 \xrightarrow[100℃]{\text{浓 } H_2SO_4} \text{间二硝基苯} + H_2O$$

间二硝基苯

　　如以甲苯进行硝化，则不需浓硫酸，而且在 30℃ 就可反应，主要得到邻硝基甲苯和对硝基甲苯。

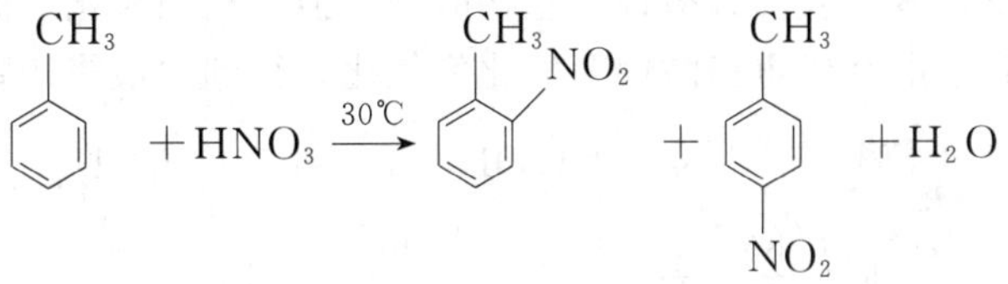

邻硝基甲苯　　对硝基甲苯

由此可以说明硝基苯比苯难于硝化，而甲苯比苯易于硝化。

（3）磺化。苯和浓硫酸共热，环上的氢可被磺酸基（—SO₃H）取代，产物是苯磺酸。

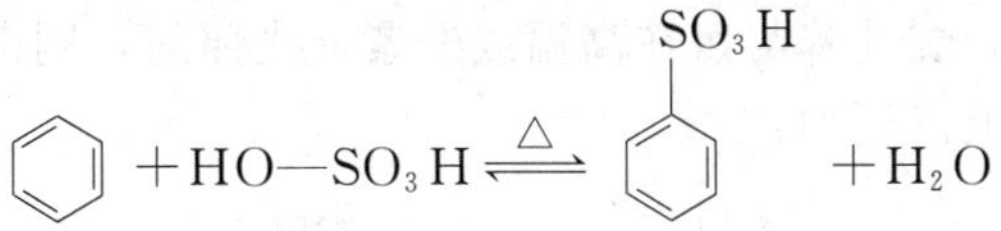

苯磺酸

磺化反应是可逆的，苯磺酸与水共热可脱去磺酸基，这一性质常被用来在苯环的某些特定位置引入某些基团。

（4）傅氏反应。在无水三氯化铝等的催化下，苯可以与卤代烷反应，生成烷基苯。

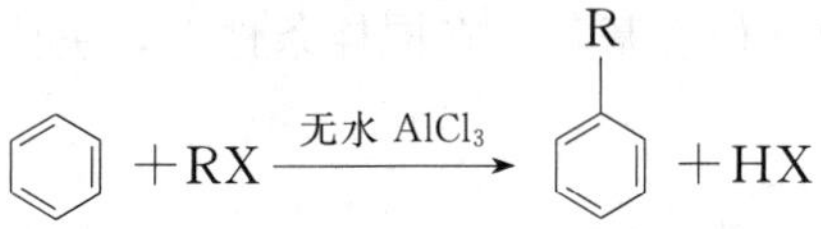

这个反应称为傅氏烷基化反应，是向芳香环上导入烷基的方法之一。反应是可逆的。

2. 加成反应

苯及其同系物与烯烃或炔烃相比，不易进行加成反应，但在一定条件下，仍可与氢、氯等加成，生成脂环烃或其衍生物。一般情况下苯的加成不停留在生成环己二烯或环己烯的衍生物阶段，这进一步说明苯环中六个 p 电子形成了一个整体，不存在三个孤立的双键。

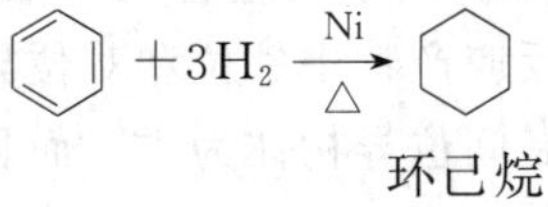

环己烷

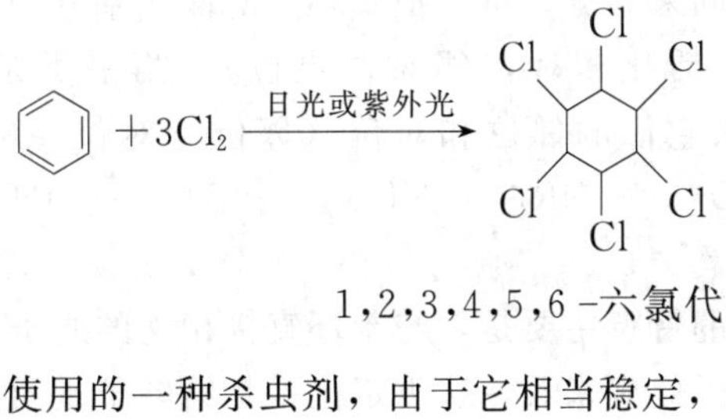

1,2,3,4,5,6-六氯代环己烷（六六六）

六六六曾是过去大量使用的一种杀虫剂，由于它相当稳定，不易降解，长期使用对环境造成极大的污染，我国于 20 世纪 80 年代起已禁止使用。

3. 氧化

在加热的情况下，苯不被高锰酸钾、重铬酸钾等强氧化剂氧化，但苯的同系物如甲苯或其他烷基苯可被高锰酸钾或重铬酸钾等氧化剂氧化，得到的最终产物总是苯甲酸。

$$\text{CH}_3 \xrightarrow[\triangle]{\text{KMnO}_4} \text{COOH} \xleftarrow[\triangle]{\text{KMnO}_4} \text{CH}_2\text{CH}_3$$

这说明烷基比苯环容易被氧化，也说明由于苯环的存在，使得烷基容易被氧化。但与苯环相连的碳原子上不含氢时，如叔丁基苯 $[\text{C}_6\text{H}_5\text{—C}(\text{CH}_3)_3]$ 则侧链不易被氧化为羧基。

4. 烷基侧链的卤化

在没有铁盐存在时，烷基苯与氯在高温或经紫外光照射，则卤化反应发生在烷基侧链上，而不是发生在苯环上。例如：

$$\text{CH}_3 \xrightarrow[\triangle \text{或} h\nu]{\text{Cl}_2} \text{CH}_2\text{Cl} \xrightarrow[\triangle \text{或} h\nu]{\text{Cl}_2} \text{CHCl}_2 \xrightarrow[\triangle \text{或} h\nu]{\text{Cl}_2} \text{CCl}_3$$

氯化苄　　　　苯二氯甲烷　　　　苯三氯甲烷

这和烷烃的卤化一样是按游离基机理进行的反应。通过这一反应，进一步说明了反应条件的重要性。甲苯以外的其他烷基苯，在同样条件下，主要是与苯环相连的碳原子上的氢被卤素取代。

5.5　苯环上亲电取代反应的定位规律

1. 定位规律

从苯环亲电取代反应中看出，当苯环上已有一个取代基，如再引入第二个取代基时，第二个取代基进入的位置主要由苯环上原有取代基的性质所决定。把芳环上原有的取代基称为定位基，把定位基支配第二个取代基进入芳环位置的能力称为定位效应。

大量试验结果表明，不同一元取代苯在进行同一取代反应时，按所得产物的比例不同，可以分成两类。一类是取代反应产物中邻位和对位异构体占优势，反应速率有的比苯快些，有的比苯慢一些；另一类是间位异构体为主，而且反应速率比苯慢。因此，按所得取代产物与反应速率的不同来划分，可以把苯环上的取代基分为三大类。

（1）第一类定位基（活化苯环，邻对位定位）。第一类定位基是邻对位定位基，使第二个取代基主要进入它们的邻位和对位（邻位＋对位＞60％）。其定位能力由强到弱的次序大致如下：—O⁻，—NR₂，—NHR，—NH₂，—OH，—OCH₃，—NHCOR，—OCOR，—C₆H₅，—R 等。

这类定位基在结构上的特点主要是，与苯环直接相连的原子一般是饱和的且多数有孤电子对或带负电荷。从电子效应来看，这类定位基是给电子基团，均使苯环上电子云密度升高，使苯环活化，因此这类定位基又称活化基。这些取代苯的亲电取代反应活性比苯高，反应速率比苯快。

（2）第二类定位基（钝化苯环，间位定位）。第二类定位基是间位定位基，使第二个取代基主要进入它们的间位（间位＞40%）。其定位能力由强到弱的次序大致如下：—NH_3^+，—NO_2，—CN，—CX_3，—SO_3H，—CHO，—$COCH$，—$COOH$，—$COOCH_3$，—$CONH_2$等。

这类定位基在结构上的特点主要是，与苯环直接相连的原子一般是不饱和的（重键的另一端是电负性大的元素）或带正电荷（也有例外，如—CCl_3）。从电子效应来看，这类定位基是吸电子基团，均能使苯环上电子云密度降低，使苯环钝化，因此这类定位基又称钝化基。这些取代苯的亲电取代反应活性比苯低，反应速率比苯慢。

（3）第三类定位基（钝化苯环，邻对位定位）。第三类定位基也是邻对位定位基，使第二个取代基主要进入它们的邻位和对位。这类定位基主要是指卤素，其定位能力由强到弱的大概顺序是：—I，—Br，—Cl，—F。

与第一类定位基不同的是，第三类定位基是吸电子基团，是钝化基，取代苯的亲电取代反应活性比苯低，反应速率比苯慢。

2. 定位规律的理论解释

（1）电子效应。苯是一个对称分子，环上的电子云密度因共轭（共振）而平均化。在苯环上引入一个取代基后，因取代基对苯环的影响（吸电子或供电子）会沿着苯环的共轭链传递，结果使苯环的电子云出现了交替极化的现象，也就使苯环上不同位置进行亲电取代反应的难易程度不同。另外，亲电试剂 E 进攻——取代苯环的邻位、对位或间位时，生成的碳正离子 σ 配合物稳定性不同，所以不同位置被亲电取代的难易程度也就不同。

（2）空间效应。苯环上原有定位基的空间位阻与新引入基团的空间位阻都对产物异构体的分布产生一定的影响。例如，当苯环上的定位基是邻对位定位基时，试验结果表明随着定位基空间位阻的增大，空间效应也增大。此时产物的邻位异构体减少，而对位异构体增加。苯环上的定位基不变时，随着新引入基团的空间位阻的增大，空间效应也增大，对位异构体增加，而产物的邻位异构体减少。

（3）其他因素的影响。除以上讨论的电子效应和空间效应外，温度、催化剂等因素对单环芳烃的亲电取代反应产物的异构体也有一定的影响。例如甲苯的磺化反应，在较低温度时，生成的邻位和对位产物的数量相差不多，但在较高温度下对位异构体为主要产物。又如溴苯氯化时，分别用 $AlCl_3$ 和 $FeCl_3$ 作催化剂，所得产物的邻位、对位异构体的比例不同。

第6章 卤 代 烃

6.1 卤代烃的分类及命名

1. 卤代烃的分类

卤代烃是指烃分子中的氢原子被卤素（氟、氯、溴、碘）取代的产物。通常用 R—X 或 Ar—X 表示（X＝F、Cl、Br、I），卤素是卤代烃的官能团。卤代烃分子中由于存在极性的碳卤键（C—X），其性质比烃活泼得多，能发生多种化学反应，转化成其他化合物，在有机合成中起着桥梁作用。卤代烃在自然界存在很少，大多都是人工合成。卤代烃因种类不同而用途各异，可作为有机合成试剂、有机溶剂、制冷剂、阻燃剂、防腐剂、麻醉剂等。

卤代烃可根据分子中烃基的类别分为卤代烷烃、卤代烯烃及卤代芳烃；根据分子中卤原子的数目不同，分为一卤代烃、二卤代烃和多卤代烃；根据分子中卤原子的种类，分为氟代烃、氯代烃、溴代烃和碘代烃；根据与卤原子相连的碳原子的种类不同，可分为伯卤代烷、仲卤代烷和叔卤代烷。

2. 卤代烃的命名

卤代烃多以相应的烃为母体，将卤原子当作取代基来命名。例如：

CH_3Cl CCl_2F_2 $CH_3CH_2CH_2CH_2Br$ $ClCH=CCl_2$

氯甲烷   二氟二氯甲烷   1-溴丁烷   三氯乙烯

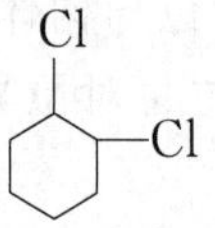

1,2-二氯环己烷 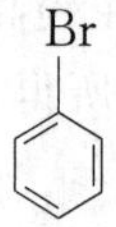   溴苯 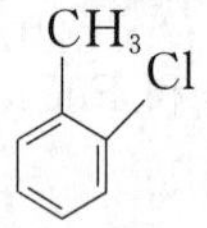   邻氯甲苯 α-氯代萘

（或 2-氯甲苯）

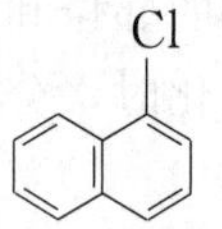

卤代脂肪烃的系统命名原则是选择连有卤原子的最长碳链作为母体（不饱和卤代烃还应包含不饱和键）；将卤原子及其他支链作为取代基。卤代烷的编号由距离取代基最近的一端开始，将取代基按次序规则排列，较优基团后列出。卤代不饱和烃的编号则由距不饱和键最近的一端开始。例如：（Ⅰ）、（Ⅱ）和（Ⅲ）互为同分异构体，其区别在于卤原子的位置不同或碳链不同。根据与卤原子相连的碳原子的不同，（Ⅰ）、（Ⅱ）和（Ⅲ）分别称为伯、仲、叔卤代烃。

$$CH_3-CH-CH_2-CH-CH_3 \qquad CH_3-CH-CH=CH-CH_3$$
$$\qquad Br \qquad\qquad CH_3 \qquad\qquad\qquad Br$$

2-甲基-4-溴戊烷 　　　　　　　　4-溴-2-戊烯

$$CH_3-CH_2-CH_2-CH_2-Cl \qquad CH_3-CH_2-CH-CH_3 \qquad CH_3-\overset{CH_3}{\underset{Cl}{C}}-CH_3$$
$$\qquad\qquad\qquad\qquad\qquad\qquad\qquad Cl$$

1-氯丁烷（Ⅰ）　　　　　　2-氯丁烷（Ⅱ）　　　　2-甲基-2-氯丙烷（Ⅲ）
（伯卤代烃）　　　　　　　（仲卤代烃）　　　　　　（叔卤代烃）

某些卤代烃常有惯用的名称。例如：

$$CH_2Cl$$

$$CHCl_3 \qquad CHI_3$$

氯化苄　　　　　　　氯仿　　　　碘仿

6.2　卤代烃的物理性质

在常温常压下，大多数低级卤代烃为无色液体，C_3 及以下的氟代烃、氯甲烷、氯乙烷、氯乙烯和溴甲烷等少数卤代烃是气体，C_3 以上的卤代烷是固体。一卤代烷的沸点随着碳原子数的增加而升高。碳原子数相同的卤代烷，以碘代烷的沸点最高，其次是溴代烷、氯代烷。

卤代烷的相对密度大于同碳数的烷烃。一氯代烷的相对密度小于 1，一溴代烷、一碘代烷及多氯代烷的相对密度大于 1。随着分子中卤原子数的增加，卤代烷的相对密度增大，可燃性降低。一些低级的卤代烃（不包括氟代烃）在铜丝上燃烧时能产生绿色火焰，这可作为鉴定卤代烃的简便方法。

尽管卤代烷是极性分子，但不能和水分子形成氢键，故不溶于水而易溶于醇、醚、烃等有机溶剂，有些卤代烷本身就是很好的有机溶剂。

纯净的一卤代烷都是无色的，但碘代烷易分解产生游离碘，故久置的碘代烷逐渐变为红棕色。卤代烷的蒸气有毒，且有令人不愉快的气味。

6.3　卤代烃的化学性质

卤代烷烃的官能团是卤原子，极性的 $C^{\delta+}-X^{\delta-}$ 键是卤代烷烃的结构特征，并且由此决定着卤代烃的化学性质。卤代烷烃分子中，由于卤素原子的电负性大于碳原子，因此与卤素直接相连的碳原子（α-C）带有部分正电荷，易与亲核试剂作用发生取代反应。在卤代烷烃分子中，卤原子的吸电子诱导效应还可以通过 α-C 传递到 β-C 上，进而影响到 β-H，使其具有一定的"酸性"。表现在化学性质上，则是在强碱的作用下，发生消除

HX 生成烯烃的反应。另外，卤代烷烃还能与某些活泼金属直接反应，生成有机金属化合物。这些有机金属化合物性质活泼，碳和金属之间的键容易断裂而发生多种化学反应，在有机合成上具有重要的意义。

6.3.1　卤代烷烃的亲核取代反应

在卤代烷分子中$C^{\delta+}$—$X^{\delta-}$键是极性共价键，碳原子带有部分正电荷，卤原子带有部分负电荷，因此与卤素直接相连的碳原子容易被带有负电荷（如 OH^-、RO^-、CN^- 等）或带有未共用电子对（如 H_2O、ROH、NH_3等）的试剂进攻，这些富电子试剂具有向缺电子的中心碳原子亲近的性质，故称为亲核试剂，常用 Nu：或 Nu^- 表示；而卤原子则带着一对电子离去，最后生成产物。这种由亲核试剂进攻中心碳原子而发生的取代反应，称为亲核取代反应，以 SN 表示。被取代下来的卤素以负离子形式离去，称为离去基团，反应可用下列通式表示。

$$R-X \ + \ Nu^- \longrightarrow R-Nu \ + \ X^-$$
$$\text{底物} \qquad \text{亲核试剂} \quad \text{产物} \qquad \text{离去基团}$$

卤代烷能与许多试剂反应，分子中的卤素被其他原子或基团所取代，用于制备各种化合物。

1. 被羟基取代

卤代烷与强碱（NaOH 或 KOH）的水溶液共热，卤原子被羟基（—OH）取代生成醇。该反应也称为卤代烷的水解反应。

$$RX + NaOH \xrightarrow{H_2O} ROH + NaX$$

卤代烷与水作用，生成醇和卤化氢的反应是一个可逆反应，因为反应由弱酸（H_2O）生成强酸（HX）。如果卤代烷与 NaOH 水溶液作用，即在碱性条件下水解，此时是强碱（OH）取代了弱碱（X），故反应可以进行到底。卤代烷水解制备醇并不多见，因为一般情况下是由相应的醇制备卤代烷，这个反应似乎没有什么合成价值。但实际上在一些复杂分子中引入羟基往往比引入卤素要困难，因此在合成上，往往可以先引入卤素，然后通过卤代烷水解反应再转化为羟基。例如，工业上制备杂油醇就是由戊烷混合物经氯代生成一氯戊烷的各种异构体混合物，然后再经过水解制得戊醇各种异构体的混合物，以用作工业溶剂。

$$C_5H_{11}Cl + NaOH \xrightarrow{H_2O} C_5H_{11}OH + NaCl$$

2. 被烷氧基取代

卤代烷与醇钠在相应醇溶液中作用，卤原子被烷氧基（—OR）取代生成醚。该反应也称为卤代烷的醇解反应。

$$RX + NaOR' \longrightarrow ROR' + NaX$$

3. 被氰基取代

卤代烷与氰化钠（或氰化钾）的醇溶液共热，卤原子被氰基（—CN）取代生成腈（RCN）。该反应也称为卤代烷的氰解反应。

$$RX + NaCN \longrightarrow RCN + NaX$$

4. 被氨（胺）基取代

卤代烷与氨或胺作用，卤原子被氨（胺）基取代生成有机胺。该反应也称为卤代烷的氨解反应。

$$RX + NH_3 \longrightarrow RNH_2 + HX$$

生成的有机伯胺还可继续与卤代烷作用生成仲胺盐、叔胺盐和季铵盐。

$$RNH_2 \xrightarrow{RX} R_2NH \xrightarrow{RX} R_3N \xrightarrow{RX} R_4\overset{+}{N}X^-$$

5. 与羧酸钠反应

卤代烷与羧酸钠反应，卤原子被羧酸根（RCOO—）取代生成酯，该反应也称为卤代烷的酸解反应。

$$RX + R'COONa \longrightarrow R'COOR + NaX$$

6.3.2 亲核取代反应历程

卤代烷的亲核取代反应是一类重要反应，可用于各种官能团的转变以及碳碳键的形成，在有机合成中具有广泛的应用。理论上对亲核取代反应机理也有较深入系统的研究。根据卤代烷的亲核取代反应动力学方程以及实验结果表明，卤代烷的亲核取代反应有两种经典反应机理，即双分子亲核取代反应历程 S_N2 和单分子亲核取代反应历程 S_N1。

1. 双分子亲核取代反应历程 S_N2

实验证明：伯卤代烷的水解反应速率不仅与卤代烷的浓度成正比，也与亲核试剂的浓度成正比，在动力学上称为二级反应。

$$CH_3Br + OH^- \longrightarrow CH_3OH + Br^-$$
$$\nu = k[CH_3Br][OH^-]$$

式中：k 为反应速率常数。

因为该反应中决定反应速率的步骤是由两种分子控制，所以称为双分子亲核取代反应，用 S_N2 表示。

在 S_N2 历程中，亲核试剂 OH^- 受离去基团 Br^- 电子效应和空间效应的影响，从离去基团的背后进攻带有部分正电荷的碳原子。当 OH^- 与中心碳原子接近时，C—O 键逐渐形成，C—Br 键逐渐变弱，体系能量升高。当中心碳原子形成过渡态时，C—Br 键的异裂程度与 C—O 键的形成程度达到均衡态势，体系的能量达到最大值。随着反应的继续进行，C—O 键完全形成，C—Br 键完全断裂，体系的能量又逐渐降低，最终形成取代产物。反应过程表示如下：

过渡态

反应时亲核试剂只能从离去基团背后进攻中心碳原子，中心碳原子由底物中的 sp^3 杂化转化为过渡态中的 sp^2 杂化，三个 C—H 键在同一平面上，键角为 $120°$。剩余一个 p 轨道的两瓣分别与羟基和卤素部分键合，负电荷分散在羟基和卤素上。随着反应的继续进行，中心碳原子由 sp^2 杂化转化为 sp^3 杂化。所以在 S_N2 反应中，中心碳原子经过了由 sp^3—sp^2—sp^3 的轨道杂化变化过程。

S_N2 历程是协同反应过程，旧键的断裂和新键的形成同步进行，反应经过一个过渡态而转化为产物，无活性中间体生成，属于一步反应。因为共价键的变化发生在两个分子中，所以该反应称为双分子亲核取代反应。

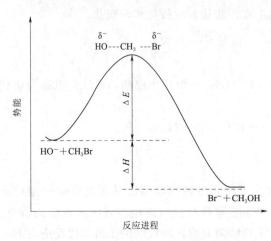

图 6.1 溴甲烷水解反应的能量曲线

这也可以从反应进程的能量曲线图得到说明，参与过渡态（图中曲线最高点处）形成的是两种分子，既取决于 OH 的浓度，又取决于 CH_3Br 的浓度，整个反应是协同进行的。溴甲烷水解反应的能量曲线如图 6.1 所示。

图 6.1 中，ΔE 为反应的活化能，OH 为反应热。由于 S_N2 反应是亲核试剂从离去基团的背后进攻中心碳原子的，如果中心碳原子是手性碳原子，产物的构型与原来反应物的构型相反。例如：

$$H_3C, H, H_{13}C_6\text{—}C\text{—}Br + NaOH \longrightarrow HO\text{—}C\text{—}CH_3, H, C_6H_{13} + NaBr$$

$$[\alpha]=-34.25° \qquad [\alpha]=+9.90°$$

(R)-(－)-2-溴辛烷和(S)-(＋)-2-辛醇的构型相反。化学反应中的构型转化现象是德国化学家瓦尔登在 1896 年首先发现的，因此这种构型转化称为瓦尔登转化或瓦尔登翻转。构型转化是双分子亲核取代反应的重要标志。

综上所述，S_N2 反应的特点是：①双分子反应，反应速率既与卤代烷的浓度有关，又与亲核试剂的浓度有关；②反应一步完成，旧键的断裂和新键的形成是同时进行，反应只通过一个过渡态而无中间体生成，因此不存在重排产物；③反应过程中分子的构型发生瓦尔登翻转。

2. 单分子亲核取代反应历程 S_N1

实验证明叔卤代烷在碱性溶液中水解反应速率，仅与卤代烷的浓度成正比，而与亲核试剂碱的浓度无关，在动力学上称为一级反应。

$$H_3C\text{—}\underset{CH_3}{\overset{CH_3}{C}}\text{—}Br + OH^- \longrightarrow H_3C\text{—}\underset{CH_3}{\overset{CH_3}{C}}\text{—}OH + Br^-$$

$$\nu = k[(CH_3)_3CBr]$$

式中: k 为反应速率常数。

因为该反应中决定反应速率的步骤是由一种分子控制,所以称为单分子亲核取代反应,用 S_N1 表示。

在 S_N1 历程中反应分为两步进行。第一步是叔丁基溴在溶剂中异裂生成叔丁基碳正离子和溴负离子,在解离过程中随着 C—Br 键的逐渐伸长,体系能量上升,经过过渡态(1)以后,C—Br 键彻底断裂,生成活性中间体叔丁基碳正离子和溴负离子。由于 C—Br 键断裂需要较高的能量,这一步反应速率慢,是决定反应速率的关键步骤。

$$
\underset{\substack{CH_3 \\ | \\ H_3C-C-Br \\ | \\ CH_3}}{} \xrightarrow{\text{慢}} \left[\underset{\substack{CH_3 \\ | \\ H_3C-C\cdots Br \\ | \\ CH_3}}{\overset{\delta^+ \ \delta^-}{}} \right] \longrightarrow \underset{\substack{CH_3 \\ | \\ H_3C-C^+ \\ | \\ CH_3}}{} + Br^-
$$
$$\text{过渡态(1)}$$

第二步是生成的叔丁基碳正离子立即与试剂 OH 或水作用生成水解产物叔丁醇。

$$
\underset{\substack{CH_3 \\ | \\ H_3C-C^+ \\ | \\ CH_3}}{} + OH^- \xrightarrow{\text{快}} \left[\underset{\substack{CH_3 \\ | \\ H_3C-C\cdots OH \\ | \\ CH_3}}{\overset{\delta^+ \ \delta^-}{}} \right] \longrightarrow \underset{\substack{CH_3 \\ | \\ H_3C-C-OH \\ | \\ CH_3}}{}
$$
$$\text{过渡态(2)}$$

由于反应一般都是在溶剂中进行,当叔丁基碳正离子与亲核试剂 OH^- 结合时,必须脱掉部分溶剂分子,因此体系能量再度上升,当达到过渡态(2)以后,随着 C—O 键的逐渐形成,体系能量又开始下降,一直降至生成取代产物的能量。

对于多步反应来讲,生成最终产物的速率由速率最慢的一步来决定。叔丁基溴的水解反应中,第一步反应是 C—Br 键解离生成活性中间体叔丁基碳正离子和溴负离子,这是化学键断裂的吸热反应,反应速率较慢。而第二步是生成的活性中间体叔丁基碳正离子与 OH 结合,或与 H_2O 结合后再解离去 H^+,生成叔丁醇,是生成化学键的放热反应,反应容易发生且反应速率较快,因此第一步反应是整个反应的速率控制步骤。在决定反应速率的这一步骤中,发生共价键变化的只有一种分子,所以称为单分子亲核取代反应。

这也可以从反应进程的能量曲线图得到说明,由于第一步反应的活化能 ΔE_1 比第二步反应的活化能 ΔE_2 高($\Delta E_1 > \Delta E_2$),整个反应的速率取决于第一步反应的快慢。在这一步反应中只有一种分子参与过渡态的形成,所以是单分子反应历程。叔丁基溴水解反应的能量曲线如图 6.2 所示。

在 S_N1 反应中,第一步反应中心

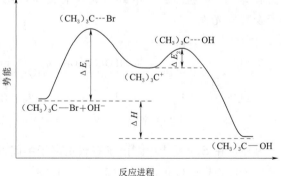

图 6.2 叔丁基溴水解反应的能量曲线

碳原子解离成碳正离子时，碳原子由 sp^3 杂化转变为 sp^2 杂化。第二步反应碳原子又由 sp^2 杂化转变为 sp^3 杂化。由于 sp^2 杂化的碳正离子是三角形的平面结构，带正电荷的碳原子上有一个空的 p 轨道垂直于 sp^2 杂化平面，当亲核试剂（Nu）在第二步和碳正离子结合时，从平面两边进攻的概率是均等的。

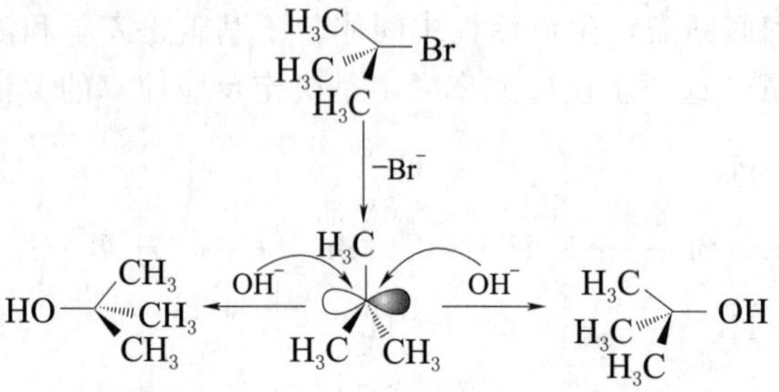

H₃C—Br

−Br⁻

构型翻转　　　　　构型保持

因此，如果中心碳原子是手性碳原子时，卤代烷发生 S_N1 反应，得到的是"构型保持"和"构型翻转"几乎等量的两个化合物，即外消旋体混合物。例如，α-溴代乙苯的水解。

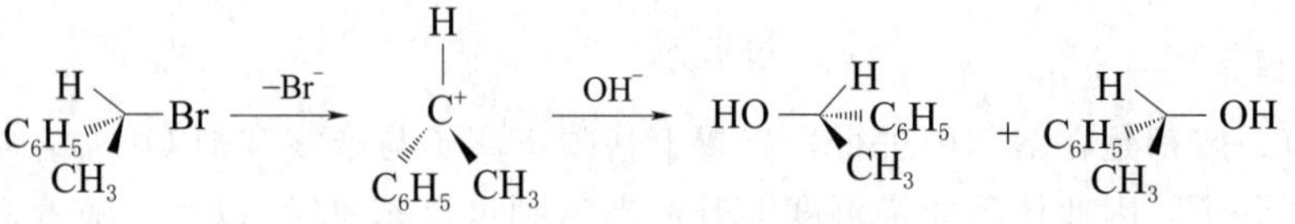

构型翻转（51%）构型保持（49%）

应该指出，中心碳原子是手性碳原子的卤代烷按 S_N1 历程反应的产物并不是 100% 的外消旋体。其中一个主要原因是先行离去的卤素负离子与生成的碳正离子以离子对的形式留存在原来的空间方位，从而对亲核试剂从正面进攻中心碳原子有一定的"屏蔽作用"，所以生成较多的构型翻转产物。例如，左旋 2-溴辛烷在 S_N1 条件下水解，得到 67% 构型翻转的右旋 2-辛醇，33% 构型保持的左旋 2-辛醇，其中有 33% 构型翻转的右旋 2-辛醇与左旋 2-辛醇组成外消旋体，还剩下 34% 的右旋 2-辛醇。所以，其水解产物有旋光性。

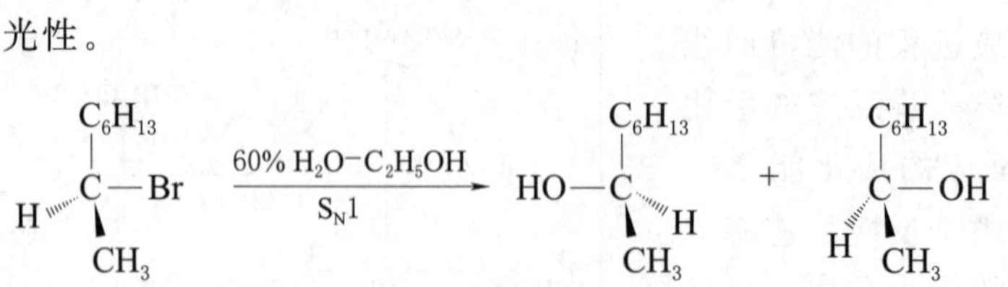

$\xrightarrow[S_N1]{60\% H_2O-C_2H_5OH}$

（−）-2-溴辛烷　　　　（＋）-2-辛醇，67%　（−）-2-辛醇，33%

另外，在 S_N1 反应中，由于有碳正离子中间体的生成，有可能发生碳正离子的重排，生成一个更稳定的碳正离子中间体，所以 S_N1 反应常伴有重排反应发生。这也是单分子亲核取代反应的一个重要特征。例如：

$$
\begin{array}{c}
\underset{\underset{CH_3}{|}}{\overset{\overset{CH_3}{|}}{H_3C-C-CHCH_3}} \xrightarrow[-Br^-]{S_N1} \underset{\underset{CH_3}{|}}{\overset{\overset{CH_3}{|}}{CH_3C-CHCH_3}} \xrightarrow{1,2-甲基迁移}
\end{array}
$$

仲碳正离子

$$
\underset{\underset{CH_3}{|}}{\overset{\overset{CH_3}{|}}{H_3C-\overset{+}{C}-CHCH_3}} \xrightarrow{H_2O} \underset{\underset{OH_2CH_3}{|}}{\overset{\overset{CH_3}{|}}{CH_3C-CHCH_3}} \xrightarrow{-H^+} \underset{OH\ CH_3}{\overset{\overset{CH_3}{|}}{CH_3C-CHCH_3}}
$$

叔碳正离子   重排产物

综上所述，S_N1 反应的特点是：①单分子反应，反应速率只与卤代烷的浓度有关，而与亲核试剂的浓度无关；②反应分两步进行，生成碳正离子活性中间体的一步是整个反应的控制步骤；③由于有碳正离子中间体存在，常有重排产物生成；④如果卤代烷的中心碳原子是手性碳原子，则得到构型保持和构型翻转两种构型的产物。

3. 影响亲核取代反应的因素

卤代烷的亲核取代反应可以按 S_N1 和 S_N2 两种不同的历程进行。究竟按何种历程进行，则与卤代烷的结构、离去基团、亲核试剂和溶剂的性质等诸要素有关。

（1）烷基结构的影响。卤代烷分子中烷基的结构对亲核取代反应活性的影响主要表现在两个方面：一个是电子效应的影响，另一个是空间效应的影响。

S_N1 反应的关键是生成碳正离子中间体的一步，中间体碳正离子越稳定，就越能降低生成它的反应活化能，越有利于提高 S_N1 反应的速率。从电子效应来看，烷基对碳正离子有稳定作用，碳正离子上所连的烷基越多，碳正离子越稳定。由于叔卤代烷、仲卤代烷、伯卤代烷按 S_N1 反应生成的中间体分别为叔、仲和伯碳正离子，因此，按 S_N1 反应活性次序为：$3°RX > 2°RX > 1°RX > CH_3X$。

S_N2 反应的关键是过渡态的稳定性。过渡态越稳定，就越能降低生成它的反应活化能，越有利于提高 S_N2 反应的速率。在 S_N2 反应中，亲核试剂进攻中心碳原子形成过渡态。从空间效应来看，如果中心碳原子上所连的烷基越多，体积越大，空间位阻就越大，越不利于亲核试剂的进攻。当反应达到过渡态时，如果中心碳原子上所连的烷基多，体积大，过渡态拥挤程度也大，基团间互相排斥，体系能量升高，反应活化能高，反应速率就慢。因此，按 S_N2 反应卤代烷的活性次序为：$CH_3X > 1°RX > 2°RX > 3°RX$。

总之，进行 S_N1 反应主要取决于中间体碳正离子的稳定性，能生成稳定的碳正离子的卤代烷反应速率快；进行 S_N2 反应主要取决于空间效应的影响，空间位阻大，反应速率慢，空间位阻小，反应速率快。

综上所述，卤代烷的结构对亲核取代反应的影响可归纳如下：

$$
\begin{array}{c}
\xrightarrow{\quad\quad\quad S_N1\ 增大\quad\quad\quad} \\
\overline{\quad CH_3X, \quad 1°RX, \quad 2°RX, \quad 3°RX \quad} \\
\xleftarrow{\quad\quad\quad S_N2\ 增大\quad\quad\quad}
\end{array}
$$

一般情况下，叔卤代烷倾向于 S_N1 历程反应，伯卤代烷倾向于 S_N2 历程反应，仲卤代烷则两种机理都有可能，主要取决于反应条件如亲核试剂及溶剂的性质。

(2) 亲核试剂的影响。对于 S_N1 反应，亲核试剂不参与速率控制步骤，因此亲核试剂对 S_N1 反应影响不明显。而在 S_N2 反应中，亲核试剂进攻中心碳原子促进卤素解离，所以亲核试剂对 S_N2 反应影响较大。一般来讲，亲核试剂的亲核能力越强、浓度越大，反应按 S_N2 历程进行的趋势越大。

亲核试剂一般为负离子或带有孤对电子的中性分子，它们都是路易斯碱。所以，大多数情况下，试剂的亲核能力和碱性顺序是一致的，即试剂的碱性越强，亲核性越强。试剂的亲核性与碱性顺序一致的有下列情况：

1) 亲核试剂中亲核原子相同时，亲核性与碱性一致。试剂的碱性强，其亲核性也强。例如：

亲核性：$C_2H_5O^- > HO^- > C_6H_5O^- > CH_3COO^-$（与碱性相同）

2) 带负电荷的亲核试剂比相应的中性试剂的亲核性强。例如：

亲核性：$RO^- > ROH$，$HO^- > H_2O$，$NH_2^- > NH_3$（与碱性相同）

3) 同周期元素形成同一类型的亲核试剂，亲核性与碱性一致，随着原子序数增大，碱性减弱，亲核性减弱。例如：

亲核性：$R_3C^- > R_2N^- > RO^- > F^-$（与碱性相同）

但是，亲核性和碱性是两个不同的概念。碱性是指试剂与质子结合的能力，而亲核性是指试剂与带部分正电荷碳原子结合的能力。因此，试剂的亲核性强弱与其碱性大小并非完全一致。试剂的亲核能力还受到试剂的可极化性和空间效应的影响。下列情况试剂的亲核性与碱性顺序不同：

1) 同族元素形成同一类型的亲核试剂，可极化性越大，亲核性越强。极性化合物在外界电场的影响下，分子中的电荷分布会产生相应的变化，这种现象称为可极化性。同一周期的元素，从左至右原子核对外层电子的吸引力增大，可极化性减少。同一族的元素，由上到下原子核对外层电子的约束力降低，外层电子在外界电场作用下，所占轨道容易变形，可极化性增大。例如，卤素负离子的亲核性顺序为：

亲核性：$I^- > Br^- > Cl^- > F^-$（与碱性相反）

2) 试剂的亲核性还受空间因素的影响，体积越大的亲核试剂与中心碳原子结合时，空间位阻大，亲核性差。烷氧负离子亲核性顺序与碱性顺序不同。例如：

亲核性：$CH_3O^- > CH_3CH_2O^- > (CH_3)_2CHO^- > (CH_3)_3CO^-$（与碱性相反）

(3) 离去基团的影响。在 S_N1 和 S_N2 反应中，C—X 键都要发生异裂，离去基团带着一对电子离开中心碳原子，与亲核试剂总是带着电子对向中心碳原子进攻的情况恰恰相反，因此离去基团的碱性越弱，形成的负离子越稳定，就越容易离开中心碳原子，卤代烷越容易被取代。

由于氢卤酸的酸性由强到弱次序为：$HI > HBr > HCl > HF$，则其共轭碱卤素负离子的碱性由强到弱次序为：$F^- > Cl^- > Br^- > I^-$，离去基团的离去倾向由强到弱次序为：$I^- > Br^- > Cl^- > F^-$，所以卤代烷的亲核取代反应相对活性次序为：$RI > RBr > RCl > RF$。

卤代烷的活性对 S_N1 反应的影响比对 S_N2 反应的影响大。因为在 S_N2 反应中 X 的离去是在亲核试剂的协助下完成的，反应活性还与试剂的亲核性有关，而在 S_N1 反应中，

X^- 的离去生成碳正离子是反应的控速步骤。可以认为如果离去基团容易离去，碳正离子中间体就容易生成，反应就按 S_N1 历程进行。如果离去基团不容易离去，就需要亲核试剂主动进攻中心碳原子，促进卤素解离，反应就按 S_N2 历程进行。

离去基团的离去倾向还与可极化性有关，可极化性较大的基团，在外电场的作用下，电子云容易变形，离去能力增加。对于卤族元素，由上到下，原子体积增大，其原子核对外层电子的束缚力减少，可极化性增大，离去倾向也随着增大，即

可极化性：$I^- > Br^- > Cl^- > F^-$；

离去能力：$I^- > Br^- > Cl^- > F^-$。

由此可见，I^- 既是一个好的亲核试剂，又是一个好的离去基团。因此，当伯卤代烷进行 S_N2 反应时，常加入少量 I^-，使反应速率加快。

$$RCH_2Cl + H_2O \xrightarrow{\text{很慢}} RCH_2OH + HCl$$

$$RCH_2Cl + I^- \xrightarrow{\text{快}} RCH_2I + Cl^- \qquad (I^-\text{作为亲核试剂})$$

$$RCH_2I + H_2O \xrightarrow{\text{快}} RCH_2OH + I^- \qquad (I^-\text{作为离去基团})$$

（4）溶剂极性的影响。在 S_N1 反应中，从反应物到过渡态，体系的极性增加。因为极性溶剂对过渡态的稳定化作用要比对反应物的稳定化作用更大，从而使活化能降低，使反应加快。在 S_N2 反应中，亲核试剂电荷集中，过渡态电荷分散。这时极性溶剂对亲核试剂的稳定作用要比对过渡态的稳定作用大，对 S_N2 过渡态的形成不利。所以，强极性溶剂有利于 S_N1 反应。

总之，影响亲核取代反应的因素很多，要确定一个反应是 S_N1 历程还是 S_N2 历程需要综合考虑各种因素的影响。

6.3.3 消除反应

卤代烷与氢氧化钠（或氢氧化钾）的乙醇溶液共热脱去一分子卤化氢生成烯烃，这种从分子中失去一个简单分子生成不饱和键的反应称为消除反应，用 E 表示。消除反应是 α-碳上消除卤素，β-碳上消除氢原子，故称为 1,2-消除反应或 β-消除反应，这是制备烯烃的重要方法之一。

$$\underset{\overset{|}{H}\quad\overset{|}{X}}{RCH-CH_2} + NaOH \xrightarrow{C_2H_5OH} RCH=CH_2$$

如果卤代烷分子含有不止一种 β-H，消除反应的产物就不止一种。例如：2-溴丁烷和 KOH 的乙醇溶液反应，生成的烯烃中含有 2-丁烯和 1-丁烯。

$$\underset{\overset{|}{H}\;\overset{|}{Br}\;\overset{|}{H}}{H_3C-C-C-CH_2} \xrightarrow[\text{乙醇}]{KOH} CH_3CH=CHCH_3 + CH_3CH_2CH=CH_2$$
$$\qquad\qquad\qquad\qquad\qquad 2\text{-丁烯}80\% \qquad\quad 1\text{-丁烯}19\%$$

2-甲基-2溴丁烷在消除反应中也生成两种烯烃。

$$\underset{\substack{|\quad|\quad| \\ H\ Br\ H}}{H_3C-\overset{\displaystyle CH_3}{\underset{\displaystyle}{C}}-CH_2} \xrightarrow[\text{乙醇}]{KOH} CH_3CH=\overset{\displaystyle CH_3}{\underset{\displaystyle}{C}}-CH_3 + CH_3CH_2\overset{\displaystyle CH_3}{\underset{\displaystyle}{C}}=CH_2$$

2-甲基-2-丁烯71%　2-甲基-1-丁烯29%

大量实验结果表明，卤代烷消除卤化氢时，氢原子总是从含氢最少的 β-碳原子上脱去，生成双键碳上烷基取代基最多的烯烃（结构稳定的烯烃）。这个经验规律称为查依采夫规则，简称查氏规则。查氏规则的本质是消除反应朝着生成稳定的烯烃方向进行。所以，卤代烷的消除反应若能生成共轭烯烃，那么稳定的共轭产物总是占优势。例如：

$$\text{〇}-CH_2CHBrCH(CH_3)_2 \xrightarrow[CH_3CH_2OH]{NaOH} \text{〇}-CH=CHCH(CH_3)_2$$

同碳二卤代烷在强碱的醇溶液中可消除两分子卤化氢生成炔烃。

$$R-\underset{\substack{| \\ X}}{\overset{\substack{X \\ |}}{C}}-\underset{\substack{| \\ H}}{\overset{\substack{H \\ |}}{C}}-R' \xrightarrow[C_2H_5OH]{KOH,\ \triangle} R-C\equiv C-R'$$

邻二卤代烷可以脱去两分子卤化氢生成共轭二烯烃。

$$RCH_2\underset{\substack{| \\ X}}{CH}\underset{\substack{| \\ X}}{CH}CH_2R' \xrightarrow[C_2H_5OH]{KOH,\ \triangle} RCH=CHCH=CHR'$$

在锌粉（或镍粉、镁粉）存在下，邻二卤代烷能脱去卤素生成烯烃。

$$R-\underset{\substack{| \\ X}}{\overset{\substack{H \\ |}}{C}}-\underset{\substack{| \\ X}}{\overset{\substack{H \\ |}}{C}}-R' \xrightarrow[\text{乙醇}]{Zn,\ \triangle} RCH=CHR'$$

6.3.4　消除反应历程

与亲核取代反应相似，β-消除反应也有两种历程：双分子消除反应历程 E2 和单分子消除反应历程 E1。

1. 双分子消除反应

实验证明，伯卤代烷在碱性溶液中发生消除反应，反应速率不仅与卤代烷的浓度成正比，也与进攻试剂碱的浓度成正比，反应是按双分子消除反应（E2）机理进行的，在动力学上称为二级反应。

$$RCH_2CH_2Br+OH^- \longrightarrow RCH=CH_2+H_2O+Br^-$$
$$\nu=k[RCH_2CH_2Br][OH^-]$$

双分子消除反应与 S_N2 反应机理类似，反应是一步完成的。进攻试剂（碱）在进攻卤代烷分子中 β-H 的同时，离去基团卤素带着一对电子离去。β-H 以质子的形式与碱成键，α-碳与 β-碳原子之间电子云逐渐重新分配形成双键，中间经过一个能量较高的过渡态。

$$OH^- \quad R-\underset{\underset{Br}{|}}{\overset{\overset{H}{|}}{C}}-\underset{\underset{H}{|}}{\overset{\overset{H}{|}}{C}}-H \longrightarrow \left[\underset{\underset{Br^{\delta-}}{|}}{\overset{\overset{HO^{\delta-}---H}{|}}{R-C}}-\underset{\underset{H}{|}}{\overset{\overset{H}{|}}{C}}-H\right] \longrightarrow \underset{H}{\overset{R}{}}C=C\overset{H}{\underset{H}{}} + H_2O + Br^-$$

过渡态

E2 反应是协同进行的，旧键的断裂和新键的生成同时进行，卤代烷与进攻试剂碱同时参与了过渡态的形成，因此称为双分子消除反应。反应中形成的过渡态与 S_N2 很相似，其区别在于碱性试剂在 E2 反应中进攻 β-H 原子，而在 S_N2 反应中则进攻中心碳原子。

消除反应的结果是要生成一个 π 键，实际上在 E2 反应的过渡态中 π 键已部分形成，因此 H—C—C—X 四个原子在同一平面上，β-消除可能导致两种不同的顺反异构体。若 X 与 β-H 在 σ 键同侧被消除，称为顺式消除；若 X 与 β-H 在 σ 键的两侧（异侧）被消除，称为反式消除。

顺式消除   反式消除

实验表明，在按 E2 机理进行的消除反应中，一般发生反式共平面消除。例如卤代环烷烃的单键旋转受阻，消除反应按反式消除方式进行。

反式消除100%

形成反式共平面消除的原因可以根据 E2 机理分析。首先，从电子效应和空间效应来看，碱与离去基团的排斥力小，有利于碱进攻 β-H。

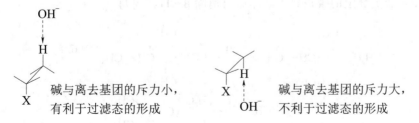

碱与离去基团的斥力小，有利于过滤态的形成   碱与离去基团的斥力大，不利于过滤态的形成

其次，形成 π 键时有利于轨道最大程度的电子云重叠，形成平面型烯烃分子。

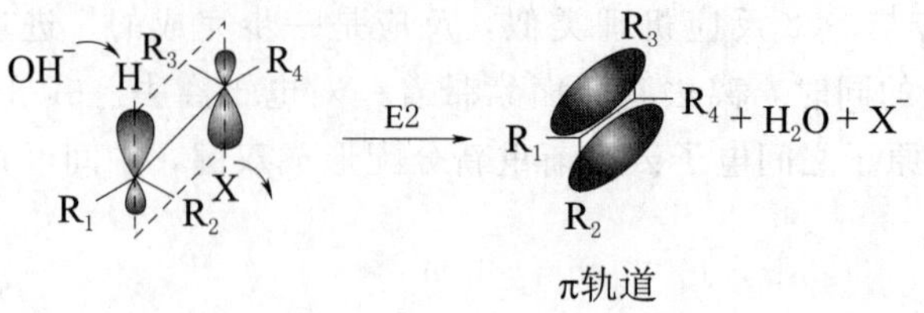

π轨道

2. 单分子消除反应

尽管大多数卤代烷在碱作用下的消除反应都是按 E2 机理进行的，但叔卤代烷在碱性条件下的消除反应是按单分子消除反应（E1）机理进行的。反应速率仅与卤代烷的浓度成正比，而与碱的浓度无关，在动力学上称为一级反应。

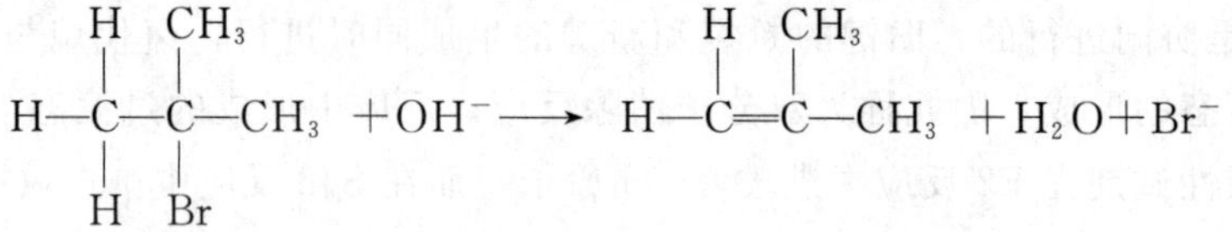

$$\nu = k\left[(CH_3)_3CBr\right]$$

单分子消除反应与 S_N1 机理相似，也是分两步进行的。第一步是卤代烷在溶剂中解离成碳正离子和卤素负离子。

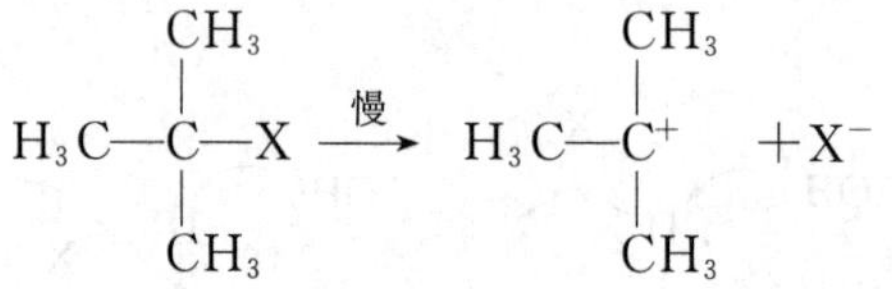

第二步是碱（OH）夺取 β-碳原子上的氢，氢原子以质子的形式脱去生成烯烃。

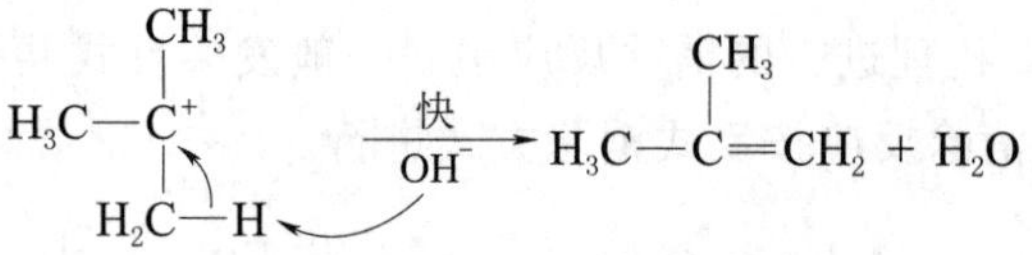

第一步生成碳正离子的反应速率较慢，是决定反应速率的一步，第二步反应速率较快。整个反应速率仅取决于卤代烷的浓度，而与试剂（如 OH^-）的浓度无关，称为单分子消除反应。E1 反应机理和 S_N1 反应机理类似，第一步均生成碳正离子中间体。所不同的是在第二步，E1 反应是碱（OH^-）进攻 β-H 生成烯烃；S_N1 反应是亲核试剂进攻中心碳原子，生成取代产物。另外 E1 与 S_N1 反应类似，由于有碳正离子中间体生成，可以发生重排而生成更稳定的碳正离子，然后再消除 β-H。例如：

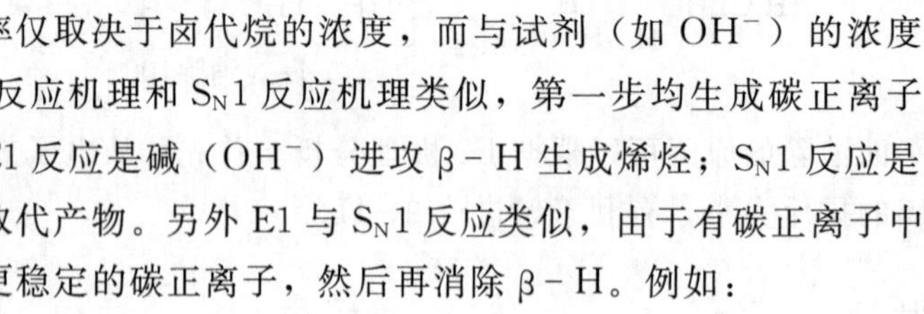

3. 影响消除反应的因素

不同的卤代烷消除卤化氢的活性不同。实验证明，不同烷基结构的卤代烷，消除反应的活性为：3°RX＞2°RX＞1°RX。

对于 E1 消除，反应速率取决于碳正离子的稳定性，能生成稳定的碳正离子的卤代烷反应速率快。所以卤代烷 E1 反应相对速率是：3°RX＞2°RX＞1°RX。

对于 E2 消除，由于叔卤代烷生成的烯烃稳定性大，仲卤代烷生成的烯烃稳定性次之，伯卤代烷生成的烯烃稳定性最差，而产物越稳定，就越容易生成。另外 E2 反应中碱试剂进攻 β-H，其空间效应没有 S_N2 反应中那么明显。而且，叔卤代烷 β-H 的数目多，受碱试剂进攻的概率增多，反应进行就快；仲卤代烷的 β-H 数目较少，伯卤代烷的 β-H 数目最少。所以卤代烷的 E2 反应相对速率也是：3°RX＞2°RX＞1°RX

总之，卤代烷的消除反应无论按 E1 还是按 E2 历程进行，其活性次序都是：3°RX＞2°RX＞1°RX

同样 C—X 键断裂难易也影响消除反应速率。卤代烷 C—X 键的强度（键能）大小次序为：C—F＞C—Cl＞C—Br＞C—I；卤代烷 C—X 键的可极化性大小次序为：C—F＜C—Cl＜C—Br＜C—I＜C—X。键键能越小，越容易断裂；C—X 键的可极化性越大，卤素越容易离去，所以卤代烷消除反应活性次序为：RI＞RBr＞RCl＞RF。

进攻试剂的性质对消除反应也有影响。由于 E1 反应的决定反应速率的步骤是卤代烷 C—X 键的异裂，因此进攻试剂对 E1 消除无影响。而 E2 反应是进攻试剂进攻 β-H，进攻试剂的碱性越强，浓度越大，越有利于 E2 反应。

溶剂的性质对 E1 和 E2 反应均有影响。但溶剂极性增加更能稳定电荷比较集中的 E1 反应中间体碳正离子，所以强极性溶剂有利于 E1 反应。

6.3.5 取代反应和消除反应的竞争

卤代烷的消除反应常伴随着取代反应，因为卤代烷消除反应的碱性试剂又可作为取代反应的亲核试剂，所以取代和消除往往是同时存在的竞争反应。亲核试剂进攻中心碳原子是取代反应，进攻 β-H 是消除反应。取代反应和消除反应的比例受卤代烷结构、进攻试剂的性质、溶剂的极性和温度等因素的影响。

1. 烷基结构的影响

通常情况下，伯卤代烷的 S_N2 反应较快，E2 反应较慢，但随着中心碳原子上支链增多，S_N2 反应速率减慢，E2 反应速率加快。

亲核取代反应速率增加 →

单分子历程　　3°RX，2°RX，1°RX　　双分子历程

← 消除反应速率增加

中心碳原子上支链增加，试剂进攻 α-碳原子时的空间位阻加大，相反进攻 β-H 的空间位阻较小，因而不利于亲核取代反应而有利于消除反应。另外，β-碳原子上有支链的伯卤代烷容易发生消除反应，因为 β-碳原子上的烷基会阻碍试剂从背面接近 α-碳原子

而不利于 S_N2 的进行。

如果伯卤代烷 $\beta-H$ 原子的酸性加大，有利于碱进攻 $\beta-H$ 原子，因而容易发生 E2 消除反应，溴代烷在乙醇钠的乙醇溶液中 S_N2 和 E2 反应产物比例见表 6.1。其中 $PhCH_2CH_2Br$ 的 E2 反应产物比例明显增大，一个原因是苯环影响 $\beta-H$ 原子的酸性加大，另一个原因是 E2 消除反应的产物苯乙烯由于 $\pi-\pi$ 共轭作用其稳定性增大。

表 6.1　　　　　　溴代烷在乙醇钠的乙醇溶液中 S_N2 和 E2 反应产物比例

溴代烷	温度/℃	S_N2 产物/%	E2 产物/%
CH_3CH_2Br	55	99	1
$(CH_3)_2CHBr$	25	19.7	80.3
$(CH_3)_3CBr$	25	<3	>97
$CH_3CH_2CH_2Br$	55	91	9
$(CH_3)_2CHCH_2Br$	55	40.4	59.6
$PhCH_2CH_2Br$	55	4.4	94.6

一般地，卤代烷的结构对消除和取代反应的影响有如下规律：

（1）3°RX 在碱性溶液中易发生消除反应，即使是弱碱，如 Na_2CO_3 水溶液也以消除为主。

（2）1°RX 易发生亲核取代反应，只有在强碱（NaOH，KOH）的醇溶液中才发生消除反应，常以双分子历程（S_N2 或 E2）进行。

（3）2°RX 情况比较复杂，介于 1°RX 和 3°RX 之间。在碱的醇溶液中以消除反应为主，碱的水溶液中以取代反应为主。β-碳原子上支链越多，越容易发生消除反应。因此常用叔卤代烷制备烯烃，伯卤烷制备醇、醚等取代产物。

2. 亲核试剂的影响

亲核试剂对 E1 和 S_N1 反应均无明显影响。试剂的亲核性大有利于 S_N2 反应，试剂的碱性强有利于 E2 反应。例如：

$$CH_3CH_2Br \begin{cases} \xrightarrow{NH_3} CH_3CH_2NH_2（取代） \\ \xrightarrow{NaNH_2} CH_2{=}CH_2（消除） \end{cases}$$

如果试剂碱性增强或碱浓度增大，E2 消除产物的量也相应增加。这是因为在消除反应中，$\beta-H$ 以质子的形式离去需要更强的碱。另外，进攻试剂的体积越大，因空间位阻不易进攻 α-碳原子，而容易进攻 $\beta-H$ 原子，所以有利于 E2 反应的进行。

3. 溶剂极性的影响

溶剂的极性对取代和消除的影响主要表现在双分子反应机理中。极性大的溶剂有利于取代反应（S_N2），极性小的溶剂有利于消除反应（E2）。这是因为在过渡态中，E2 的电荷分散程度比 S_N2 大，故极性小的溶剂有利于 E2 反应过渡态的稳定。所以由卤代烃制备烯烃（消除）一般在 NaOH 醇溶液中（极性较小）进行，而由卤代烃制备醇（取代）则在 NaOH 水溶液中（极性较大）进行。

4. 反应温度的影响

升高温度更有利于消除反应，因为消除反应的过渡态需要拉长 β-碳氢键，所以消除反应的活化能要比取代反应大，因此提高反应温度往往增大消除产物的比例。

第 7 章　醇、酚、醚

醇、酚、醚可以看作是水分子中的氢原子被烃基取代的衍生物。水分子中的一个氢原子被脂肪烃基取代的是醇（R—OH），被芳香烃基取代的叫酚（Ar—OH），如果两个氢原子都被烃基取代的衍生物就是醚（R—O—R′，Ar—O—R 或 Ar—O—Ar′）。

7.1　醇

醇中的—OH 叫羟基，是醇的官能团。甲醇（CH_3OH）是最简单的一个醇。氧原子外层的电子为 sp^3 杂化状态。其中两对未共用电子对占据两个 sp^3 杂化轨道，余下两个未占满的 sp^3 杂化轨道分别与 H 及 C 结合，H—O—C 键角接近 109°如图 7.1 所示。

由于氧的电负性比碳强，所以在醇分子中，氧原子上的电子密度较高，而与羟基相连的碳原子上电子密度较低，这样使分子呈现的极性，决定了醇的物理性质和化学性质。

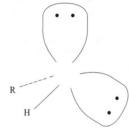

图 7.1　醇分子中氧的价键及未共用电子对分布示意图

7.1.1　醇的结构、分类及命名

根据醇分子中烃基的不同，可以分为饱和醇、不饱和醇、脂环醇和芳香醇等，并按羟基所连的碳原子分为伯醇、仲醇、叔醇。例如：

$$CH_3OH \qquad CH_3CH_2OH \qquad CH_2{=\!=}CHCH_2OH$$

甲醇　　　　　　乙醇　　　　　　　烯丙醇

脂肪醇的系统命名法是选择连有羟基的最长碳链作主链，按主链所含碳原子数称作某醇；编号由接近羟基的一端开始；羟基的位置用它所连的碳原子的号数来表示，写在醇名之前。例如：

$$\overset{4}{C}H_3\overset{3}{C}H_2\overset{2}{C}H_2\overset{1}{C}H_2OH$$

1-丁醇（正丁醇）
（Ⅰ）

$$\overset{4}{C}H_3\overset{3}{C}H_2\underset{\underset{OH}{|}}{\overset{2}{C}H}\overset{1}{C}H_3$$

2-丁醇（仲丁醇）
（Ⅱ）

$$\overset{3}{C}H_3\underset{\underset{CH_3}{|}}{\overset{2}{C}H}\overset{1}{C}H_2OH$$

2-甲基-1-丙醇（异丁醇）
（Ⅲ）

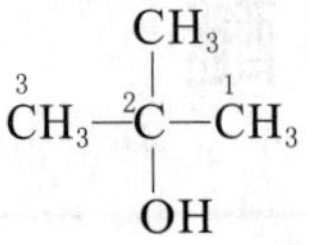

$$CH_3-\overset{\overset{\overset{3}{CH_3}}{|}}{\underset{\underset{OH}{|}}{\overset{2}{C}}}-\overset{1}{CH_3}$$

$$\overset{1}{CH_3}-\overset{2}{CH}-\overset{3}{CH}-\overset{4}{CH_2}-\overset{5}{CH_2}-\overset{6}{CH_3}$$

2-甲基-2-丙醇（叔丁醇）
（Ⅳ）

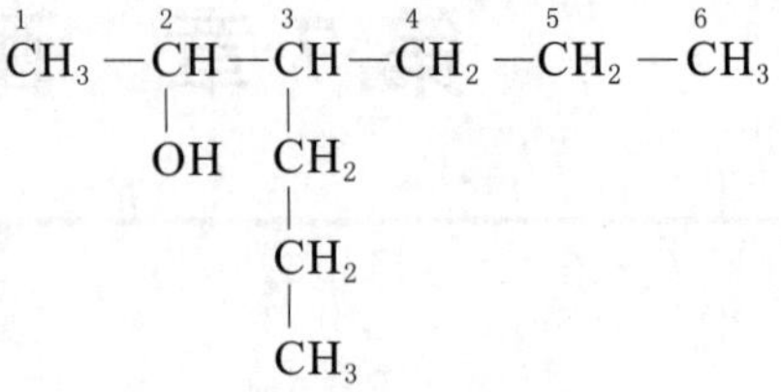

3-丙基-2-己醇
（Ⅴ）

含三个碳原子以上的醇，可以有碳链异构或官能团位置异构，上面（Ⅰ）、（Ⅱ）、（Ⅲ）和（Ⅳ）就是丁醇的四种异构体。上面五个化合物中，（Ⅰ）和（Ⅲ）是伯醇，（Ⅱ）和（Ⅴ）是仲醇，（Ⅳ）属于叔醇。括号中的名称是按普通命名法命名的。

以上所列都属一元醇，分子中含两个或两个以上羟基的，分别称作二元醇或多元醇。例如：

HOCH$_2$CH$_2$OH   HOCH$_2$CH$_2$CH$_2$OH   HOCH$_2$CHCH$_3$
                                                                  |
                                                                 OH

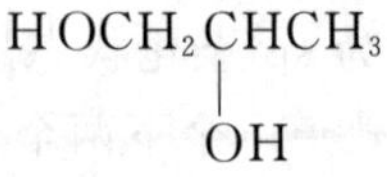

乙二醇   1,3-丙二醇   1,2-丙二醇

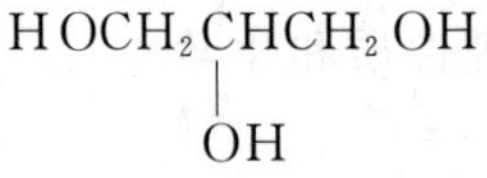

HOCH$_2$CHCH$_2$OH
         |
        OH

丙三醇（甘油） 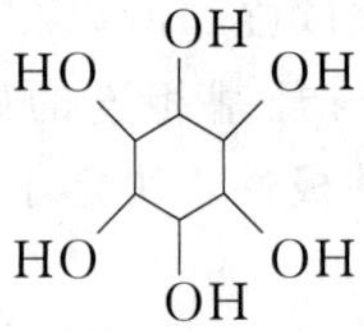   环己六醇（肌醇）

饱和一元醇的通式可以 $C_nH_{2n+1}OH$ 表示。

7.1.2 醇的物理性质

十二个碳原子以下的饱和一元醇是无色液体，高级醇是蜡状物质。存在于许多香精油中的某些醇，有特殊的香气，可用于配制香精。例如，叶醇有极强的清香气息，苯乙醇则有玫瑰香。

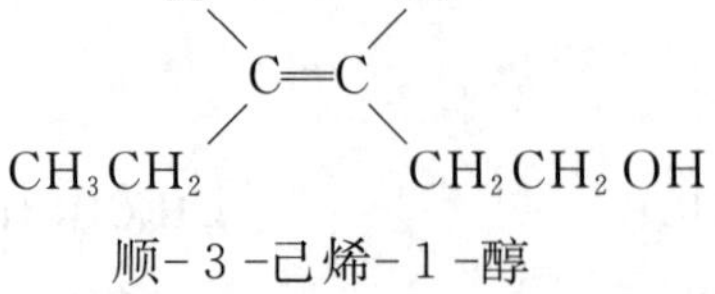

顺-3-己烯-1-醇
（叶醇）

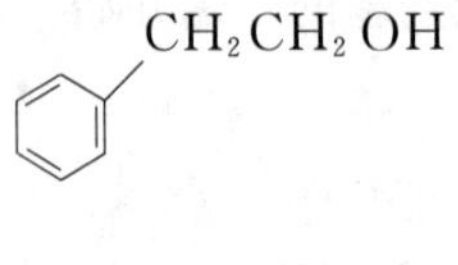

苯乙醇

低级醇如甲醇、乙醇、丙醇等，由于烷基在分子中的体积不大，所以能与水以任意比例混溶，从丁醇开始，在水中的溶解度随相对分子质量的增高而降低。分子中羟基数同碳原子数的比值增加，则水溶性加大，如乙二醇、丙三醇等都能与水混溶。

醇的沸点比多数相对分子质量相近的其他有机物要高，如甲醇（相对分子质量 32）的沸点是 65℃，而乙烷（相对分子质量 30）的沸点为 −88.6℃。这和水的沸点较高是同样的道理，因为醇是极性分子，更主要的是醇分子的羟基之间可以通过氢键缔合起来，这样，使醇由液态变为气态时，除了需克服偶极—偶极间的作用力外，还需克服氢键的作用力；因此醇的沸点就比相对分子质量相近的非极性的或没有缔合作用的有机物要高。此外，羟基的数目增加，则形成的氢键增多，所以沸点增高。例如，丙醇与乙二醇相对分子质量相近，但沸点却相差约 100℃。

7.1.3 醇的化学性质

7.1.3.1 似水性

从结构式的角度可以把醇看作是水的脂肪烃基衍生物，实际上醇与水在性质上确有某些相似处。醇和水都含有一个与氧原子结合的氢，这个氢表现了一定程度的酸性，但由于烷基的给电子效应，醇中氧原子上电子密度比水中的高，所以醇的酸性比水还弱（但比炔氢强）。醇不能与碱的水溶液作用，而只能与碱金属或碱土金属作用放出氢气，并形成醇盐或称醇化物。

$$2HOH + Na \longrightarrow NaOH + H_2$$
$$2ROH + Na \longrightarrow RONa + H_2$$
醇钠

$$2ROH + Mg \longrightarrow (RO)_2Mg + H_2$$
醇镁

醇羟基中氢原子的活性要比水中氢低得多，所以醇与金属钠的作用比较缓和。虽然低级醇与金属钠的作用仍相当激烈，并且产生大量热，但不燃烧，不爆炸。随着烷基的加大，似水性迅速降低，因此与金属钠的作用趋于缓慢。

由于醇的酸性比水弱，所以 RO^-（烷氧基）的碱性比 HO^- 强，因此醇化物遇水则分解成醇和金属氢氧化物。例如：

$$RONa + HOH \longrightarrow ROH + NaOH$$

醇与水的另一相似处是，醇也可作为质子的接受体，通过氧原子上的未共用电子对与酸中的质子结合形成锑离子（ROH_2），或称氧铺离子，或质子化的醇，即醇也可以作为碱，但它们的碱性极弱，只能由强酸中接受质子。由于醇可与强酸生成阳离子，所以醇可溶于浓强酸中。

$$H_2O + HCl \rightleftharpoons H_3O^+ + Cl^-$$
水合氢离子

$$ROH + HCl \rightleftharpoons R\overset{+}{O}H_2 + Cl^-$$
质子化的醇

除上述两点之外，低级醇能与氯化钙形成络合物，如 $CaCl_2 \cdot 4CH_3OH$、$CaCl_2 \cdot 4C_2H_5OH$ 等，就像氯化钙中含有结晶水一样，所以这种络合物中的醇称为结晶醇，因此不能用无水氯化钙来除去醇中所含的水分。

7.1.3.2 与含氧无机酸的反应

醇与酸（包括无机酸和有机酸）失水所得的产物称为酯，醇与有机酸形成的是有机酸酯。醇与有机酸的酯化反应在后续章节讨论。醇与无机酸形成的酯称为无机酸酯，如醇与浓硝酸作用可得硝酸酯。

$$ROH + HONO_2 \rightleftharpoons RONO_2 + H_2O$$
硝酸酯

多数硝酸酯受热后能因猛烈分解而爆炸，因此某些硝酸酯是常用的炸药。

硫酸为二元酸，就像可以与碱生成酸性盐和中性盐一样，它可与醇分别生成酸性酯或中性酯。例如：

$$CH_3OH + HOSO_2OH \rightleftharpoons CH_3OSO_2OH + H_2O$$
硫酸氢甲酯
（酸性硫酸酯）

$$CH_3OH + CH_3OSO_2OH \rightleftharpoons CH_3OSO_2OCH_3 + H_2O$$
硫酸二甲酯
（中性硫酸酯）

硫酸二甲酯是常用的甲基化剂（向有机分子中导入甲基的试剂），是无色液体，剧毒。磷酸为三元酸，就可以有三种类型的磷酸酯。

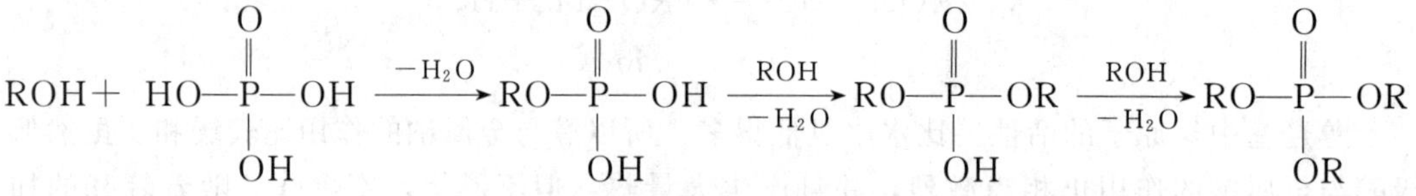

磷酸烷基酯　　　　　磷酸二烷基酯　　　　　磷酸三烷基酯

某些特殊的磷酸酯是有机体生长和代谢中极为重要的物质。

醇与氢卤酸失水所得的产物是卤代烃，通常不把它称为酯。

$$C_2H_5-OH + H-Br \xrightarrow{\triangle} C_2H_5-Br + H_2O$$

这是在实验室中制备卤代烷常用的方法。这个反应是卤代烷水解的逆反应。

醇与氢卤酸的作用是酸催化的亲核取代反应。虽然氢卤酸本身就是强酸，可起催化作用，但有时也加入一些硫酸以加速反应。酸的作用是，由于 H^+ 很容易与醇中氧结合成质子化的醇，从而使 C—O 键减弱；按单分子机理进行反应时，质子化的醇解离为碳正离子及水分子，然后碳正离子与 X^- 结合成卤代烃。

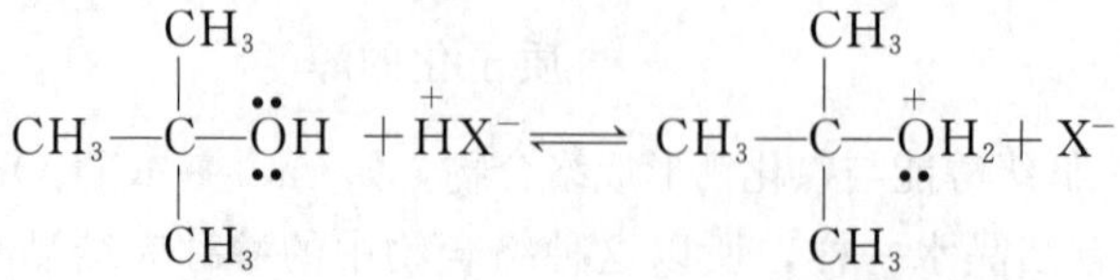

质子化的醇

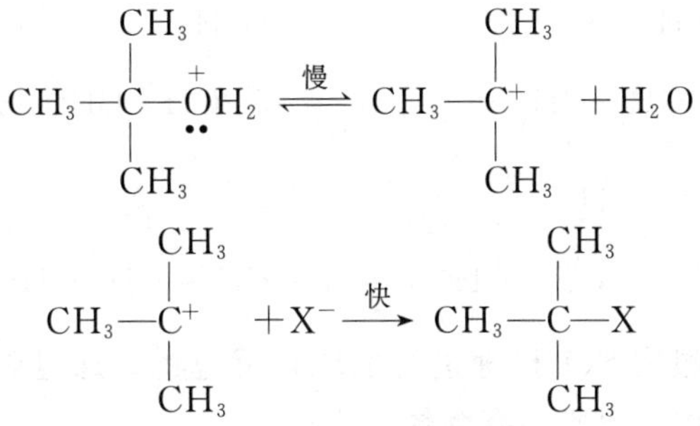

$$CH_3-\overset{\overset{\displaystyle CH_3}{|}}{\underset{\underset{\displaystyle CH_3}{|}}{C}}-\overset{+}{\underset{\cdot\cdot}{O}}H_2 \underset{慢}{\rightleftharpoons} CH_3-\overset{\overset{\displaystyle CH_3}{|}}{\underset{\underset{\displaystyle CH_3}{|}}{C^+}} +H_2O$$

$$CH_3-\overset{\overset{\displaystyle CH_3}{|}}{\underset{\underset{\displaystyle CH_3}{|}}{C^+}} +X^- \xrightarrow{快} CH_3-\overset{\overset{\displaystyle CH_3}{|}}{\underset{\underset{\displaystyle CH_3}{|}}{C}}-X$$

叔醇主要按单分子机理反应。

某些特定结构的醇在按单分子机理进行反应时，烷基会发生重排，从而得到与原来醇中烷基不同的卤代烃。例如：

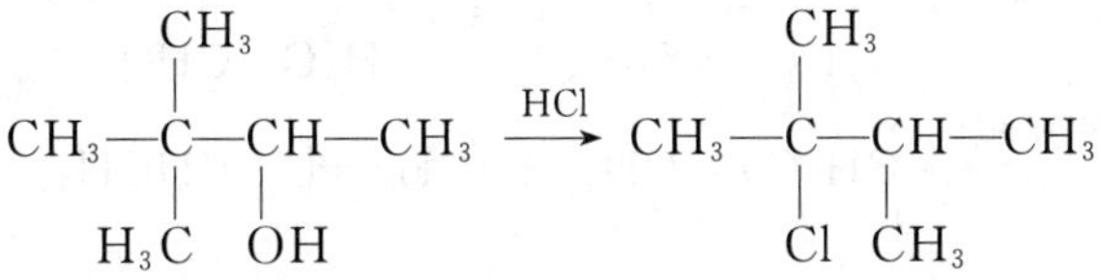

$$CH_3-\overset{\overset{\displaystyle CH_3}{|}}{\underset{\underset{\displaystyle H_3C}{|}}{C}}-\overset{\displaystyle CH}{\underset{\underset{\displaystyle OH}{|}}{|}}-CH_3 \xrightarrow{HCl} CH_3-\overset{\overset{\displaystyle CH_3}{|}}{\underset{\underset{\displaystyle Cl}{|}}{C}}-\overset{\displaystyle CH}{\underset{\underset{\displaystyle CH_3}{|}}{|}}-CH_3$$

这是由于上述质子化的醇解离后产生的是二级碳正离子（Ⅰ），二级碳正离子不如三级碳正离子稳定，所以它易于重排为更稳定的三级碳正离子（Ⅱ），从而得到上述产物：

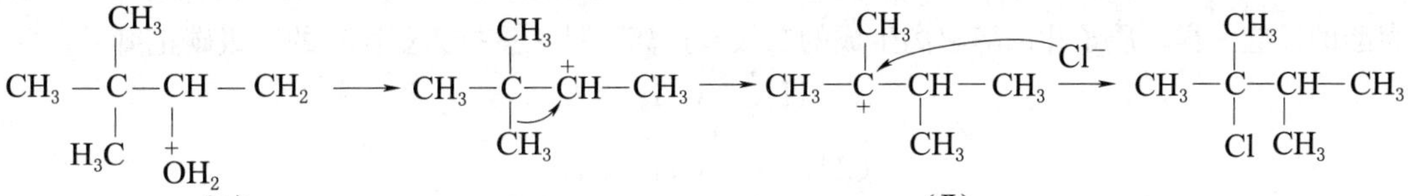

$$CH_3-\overset{\overset{\displaystyle CH_3}{|}}{\underset{\underset{\displaystyle OH_2}{|}}{\underset{\underset{\displaystyle H_3C}{}}{C}}}-CH-CH_2 \longrightarrow CH_3-\overset{\overset{\displaystyle CH_3}{|}}{\underset{\underset{\displaystyle CH_3}{|}}{C}}-\overset{+}{C}H-CH_3 \longrightarrow CH_3-\overset{\overset{\displaystyle CH_3}{|}}{\underset{\underset{\displaystyle CH_3}{|}}{\overset{+}{C}}}-CH-CH_3 \xrightarrow{Cl^-} CH_3-\overset{\overset{\displaystyle CH_3}{|}}{\underset{\underset{\displaystyle Cl}{|}}{C}}-\overset{\displaystyle CH}{\underset{\underset{\displaystyle CH_3}{|}}{|}}-CH_3$$
$$(Ⅰ) \qquad\qquad\qquad\qquad (Ⅱ)$$

伯醇则按双分子机理进行反应，同样经过渡态而得最终产物。

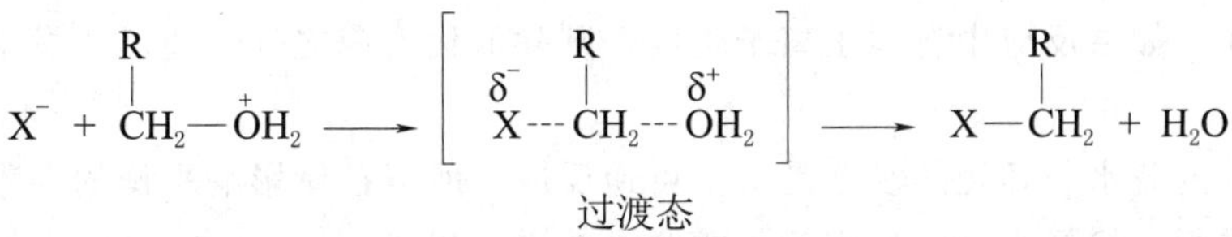

$$X^- + \overset{\overset{\displaystyle R}{|}}{\underset{}{CH_2}}-\overset{+}{O}H_2 \longrightarrow \left[\overset{\overset{\displaystyle R}{|}}{\underset{}{\overset{\delta^-}{X}\cdots CH_2\cdots \overset{\delta^+}{O}H_2}}\right] \longrightarrow \overset{\overset{\displaystyle R}{|}}{\underset{}{X-CH_2}} + H_2O$$
$$过渡态$$

不同的氢卤酸及不同类型的醇反应速率不同，它们的反应速率顺序分别如下：

$$HI>HBr>HCl，叔醇>仲醇>伯醇$$

7.1.3.3 脱水反应

醇与强酸共热则发生脱水反应。有两种不同的脱水方式：

（1）分子内脱水。就像卤代烃的消除反应一样，醇分子中的羟基与β-碳原子上的氢脱去一分子水得到烯烃，这是制备烯烃的常用方法之一。

$$CH_3-CH_2-OH \xrightarrow[170℃]{浓\,H_2SO_4} CH_2=CH_2+H_2O$$

醇在进行分子内脱水时，同样遵守查依采夫规律。

醇在酸催化下的脱水反应，是按单分子机理进行的，即质子化的醇解离出碳正离子，然后由β-碳原子上消除 H^+ 而得烯。

$$\underset{\beta\quad\alpha}{R-\overset{\overset{H}{|}}{CH}-CH_2-\overset{+}{O}H_2} \rightleftharpoons R-\overset{\overset{H}{|}}{CH}-\overset{+}{CH_2}+H_2O$$

$$R-\overset{\overset{H}{|}}{CH}-\overset{+}{CH_2} \rightleftharpoons R-CH=CH_2+H^+$$

前面讲的醇与氢卤酸按 S_N1 机理进行的取代反应也是通过碳正离子进行的，所以在醇与氢卤酸的取代反应中，也常会有烯烃生成。

伯醇、仲醇、叔醇脱水的难易程度是：叔醇＞仲醇＞伯醇。这是由形成的碳正离子的稳定性决定的，因为三级碳正离子的稳定性最高。

某些醇在脱水时，由于发生重排而生成不同烯烃的混合物。例如：

$$\underset{\overset{|}{CH_3OH}}{CH_3\overset{\overset{CH_3}{|}}{C}-CHCH_3} \xrightarrow[\triangle]{85\%\ H_3PO_4} CH_3\overset{\overset{H_3C\quad CH_3}{|\quad\ |}}{C=CCH_3} + CH_2=\overset{\overset{H_3C\quad CH_3}{|\quad\ |}}{C-CHCH_3} + CH_3\overset{\overset{CH_3}{|}}{C}-\underset{\overset{|}{CH_3}}{CH}-CH=CH_2$$

（Ⅰ）80％　　　　（Ⅱ）19.6％　　　　（Ⅲ）0.4％

由上述产物的生成，进一步说明反应是按单分子机理进行的。因为，就像前面讲的醇和氢卤酸的反应一样，质子化的醇解离生成的二级碳正离子易于重排为更稳定的三级碳正离子。

$$\underset{1}{CH_3}-\underset{2}{\overset{\overset{H_3C\quad CH_3}{|\quad\ |}}{\overset{+}{C}}}-\underset{3}{CH}-\underset{4}{CH_3}$$

生成的三级碳正离子可以由 C^3 或 C^1 上消去 H^+ 分别得到（Ⅰ）或（Ⅱ）。（Ⅱ）则是由未重排的二级碳正离子生成的。

综上所述，如果反应中有碳正离子生成，则除取代反应之外，还可能发生消除及重排两种反应。

实际上醇的脱水与烯烃的水合是一个可逆反应，所以控制影响平衡的因素则可使反应向某一方向进行，烯烃水合的过程就是醇脱水的逆过程。

（2）分子间脱水。两分子醇可以发生分子间脱水，产物是醚。例如：

$$C_2H_5OH+HOC_2H_5 \xrightarrow[140℃]{浓\ H_2SO_4} C_2H_5-O-C_2H_5+H_2O$$

乙醚

与乙醇的分子内脱水相比，反应条件的区别只在于温度，温度较高时则主要发生消除反应得到烯烃。

仲醇或叔醇在酸的催化下加热，主要产物是烯。如果用两种不同的醇反应，则得到三种醚的混合物。

$$ROH+R'OH \xrightarrow[\triangle]{H^+} R-O-R+R'-O-R'+R-O-R'$$

所以醇分子间脱水只适于制备简单醚，即两个烷基相同的醚。混合醚则需由卤代烃与醇钠制备。

7.1.3.4 醇的氧化

伯醇或仲醇用氧化剂氧化，或在催化剂作用下脱氢，能分别形成醛或酮。

$$R-CH_2-OH \xrightarrow[\text{或}-2H]{[O]} R-\overset{\overset{\displaystyle O}{\|}}{C}-H \xrightarrow[\text{}]{[O]} R-\overset{\overset{\displaystyle O}{\|}}{C}-OH$$

伯醇　　　　　　　　　醛　　　　　　　羧酸

$$R-\underset{\underset{\displaystyle OH}{|}}{CH}-R' \xrightarrow[\text{或}-2H]{[O]} R-\overset{\overset{\displaystyle O}{\|}}{C}-R'$$

仲醇　　　　　　　　　　　　酮

可以用来氧化醇的氧化剂很多，如高锰酸钾、重铬酸钾的酸性溶液等。在这种条件下，生成的醛很容易继续被氧化，得到的最终产物往往不是醛而是羧酸。但醛的沸点比相应的醇低得多，如果在氧化过程中随时将生成的醛由反应体系中蒸出，便可避免进一步被氧化。但这只限于制备沸点不高于 100℃ 的醛。有些特殊的温和氧化剂如 CrO_3（与吡啶盐酸盐的络合物，简称 PCCD），在二氯甲烷溶液中，可使伯醇氧化为醛而不继续被氧化，同时如果醇分子中含有 C ═C 也不受影响。

叔醇由于与羟基相连的碳上不含氢，所以一般条件下不被氧化，但如在高温下用强氧化剂，则与羟基相连的碳与其他碳原子间的键断裂，得到复杂的混合物，没有制备意义。

7.2 酚

羟基直接连在芳环（如苯环）上的化合物称为酚。

在苯酚分子中，氧原子的价电子是以 sp^2 杂化轨道参与成键的，酚羟基中氧原子的一对未共用电子所在的 p 轨道与苯环的六个碳原子的 p 轨道平行，形成 p - π 共轭体系。由于氧原子的部分电子离域而分散到整个共轭体系中，因此氧原子电子云密度降低，而苯环上电子云密度升高。

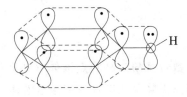

7.2.1 酚的分类及命名

酚类化合物按分子中所含羟基数目的多少，可分为一元酚、二元酚和多元酚。一元酚的通式为 ArOH。苯酚是酚类中最简单最重要的一种。

酚的命名一般根据芳烃结构的不同称为"某酚"，并注明位次。当芳环上有多种取代基时，按照优先次序进行选择，只有当羟基优先时，才能称为酚；否则，羟基只能被看作取代基，编号从优先官能团开始。例如：

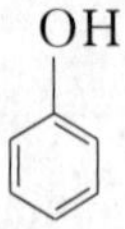

苯酚 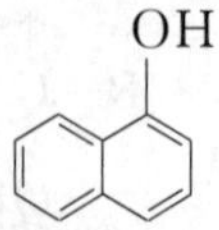　　α-萘酚（1-萘酚） 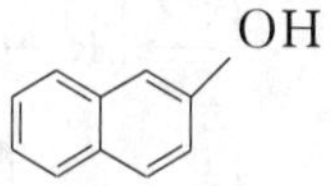　　β-萘酚（2-萘酚） 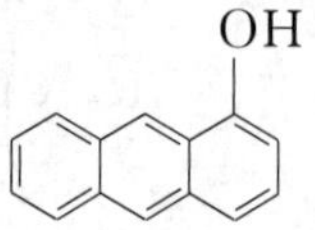　　α-蒽酚

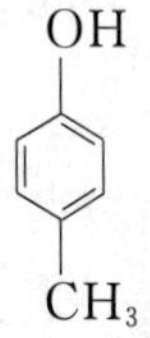

4-甲基苯酚　　3-硝基苯酚 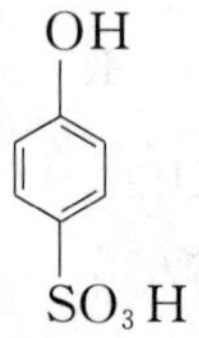　　4-羟基苯磺酸　　2-羟基苯甲酸
（对甲苯酚）　　（间硝基苯酚）　　（对羟基苯磺酸）　　（邻羟基苯甲酸，水杨酸）

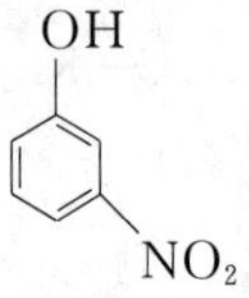

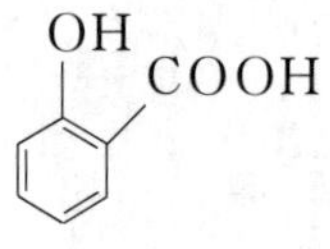

多元酚的位次编号与多取代烷基苯的命名相似。例如：

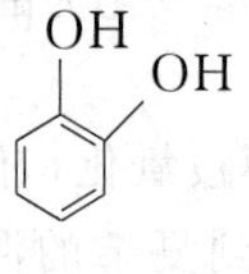

邻苯二酚　　　　间苯二酚　　　　对苯二酚
（1,2-苯二酚）　　（1,3-苯二酚）　　（1,4-苯二酚）

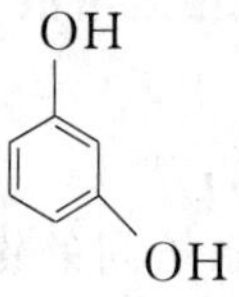

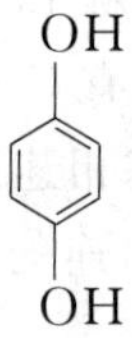

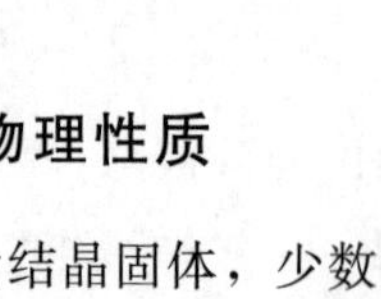

连苯三酚　　　　均苯三酚　　　　偏苯三酚
（1,2,3-苯三酚）　　（1,3,5-苯三酚）　　（1,2,4-苯三酚）

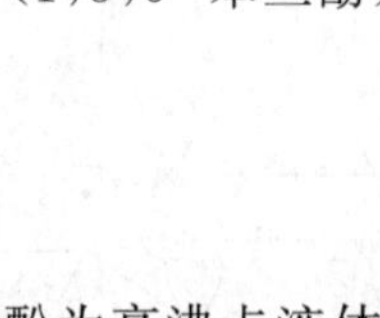

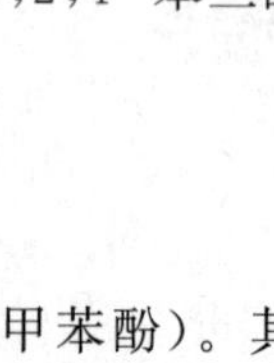

7.2.2　酚的物理性质

大多数酚为结晶固体，少数烷基酚为高沸点液体（如间甲苯酚）。其纯度对熔点影响很大，含少量水分的苯酚，熔点下降至几度，故室温呈液体。纯粹的酚类是无色的，但易被空气所氧化，常带有粉红或褐色的杂质。酚分子之间或酚与水分子之间可发生氢键缔合，因此，酚的沸点和熔点都比相对分子质量相近的烃高（如苯酚熔点 43℃，沸点 181℃；而甲苯熔点 −95℃，沸点 110.6℃）。酚微溶于水，能溶于乙醇、乙醚等有机溶剂。

7.2.3 酚的化学性质

酚和醇的性质有很大不同。在苯酚分子中，由于氧原子的一对未共用电子所在的 p 轨道与苯环形成 p‑π 共轭体系，氧原子的部分电子离域而分散到整个共轭体系中。因此氧原子电子云密度降低，而苯环上电子云密度升高。其化学性质主要表现在：

（1）由于氧原子上电子云密度降低，减弱了 O—H 键，有利于苯酚解离出质子而呈酸性。

（2）由于形成 p‑π 共轭效应，C—O 键加强，相比醇分子中的 C—O 键，较难断裂，因此脱水生成酚醚和酚酯相对较难。

（3）p‑π 共轭效应使苯环上电子云密度升高，苯环的亲电取代反应活性增加。

（4）由于酚的烯醇结构，具有特殊的显色反应。

7.2.3.1 酚羟基的反应

1. 酸性

由于氧原子上电子云密度降低，减弱了 O—H 键，有利于苯酚离解成为质子和苯氧负离子，且苯氧负离子上的负电荷可以更好地离域而分散到整个共轭体系而使苯氧负离子比较稳定，因此酚容易解离出质子而呈酸性。可表示如下：

$$\text{C}_6\text{H}_5{-}\text{OH} \rightleftharpoons \text{C}_6\text{H}_5{-}\text{O}^- + \text{H}^+$$

按照共振结构的写法：

$$\text{[共振结构式]}$$

苯酚的 $pK_a \approx 10$，它的酸性比醇强（乙醇的 $pK_a = 16$；环己醇的 $pK_a \approx 18$）。苯酚能溶解于氢氧化钠水溶液而生成酚钠。

$$\text{C}_6\text{H}_5{-}\text{OH} + \text{NaOH} \xrightarrow{\text{H}_2\text{O}} \text{C}_6\text{H}_5{-}\overset{-}{\text{O}}\overset{+}{\text{Na}} + \text{H}_2\text{O}$$

但苯酚的酸性比碳酸（$pK_a = 6.38$）弱，所以苯酚不能与碳酸氢钠作用生成盐。通二氧化碳于酚钠水溶液中，酚即游离出来。

$$\text{C}_6\text{H}_5{-}\text{ONa} + \text{CO}_2 + \text{H}_2\text{O} \longrightarrow \text{C}_6\text{H}_5{-}\text{OH} + \text{NaHCO}_3$$

酚的这种能溶于碱，用酸又能将它从碱溶液中游离出来的性质，可用于苯酚的分离、提纯，工业上常被用来回收和处理含酚污水。

苯环上的不同取代基能影响酚的酸性。当苯环上连有供电子基团时，可使取代苯氧负离子不稳定，使取代苯酚的酸性减弱；当苯环上连有吸电子基团时，可使取代苯氧离子更稳定，使取代苯酚的酸性增强。例如，对硝基苯酚，由于—NO_2 是一个吸电子基团，诱导效应和共轭效应都使羟基氧上的电子云更好地离域而移向苯环，可以生成更稳定的对硝基苯氧负离子，因此对硝基苯酚的酸性比苯酚的酸性强。邻、对位硝基苯酚的酸性比间硝基苯酚的酸性强。苯酚的邻、对位上硝基越多，酸性越强。

$$[O_2N-C_6H_4-\overset{\cdot\cdot}{O}H \longrightarrow H^+ + [O_2N-C_6H_4-O^- \longleftrightarrow O_2N=C_6H_4=O]]$$

OH	OH NO$_2$	OH NO$_2$	OH NO$_2$	OH O$_2$N NO$_2$ NO$_2$	OH O$_2$N NO$_2$ NO$_2$

pK_a 9.98   7.23   8.40   7.15   4.00   （苦味酸）0.25

2. 成醚反应

酚与醇相似，也可生成醚。但因酚羟基的碳氧键比较牢固，一般不能通过酚分子间脱水来制备。例如，苯酚在 ThO_2 催化下，加热到 450℃ 才能进行双分子脱水。通常酚醚是由酚金属与烷基化试剂（如碘甲烷或硫酸二甲酯）在弱碱性溶液中经 S_N2 反应而得。

$$\text{ONa} + (CH_3)_2SO_4 \xrightarrow{75\%} \text{OCH}_3 + CH_3OSO_3Na$$

苯甲醚（俗称茴香醚）

3. 成酯反应

酚与羧酸发生脱水反应可形成酚酯。但由于苯酚氧上电子云参与 p-π 共轭而密度下降，酚的亲核能力减弱，故苯酚与羧酸直接酯化比较难，是一个相当缓慢的平衡反应，且需要将产生的水从反应体系中不断移出。例如：

$$\text{OH} \xrightarrow[\text{H}_2\text{SO}_4,\ \text{长时间分馏}]{10\ \text{倍量 } CH_3COOH} \text{O} \!-\! \overset{O}{\overset{\|}{C}} CH_3$$

乙酸苯酯，产率 50%

4. 与三氯化铁的显色反应

酚能与三氯化铁溶液发生显色反应，不同的酚呈现不同的颜色。苯酚显蓝紫色，邻苯二酚显深绿色，对苯二酚呈暗绿色结晶，对甲苯酚显蓝色，1,2,4-苯三酚显蓝绿色，连苯三酚显淡棕红色。

这种特殊的显色作用可用来检验酚羟基的存在。除酚类外，凡具有烯醇式

$$\left[\overset{\diagup}{C}=\overset{\diagup}{C} \! - \! OH \right]$$

结构的化合物与 $FeCl_3$ 也都有显色反应，一般醇没有这种显色反应。酚与三氯化铁的显色反应一般认为是生成配合物。

$$6ArOH + FeCl_3 \rightleftharpoons [Fe(OAr)_6]^{3-} + 6H^+ + 3Cl^-$$

7.2.3.2 芳环上的亲电取代反应

酚中的芳环可以发生一般芳香烃的亲电取代反应，如卤化、硝化、磺化等。由于羟基氧原子与苯环形成 p-π 共轭体系，总的电子效应是使苯环上电子密度增高，所以酚比苯更容易进行亲电取代反应。

（1）卤化反应。苯酚的水溶液与溴水作用，立刻产生 2,4,6 -三溴苯酚的白色沉淀，而不是得到一元取代的产物。

$$\text{（苯酚）} + Br_2 \xrightarrow{H_2O} \text{（2,4,6-三溴苯酚）} \downarrow + HBr$$

其反应极为灵敏，而且是定量完成的，在极稀的苯酚溶液（如体积比为 1：100000）中加数滴溴水，便可看出明显的混浊现象，故此反应可用于苯酚的定性或定量测定。

在非极性溶剂中，如以四氯化碳或二硫化碳作溶剂，并控制溴的用量，则可得到一溴代酚。

$$\text{（苯酚）} + Br_2 \xrightarrow{CCl_2} \text{（邻溴苯酚）} + \text{（对溴苯酚）} + HBr$$

（2）硝化反应。苯酚在室温下就可被稀硝酸硝化，生成邻硝基苯酚和对硝基苯酚的混合物。

$$\text{（苯酚）} + HNO_3 \longrightarrow \text{（邻硝基苯酚）} + \text{（对硝基苯酚）}$$

（3）磺化反应。苯酚与浓 H_2SO_4 作用，即发生磺化反应而生成羟基苯磺酸。随磺化条件不同，可得不同的产物。进一步磺化可得 4 -羟基-1,3 -苯二磺酸。苯酚分子中引入两个磺酸基后，可使苯环钝化，不易被氧化，再与浓 HNO_3 作用，两个磺酸基可同时被硝基置换而生成 2,4,6 -三硝基苯酚，俗名苦味酸。

$$\text{（苯酚）} \xrightarrow[\text{（98%）}]{H_2SO_4} \begin{cases} \xrightarrow[49\%]{20℃} \text{（邻-SO_3H）} \xrightarrow{100℃} \\ \xrightarrow[90\%]{100℃} \text{（对-SO_3H）} \end{cases} \xrightarrow[\triangle]{\text{浓 } H_2SO_4} \text{（4-羟基-1,3-苯二磺酸）} \xrightarrow[\triangle]{\text{浓 } HNO_3} \text{2,4,6-三硝基苯酚（苦味酸）90%}$$

苦味酸顾名思义是有苦味的酸，用水重结晶得黄色片状结晶，熔点 123℃，有毒，也是一种烈性炸药，受热、明火、高热或受到摩擦震动、撞击时可发生爆炸。它与有机碱反应生成难溶的盐，熔点敏锐，故在有机分析中可用以鉴别有机碱，根据熔点数据可以确定碱是什么化合物。此外，苦味酸与稠环芳烃可定量地形成带色的配合物，都是很好的结晶体，有一定的熔点，在有机分析中用于鉴定芳香烃。

7.3 醚

醚是两个烃基通过氧原子连接起来的化合物，烃基可以是烷基、烯基和芳基等。C—O—C 键称为醚键。

7.3.1 醚的命名

简单的醚命名时将氧原子所分隔的两个烃基名称以较优基团放在后边的顺序依次写在醚字前。对于芳醚则将芳基放在烷基前面。若为单醚，则命名为"二某醚"，通常"二"字可省略。

$$CH_3OCH_2CH_3 \qquad CH_3CH_2OCH=CH_2 \qquad \text{苯}-OCH_3$$

甲乙醚 　　　　　　乙基乙烯基醚 　　　　苯甲醚（茴香醚）

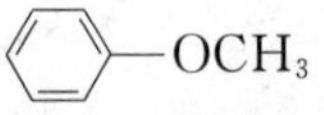

$$CH_3CH_2OCH_2CH_3$$

乙醚 　　　　　　二苯醚

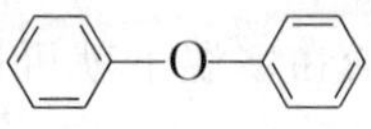

结构较为复杂的醚可采用系统命名法。选取较复杂的烃基或含有不饱和键的烃基作为母体，把余下的碳数较少的烃氧基（RO—）作为取代基。烃氧基的命名可在烃基名称之后加上字尾"氧"字。

$$CH_3CH_2CH_2\underset{\underset{CH_3}{|}}{C}HOCH_3 \qquad CH_3OCH_2CH_2OCH_3 \qquad CH_3CH_2CH_2OCH=CH_2 \qquad \text{苯}-O-\text{环戊基}$$

2-甲氧基戊烷 　　1,2-二甲氧基乙烷 　　丙氧基乙烯 　　环戊氧基苯

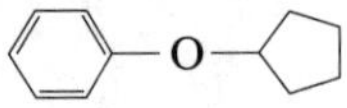

当氧原子是成环原子时，称为环氧化物。命名时以"环氧"作词头，冠在母体烃名前面。

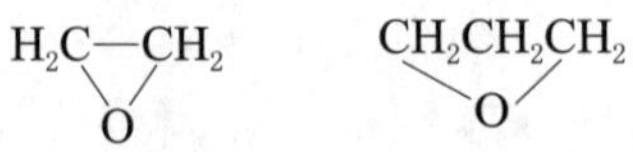

$$\underset{O}{H_2C-CH_2} \qquad \underset{O}{CH_2CH_2CH_2}$$

环氧乙烷 　　1,3-环氧丙烷

分子中有多个氧原子的大环多醚称为冠醚，冠醚因其结构的特殊性而采用简化命名，即根据成环的总原子数 m 和其中所含的氧原子数 n 称之为 m-冠-n。例如：

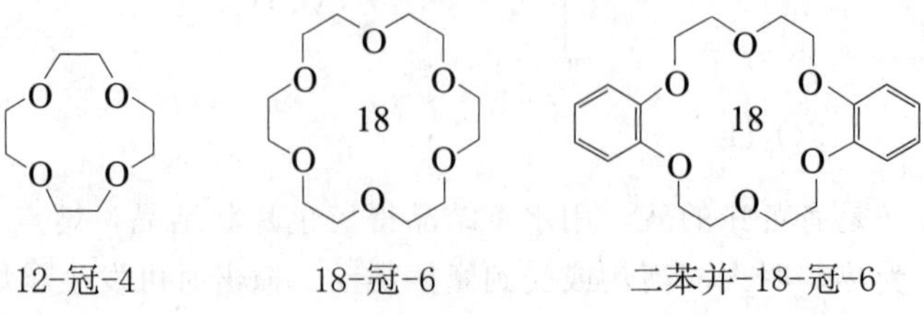

12-冠-4 　　　　18-冠-6 　　　　二苯并-18-冠-6

7.3.2 醚的物理性质

大多数醚在室温下为液体，有香味。由于分子中没有与氧原子相连的氢，所以醚分子间不能以氢键缔合，故其沸点和相对密度都比相应的醇低。醚的沸点与相对分子质量相当的烷烃相近，如乙醚（相对分子质量 74）的沸点为 34.5℃，正丁醇的沸点为 117.2℃，而戊烷（相对分子质量 72）的沸点为 36.1℃。

醚不是线性分子，因为醚中的氧原子为 sp³ 杂化状态，C—O—C 键角接近 109°，所以醚有极性，而且由于醚分子中含有电负性较强的氧，所以可与水或醇等形成氢键，因此醚在水中的溶解度比烷烃大，并能溶于许多极性及非极性有机溶剂中。

乙醚是用途最广的一种醚，是无色液体，在室温时每 100g 水中约能溶解 7g 乙醚。乙醚能溶解许多有机物，因而是常用的有机溶剂。它极易着火，与空气混合到一定比例能爆炸，因此使用时必须十分小心。乙醚有麻醉作用，于 1850 年曾被用作外科手术上的全身麻醉剂。

7.3.3 醚的化学性质

除某些环醚外，C—O—C 键是相当稳定的，不易进行一般的有机反应，所以从化学反应角度说，醚不如醇和酚重要，也正因为如此，在许多反应中可用醚作溶剂。

1. 醚键的断裂

在加热的情况下，浓酸如 HI、HBr 等能使醚键断裂，这是因为强酸与醚中氧原子形成锌盐而使碳—氧键变弱所致，氢碘酸的作用比氢溴酸强。醚与氢碘酸作用生成碘代烷与醇。

$$R-O-R' + HI \xrightarrow{\triangle} RI + R'OH$$

生成的醇可进一步与过量氢碘酸作用生成碘代烷。

$$R'OH + HI \longrightarrow R'I + H_2O$$

如果醚中一个烃基是芳香基，如苯甲醚，则反应生成碘甲烷与苯酚，苯酚不再与氢碘酸作用。

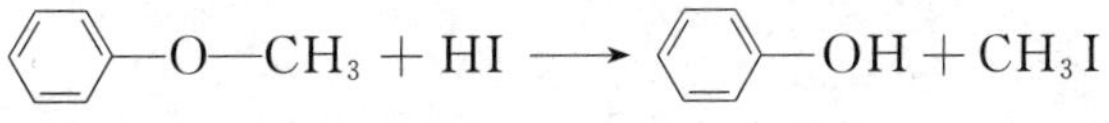

$$\bigcirc\!\!\!\!\!\!-O-CH_3 + HI \longrightarrow \bigcirc\!\!\!\!\!\!-OH + CH_3I$$

由于反应是定量完成的，所以通过一定的方法，测定碘甲烷的量，则可推算分子中甲氧基的含量。

2. 形成锌盐与络合物

与醇或水相似，醚中氧原子上的未共用电子对能接受质子，生成锌盐。

$$R-\overset{..}{\underset{..}{O}}-R + H^+Cl^- \longrightarrow [R-\overset{..}{\underset{..}{O}}{}^+ - R]Cl^-$$
$$\underset{\text{锌盐}}{H}$$

醚接受质子的能力很弱，必须与浓强酸才能生成锌盐。醚由于生成锌盐而溶解于浓硫酸或浓盐酸中，可利用此现象区别醚与烷烃或卤代烃。锌盐用冰水稀释，则分解而又析出醚。

3. 形成过氧化物

某些与氧相连的碳原子上连有氢的醚很容易被空气中的氧气氧化，如乙醚、四氢呋喃等在试剂瓶中放置时，瓶中存留的少量空气即能将它们氧化而产生过氧化物。过氧化物中含有与过氧化氢相似的—O—O—键。例如：

$$CH_3CH_2—O—CH_2CH_3 + O_2 \longrightarrow CH_3CH_2—O—CHCH_3$$
$$\underset{\displaystyle O—O—H}{|}$$

过氧化物挥发度较低，并且在受热或受到摩擦等情况下，非常容易爆炸，在蒸馏乙醚时，低沸点的乙醚被蒸出后，蒸馏瓶中便积存了高沸点的过氧化物，在继续加热的情况下，便能猛烈爆炸。因此在使用乙醚时必须避免与氧化剂接触。同时在蒸馏乙醚前必须检验是否含有过氧化物。一般可取少量乙醚与碘化钾的酸性溶液一起摇动，如有过氧化物存在，碘化钾就被氧化成碘而显黄色，然后可进一步用淀粉试纸检验。除去过氧化物的方法是将乙醚用还原剂如硫酸亚铁、亚硫酸钠等处理。乙醚应放在棕色瓶中储存。

第 8 章　醛、酮

醛和酮分子里都含有羰基（C＝O），统称为羰基化合物。羰基所连接的两个基团都是烃基的称为酮。例如：

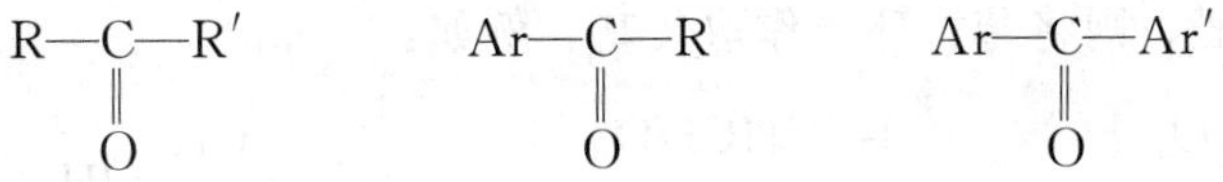

$$R-\underset{\underset{O}{\|}}{C}-R' \qquad Ar-\underset{\underset{O}{\|}}{C}-R \qquad Ar-\underset{\underset{O}{\|}}{C}-Ar'$$

其中至少有一个是氢原子的称为醛，例如：

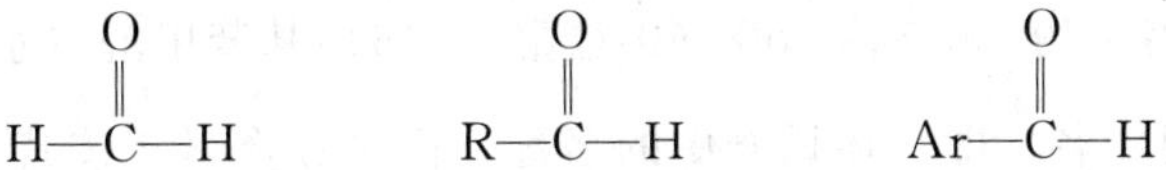

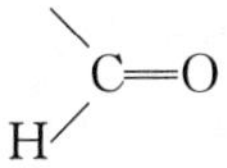

$$H-\overset{\overset{O}{\|}}{C}-H \qquad R-\overset{\overset{O}{\|}}{C}-H \qquad Ar-\overset{\overset{O}{\|}}{C}-H$$

$\underset{H}{\overset{\diagdown}{}}C=O$ 称为醛基，缩写为—CHO。也常将酮分子中的 $\diagup\diagdown C=O$ 称为酮基或酮羰基。

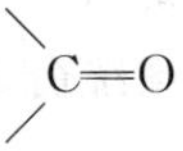

羰基与脂肪烃基相连的是脂肪醛、酮，与芳香环直接相连的是芳香醛、酮，与不饱和烃基相连的是不饱和醛、酮。分子中羰基的数目可以是一个、两个或多个。

羰基很活泼，可以发生多种多样的有机反应，所以羰基化合物在有机合成中是极为重要的物质，同时也是动植物代谢过程中十分重要的中间体。

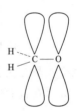

羰基是由碳与氧以双键结合成的基团，其中的碳是 sp^2 杂化的，它以一个 sp^2 杂化轨道与氧结合成一个 σ 键，余下的一个 p 轨道与氧的一个 p 轨道以 π 键结合，最简单的羰基化合物是甲醛，其分子呈平面形（图 8.1）。

图 8.1　甲醛分子的形状

8.1　醛、酮的命名

用系统命名法命名脂肪醛时，选择含有醛基的最长碳链作主链，编号由醛基的碳原子开始。例如：

$$HCHO \qquad CH_3CHO \qquad CH_3CH_2CH_2CH_2CHO \qquad \overset{4}{C}H_3\overset{3}{C}H\overset{2}{C}H_2\overset{1}{C}HO$$
$$\underset{\qquad\qquad\qquad\qquad\qquad\qquad\qquad\qquad\qquad\qquad\qquad\qquad\qquad\ \ |}{\qquad\qquad\qquad\qquad\qquad\qquad\qquad\qquad\qquad\qquad\qquad\qquad\ \ CH_3}$$

　　甲醛　　　乙醛　　　　　　戊醛　　　　　　　　　3-甲基丁醛

普通命名法适用于一些简单的醛。例如：

$$CH_3CH_2CH_2CHO \qquad CH_3\underset{\underset{CH_3}{|}}{CH}CHO \qquad CH_3(CH_2)_{10}CHO$$

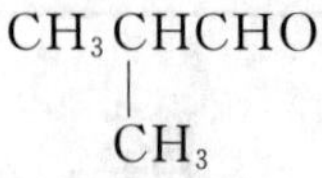

正丁醛　　　　　异丁醛　　　正十二（烷）醛（月桂醛）

在普通命名法中，与醛基相连的碳称为 α-碳，然后依次以 β，γ，δ 等标记。例如：

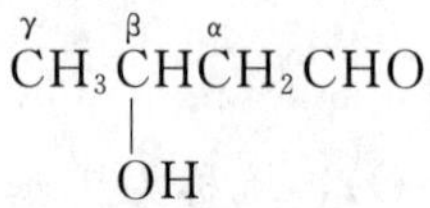

$$\overset{\gamma}{C}H_3\underset{\underset{OH}{|}}{\overset{\beta}{C}H}\overset{\alpha}{C}H_2CHO$$

β-羟基丁醛

含有芳香环的醛，则将芳香环当作取代基。例如：

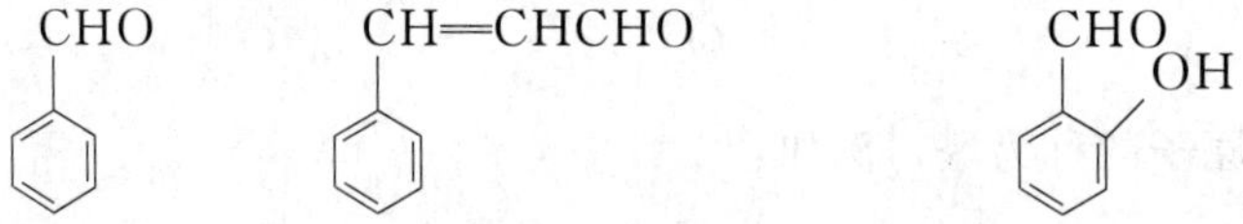

苯甲醛　　β-苯基丙烯醛（肉桂醛）　邻羟基苯甲醛（水杨醛）

许多醛常习惯用俗名，即上述括号中的名称，而多数俗名是按其氧化后所得相应羧酸的俗名。英文的俗名已被 IUPAC 认可，统称为普通名。

脂肪酮或脂环酮的系统命名原则与相应醇的命名相同。

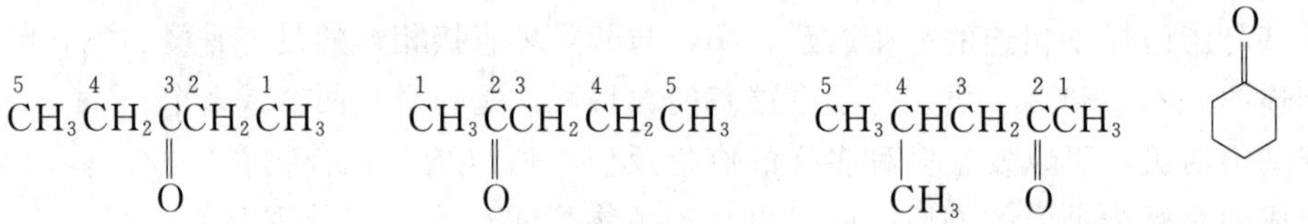

3-戊酮　　　　　　2-戊酮　　　　　4-甲基-2-戊酮　　环己酮

前两个戊酮互为位置异构体。

如果在含有酮基的碳链上连有芳香环或脂环等，则常将环看作取代基。例如：

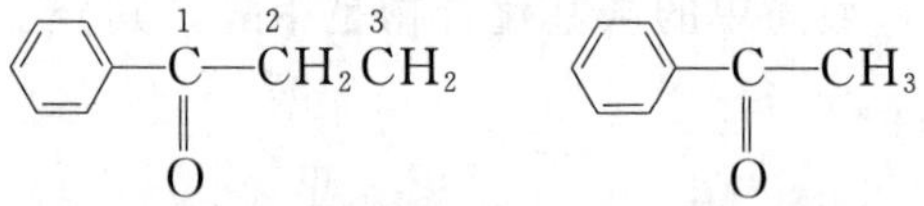

1-苯基-1-丙酮　　　　苯乙酮

结构简单的酮多用普通命名法。按普通命名法命名，与醚的命名原则类似，即指明两个与羰基相连的烃基，称为某基某基甲酮。两个烃基不同时，按次序规则，较优基团在后；两个烃基相同时，称为二某基甲酮。与醚的命名不同之处是简单脂肪醚，如二乙醚的"二"字可以省略，而命名酮时，"二"字不可省略。有时烃基名称的"基"字及甲酮的"甲"字可以省略，如甲乙酮、二乙酮等。

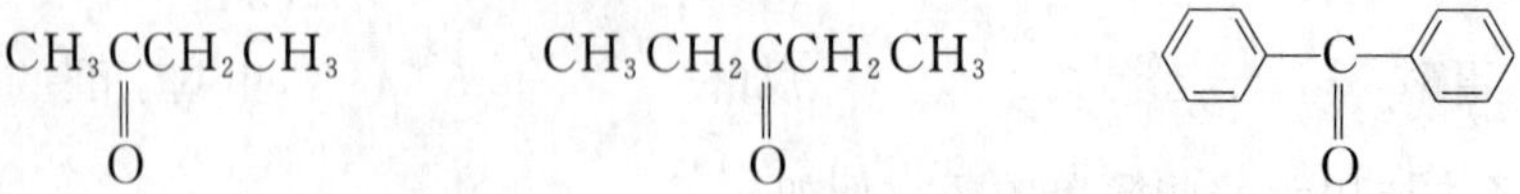

甲乙酮（甲基乙基甲酮）　二乙酮（二乙基甲酮）　二苯酮（二苯基甲酮）

按普通命名法苯乙酮也可称为甲基苯基甲酮，但不可简称为甲苯酮。

应该注意的是，"甲酮"中"甲"字代表一个碳原子。所以甲乙酮是四碳酮，而不是三碳酮。

不饱和醛、酮按系统命名法命名时需标出不饱和键和羰基的位置，编号由距羰基最近的一端开始。例如：

$$CH_3CH{=}CHCHO \qquad CH_3(CH_2)_8{-}\overset{\overset{\displaystyle O}{\|}}{C}{-}CH_2{-}CH_2{-}CH{=}CH{-}(CH_2)_5CH_3$$

2-丁烯醛　　　　　　二十碳-13-烯-10-酮（或 13-二十碳烯-10-酮）

（巴豆醛）　　　　　　（桃小食心虫性信息素）

相应的醛和酮互为官能团异构，如丙醛和丙酮。

8.2 醛、酮的物理性质

除甲醛是气体外，十二个碳原子以下的脂肪醛、酮是液体，高级脂肪醛、酮和芳香酮多为固体。

醛、酮没有缔合作用，所以脂肪醛、酮的沸点比相应的醇低很多。醛、酮易溶于有机溶剂，由于羰基是极性基团，所以四个以下碳原子的脂肪醛、酮易溶于水。某些醛、酮有特殊的香气，可用于调制化妆品和食品香精。

8.3 醛、酮的化学性质

羰基是由碳—氧双键组成的，由于氧原子的电负性比碳强，碳—氧双键是一个极性不饱和键；氧原子上的电子密度较高，而碳原子上电子密度较低，分别以 δ^- 及 δ^+ 表示。

由于碳原子上电子密度较低，而且羰基是平面形的，空间位阻相对较小，亲核试剂较易由羰基平面的两侧向羰基的碳进攻，所以按离子机理进行的亲核加成是羰基化合物的一类重要反应。受羰基的影响，与羰基直接相连的 α-碳原子上的氢原子（α-H）较活泼，能发生一系列反应。醛、酮还易发生氧化与还原反应。醛、酮的反应与结构关系一般描述如下：

$$
\begin{array}{c}
\overset{\displaystyle H}{|} \quad \overset{\displaystyle O}{\overset{\|}{}}(1) \\
R{-}\overset{|}{C}{-}\overset{}{C}{-}H(R') \\
(2){-}\overset{|}{\underset{|}{}}{-}(3) \\
H
\end{array}
$$

(1) 羰基的亲核加成反应

(2) α-H 的反应

(3) 醛、酮的氧化与还原反应

8.3.1 亲核加成反应

1. 羰基亲核加成反应的历程

羰基为极性官能团，羰基碳容易受带负电荷或有未共用电子对的亲核试剂的进攻而发生加成反应。由亲核试剂进攻引起的加成反应称为亲核加成反应。亲核加成反应分两步进行。第一步是亲核试剂（Nu⁻）从羰基平面的上面或下面进攻缺电子的羰基碳，碳氧 π 键打开，一对 π 电子转向氧，羰基碳由 sp² 杂化转化为 sp³ 杂化，由原来的平面三角构型变为四面体构型。经历该过渡态之后，生成氧负离子中间体。这一步涉及 π 键的断裂和 σ 键的形成，反应速率较慢，是决定反应速率的一步。第二步是亲电试剂（E）和氧负离子结合，生成产物。

$$
\overset{\shortmid}{\underset{\shortmid}{C}}{=}O \ + \ Nu^- \ \underset{慢}{\rightleftharpoons} \ \left[\ \overset{Nu^{\delta-}}{\underset{O^{\delta-}}{\overset{\shortmid}{\underset{\shortmid}{C}}}} \ \right] \ \rightleftharpoons \ \overset{Nu}{\underset{O^-}{\overset{\shortmid}{\underset{\shortmid}{C}}}} \ \underset{E^+}{\overset{快}{\longrightarrow}} \ \overset{Nu}{\underset{OE}{\overset{\shortmid}{\underset{\shortmid}{C}}}}
$$

亲核加成反应的难易不仅与试剂的亲核性大小有关，也与羰基碳原子的正电荷密度以及空间效应等因素有关。当羰基碳上连有供电性的烃基时，羰基碳原子的正电荷密度降低，不利于亲核试剂的进攻，因而酮加成反应的速率较醛慢。烃基结构的立体因素对羰基活性的影响更大。在加成反应过程中，羰基碳原子由原来 sp² 杂化的平面三角形结构变成了 sp³ 杂化的四面体结构。因此当碳原子上所连基团体积比较大时，不利于亲核试剂对羰基碳的进攻，同时，加成后基团之间比原来拥挤，产生立体障碍，使反应生成的氧负离子中间体不稳定，反应不易进行。在芳香族醛、酮中，羰基与芳环形成共轭体系，π 电子发生离域。由于羰基极性较大，芳环上的 π 电子向羰基离域，降低了羰基碳的正电荷密度，不利于亲核试剂的进攻，所以芳香族醛、酮的亲核加成反应活性较低。总之，醛、酮的亲核加成反应活性顺序为：醛＞酮，简单醛＞复杂醛，简单酮＞复杂酮，脂肪醛＞芳香醛。

亲核加成反应可选用的亲核试剂是多种多样的，可以是极性很强的带负电荷的碳原子、氮原子和氧原子等。下面分别结合各种具有代表性的亲核试剂讨论羰基的亲核加成反应。

2. 重要的亲核加成反应

（1）与氢氰酸的加成。醛和大多数酮与氢氰酸作用，得到 α-羟基腈。

$$
\begin{array}{c}
R{-}\overset{H}{\underset{}{C}}{=}O \ + \ H^+{-}CN^- \ \rightleftharpoons \ R{-}\overset{H}{\underset{OH}{C}}{-}CN \\[3mm]
R{-}\overset{R'}{\underset{}{C}}{=}O \ + \ H{-}CN \ \rightleftharpoons \ R{-}\overset{R'}{\underset{OH}{C}}{-}CN
\end{array}
\left. \vphantom{\begin{array}{c}a\\b\\c\\d\end{array}}\right\} \alpha\text{-羟基腈}
$$

反应是可逆的。羰基与氢氰酸的加成，是接长碳链的方法之一，也是制备 α-羟基酸的方法。如果在反应中加入少量碱，能大大加速反应，但如果加入酸，则抑制反应的进行。

氢氰酸是一个弱酸，它部分解离：

$$HCN \rightleftharpoons H^+ + CN^-$$

显然，向上述平衡体系中加入酸，能抑制 HCN 的解离，而加入碱则促进 HCN 的解离。碱能加速羰基与氢氰酸的加成，表明氢氰酸不是以分子，而是以 H⁺ 及 CN⁻ 参加反应的；又因为碱的加入能增加 CN⁻ 的浓度，所以首先向羰基进攻的应是 CN⁻。

（2）与格氏试剂的加成。格氏试剂也是含碳的亲核试剂，格氏试剂中的 C—Mg 键是高度极化的，由于 Mg 的电正性，使与其相连的碳上带有部分负电荷。醛或酮都能与格氏试剂加成，加成产物经水解后，分别得到伯醇、仲醇或叔醇。

$$R\overset{\delta^-}{-}\overset{\delta^+}{Mg}X + \overset{\delta^+}{>}C\overset{\delta^-}{=}O \longrightarrow R-\underset{|}{\overset{|}{C}}-OMgX \xrightarrow{H_2O} R-\underset{|}{\overset{|}{C}}-OH + Mg\overset{OH}{\underset{X}{<}}$$

由以上反应式可以看出，若羰基与两个氢原子相连，也就是甲醛，与格氏试剂加成后再经水解即得比格氏试剂中的烷基多一个碳原子的伯醇。除甲醛以外的其他醛，与格氏试剂反应的最终产物是仲醇，而酮与格氏试剂反应的最终产物是叔醇。

$$RMgX + R'-\underset{H}{\overset{H}{C}}=O \longrightarrow R'-\underset{R}{\overset{R}{CH}}-OMgX \xrightarrow{H_2O} R'-\underset{R}{\overset{R}{CH}}-OH + Mg\overset{OH}{\underset{X}{<}}$$

$$RMgX + \underset{R''}{\overset{R'}{C}}=O \longrightarrow R'-\underset{R''}{\overset{R}{\underset{|}{\overset{|}{C}}}}-OMgX \xrightarrow{H_2O} R'-\underset{R''}{\overset{R}{\underset{|}{\overset{|}{C}}}}-OH + Mg\overset{OH}{\underset{X}{<}}$$

（3）与氨的衍生物的加成。缩合氨及其某些衍生物是含氮的亲核试剂，可以与羰基加成，氨与一般的羰基化合物不易得到稳定的加成产物。氨的某些衍生物如伯胺、羟胺、肼、苯肼、2,4-二硝基苯肼及氨基脲等，都能与羰基加成。反应并不停止于加成一步，而是相继由分子内失去水形成碳-氮双键。如果以 Y 表示，上述试剂中氨基（$H_2N—$）以外的其他基团，则羰基与氨的衍生物的反应是这样进行的：

$$>C=O + H_2\ddot{N}-Y \rightleftharpoons \left[\underset{O^-}{\overset{|}{C}}-\overset{+}{N}H_2-Y \right] \rightleftharpoons \underset{OH}{\overset{|}{C}}-NH-Y \xrightarrow{-H_2O} >C=N-Y$$

醇胺

氨基中的氮原子以其未共用电子对与羰基碳原子结合，碳—氧间 π 键的一对电子转移至氧上，形成一个不稳定的中间体，此中间体一经形成，氢离子立刻由氮移至氧上，形成醇胺。最后由醇胺中失去一分子水，形成碳—氮双键。

（4）与醇的加成。醇是含氧的亲核试剂，其亲核性能比上述氨的衍生物还要差。在无水酸的作用下，醇可以与醛中羰基加成生成不稳定的半缩醛。

$$\underset{H}{\overset{R}{C}}=O + R'OH \xrightarrow{\text{无水氯化氢}} \underset{H}{\overset{R}{\underset{|}{\overset{|}{C}}}}\overset{OH}{\underset{OR'}{<}}$$

半缩醛

半缩醛既是醚，又是醇，在无水酸存在下，可继续与反应体系中的醇作用形成稳定的缩醛，反应是可逆的。

$$\underset{H}{\overset{R}{}}\underset{OR'}{\overset{OH}{\underset{|}{\overset{|}{C}}}} + R'OH \underset{无水氯化氢}{\rightleftharpoons} \underset{H}{\overset{R}{}}\underset{OR'}{\overset{OR'}{\underset{|}{\overset{|}{C}}}} + H_2O$$

缩醛

缩醛在碱性溶液中比较稳定，但在酸性水溶液中易水解为原来的醛，所以生成缩醛的反应应在无水条件下进行。酮与醇在上述反应条件下，平衡点主要在反应物一边，但如不断将体系中的水除去，也可得到缩酮。

8.3.2 α-氢的反应

醛、酮分子中的 α-氢原子由于受极性羰基的影响而较活泼。这主要是由两种不同的电子效应所引起的：一种是羰基的吸电子诱导效应，使 α-碳原子上的电子云密度降低；另一种是 α-碳氢键与羰基的 π 键存在 σ-π 超共轭效应。两者都有利于 α-氢原子的解离，所以醛、酮的 α-氢原子具有一定的弱酸性。

醛或酮经催化氢化可分别被还原为伯醇或仲醇。

$$\underset{H}{\overset{R}{}}C{=}O + H_2 \xrightarrow{Ni} \underset{H}{\overset{R}{}}CHOH \qquad 伯醇$$

$$\underset{R'}{\overset{R}{}}C{=}O + H_2 \xrightarrow{Ni} \underset{R'}{\overset{R}{}}CHOH \qquad 仲醇$$

用催化氢化的方法还原羰基化合物时，若分子中还有其他可被还原的基团如 C=C 等，则 C=C 也可能被还原。例如，将巴豆醛进行催化氢化，产物往往是正丁醇，而不是巴豆醇。

$$CH_3CH{=}CHCHO \xrightarrow[Ni]{H_2} CH_3CH_2CH_2CH_2OH$$

巴豆醛 正丁醇

8.3.3 氧化、还原与歧化反应

1. 氧化反应

醛和酮最主要的区别是对氧化剂的敏感性。因为醛中羰基的碳上还有氢，所以醛很容易被氧化为相应的羧酸，空气中的氧就可以将醛氧化。酮则不易被氧化，即使在高锰酸钾的中性溶液中加热，也不受影响。因此，利用这种性质可以选择一个较弱的氧化剂来区别醛和酮。常用的是土伦试剂，即硝酸银的氨溶液。银离子可将醛氧化为羧酸，本身被还原为金属银。反应是在碱性溶液中进行的，氨的作用是使银离子形成银氨络离子而不致在碱性溶液中生成氧化物沉淀。

$$RCHO + Ag^+ \xrightarrow{OH^-} RCOO^- + Ag\downarrow$$

土伦试剂中的银离子经还原后呈黑色悬浮的金属银，如果反应用的试管壁非常清洁，则生成的银就附着在管壁上，形成光亮的银镜，所以这个反应也叫银镜反应。

酮不和土伦试剂作用，但 α-羟基酮可被土伦试剂氧化。碳—碳双键可被高锰酸钾氧化，但不被土伦试剂氧化，所以不饱和醛可被土伦试剂氧化为不饱和酸。

$$CH_3-CH=CH-CHO \longrightarrow \begin{array}{l} \xrightarrow{Ag^+} CH_3-CH=CH-COOH \\ \xrightarrow{KMnO_4} CH_3COOH + CO_2 \end{array}$$

酮虽不被弱氧化剂氧化，但在强烈的氧化条件下，羰基与两侧碳原子间的键可分别断裂，生成小分子的羧酸。例如，丁酮的氧化产物是两种羧酸的混合物及 CO_2，CO_2 是由氧化断裂所得甲酸（HCOOH）进一步氧化生成的。

$$CH_3-\overset{\overset{O}{\|}}{C}-CH_2CH_3 \xrightarrow{HNO_3} CH_3COOH + CH_3CH_2COOH + CO_2$$

酮的氧化反应没有制备意义，但环己酮由于具有环状的对称结构，其断裂氧化是工业上生产己二酸的方法。

$$\overset{O}{\text{环己酮}} \xrightarrow[\triangle]{K_2Cr_2O_7+H_2SO_4} \underset{\text{己二酸}}{HOOC(CH_2)_4COOH}$$

2. 还原反应

在不同的条件下选用不同的试剂可以将醛、酮还原成醇或烃。

催化加氢可将醛、酮还原为相应的伯醇、仲醇。常用的催化剂有 Ni、Pd、Pt 等。反应一般需要较高温度和压力。

$$R-\overset{\overset{O}{\|}}{C}-H(R') \xrightarrow[Ni(Pt,Pd)]{H_2} R-\overset{\overset{OH}{|}}{\underset{H}{C}}-H(R')$$

反应是在金属催化剂表面进行的，产率一般较高，后处理也比较简单。但是反应选择性较差，当分子中含有其他不饱和基团（如碳碳双键和三键、硝基、氰基）时，也同时被还原。例如：

$$CH_3CH=CHCHO \xrightarrow{H_2}{Ni} CH_3CH_2CH_2CH_2OH$$

3. 歧化反应

在浓碱作用下，不含 α-氢的醛发生自身氧化还原反应，一分子醛被氧化为羧酸盐，另一分子醛被还原成醇，这种反应称为歧化反应，也称为坎尼扎罗反应。例如：

$$2HCHO \xrightarrow[\triangle]{40\% NaOH} HCOONa + CH_3OH$$

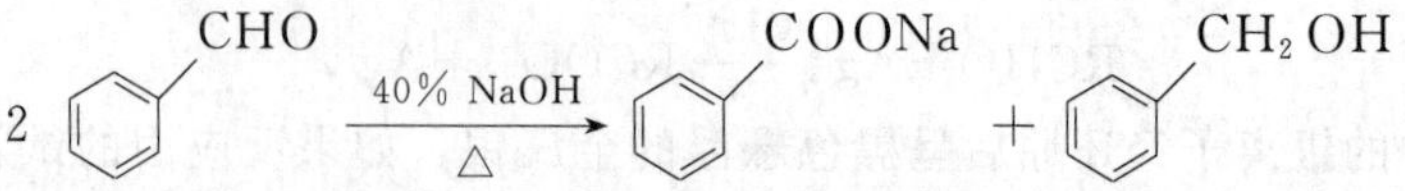

$$2\ \underset{\text{CHO}}{\text{C}_6\text{H}_5} \xrightarrow[\triangle]{40\% \text{ NaOH}} \underset{\text{COONa}}{\text{C}_6\text{H}_5} + \underset{\text{CH}_2\text{OH}}{\text{C}_6\text{H}_5}$$

坎尼扎罗反应历程是连续两次的亲核加成，首先是 OH^- 向羰基碳进攻，生成中间体（I），然后此中间体生成氢负离子与第二个醛分子进行加成。例如：

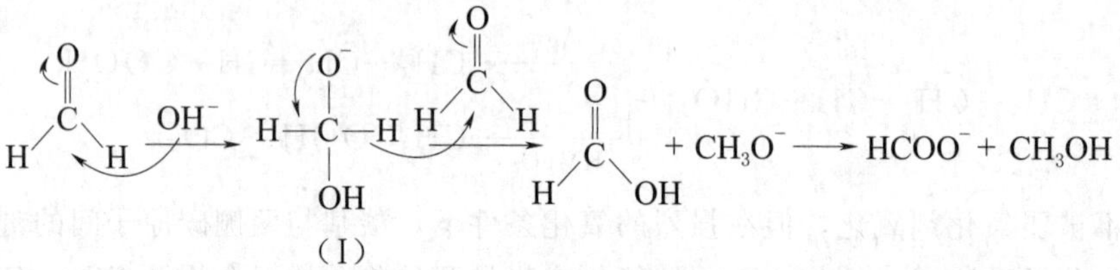

$$\text{H}-\underset{\text{H}}{\overset{\text{O}}{||}} \xrightarrow{OH^-} \text{H}-\underset{\text{OH}}{\overset{\text{O}^-}{\underset{|}{\overset{|}{\text{C}}}}}-\text{H} \cdots \text{H}\overset{\text{O}}{\underset{\text{H}}{||}} \longrightarrow \underset{\text{H}}{\overset{\text{O}}{\text{C}}}\text{OH} + \text{CH}_3\text{O}^- \longrightarrow \text{HCOO}^- + \text{CH}_3\text{OH}$$
$$（\text{I}）$$

两种不同的不含 α-氢的醛进行交叉的坎尼扎罗反应，产物复杂。但是，如果其中一种是甲醛，因为甲醛是醛类中还原性最强的醛，所以它总是被氧化成甲酸，另一种醛被还原成醇。这样，甲醛参与的交叉坎尼扎罗反应是有制备意义的。例如，工业上用甲醛和乙醛制备季戊四醇就是应用交叉羟醛缩合和交叉坎尼扎罗反应。

$$3\text{HCHO} + \text{CH}_3\text{CHO} \xrightarrow[55\sim56℃]{\text{Ca(OH)}_2} (\text{HOCH}_2)_3\text{CCHO}$$
$$\text{三羟甲基乙醛}$$

$$(\text{HOCH}_2)_3\text{CCHO} + \text{HCHO} \xrightarrow[55\sim56℃]{\text{Ca(OH)}_2} (\text{HOCH}_2)_4\text{C} + \text{HCOO}^-$$
$$\text{季戊四醇}$$

为了减少副反应，需将乙醛和碱溶液同时分别慢慢地加到甲醛溶液中，使甲醛始终过量，有利于交叉羟醛缩合产物三羟甲基乙醛的生成。季戊四醇的熔点是 $261\sim262℃$，是生产涂料、炸药和表面活性剂的原料。

第9章 羧酸及其衍生物

9.1 羧酸的分类与羧基的结构

分子中含有羧基（—COOH）的化合物称为羧酸，其通式为 RCOOH。除甲酸外，羧酸可看作烃的羧基衍生物。按羧基所连的烃基种类不同，羧酸可分为脂肪族羧酸（如乙酸）、芳香族羧酸（如苯甲酸）；按烃基是否饱和，可分为饱和羧酸（如丙酸）和不饱和羧酸（如丙烯酸）；按羧酸分子中所连接羧基的数目不同，又可分为一元酸、二元酸以及多元酸。

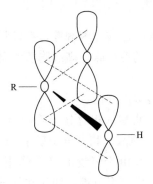

图 9.1 羧基的结构

羧基中的碳原子为 sp^2 杂化，三个 sp^2 杂化轨道分别与羰基氧原子、羟基氧原子和烃基碳原子（或氢原子）形成 σ 键，三个 σ 键在同一平面内，键角约为 $120°$。羧基碳原子上未参与杂化的 p 轨道与羰基氧原子的 p 轨道相互交盖而形成 π 键。羟基氧原子上未共用电子对 p 轨道可以与 π 键形成 p-π 共轭体系，发生电子离域。羧基的结构如图 9.1 所示。

9.2 羧酸的命名

羧酸的命名有系统命名及俗名，俗名是根据它们的来源命名的，如蚁酸最初是由蚂蚁中得到的，醋酸是食醋的主要成分。在英文名称中用俗名较多，在我国两者并用，但以系统命名为主。

脂肪羧酸的系统命名原则和醛相同，是选择含有羧基的最长碳链作主链，编号由羧基的碳原子开始。命名一些简单的脂肪羧酸时，常习惯用 α、β、γ 等希腊字母表示取代基的位置，如 3-甲基丁酸也叫 β-甲基丁酸。

对于不饱和酸，如含有 C—C 的，则取含羧基和 C—C 的最长碳链，称为某烯酸，并把双键位置注于名称之前，如 2-丁烯酸。

命名脂肪二元羧酸时，则选择包含两个羧基的最长碳链，称为某二酸。例如：

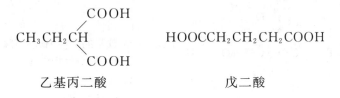

       乙基丙二酸   戊二酸

芳香羧酸的命名，是把芳香环看作取代基。例如：

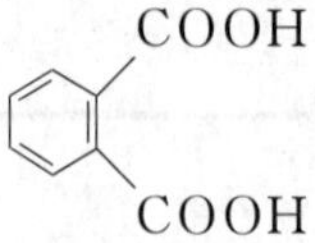

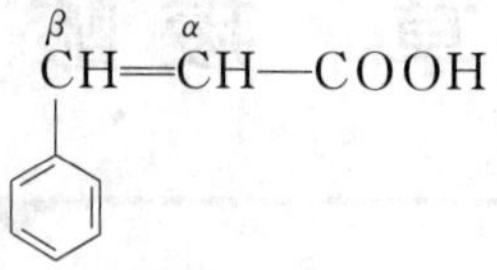

邻苯二甲酸 β-苯基丙烯酸（肉桂酸）

应该指出的是，前面 α-萘乙酸中的"α"是指萘环的 α 位，而不是乙酸的 α-碳原子。

9.3 羧酸的物理性质

十个碳原子以下的饱和一元羧酸是液体。低级脂肪酸如甲酸、乙酸和丙酸等，有较强的刺激气味，它们的水溶液有酸味。丁酸、己酸和癸酸等有难闻的酸臭味。高级脂肪酸是蜡状物质，气味很弱。脂肪二元羧酸和芳香酸都是结晶形固体。

低级脂肪酸易溶于水，但随相对分子质量的增高，在水中溶解度降低。

羧酸的沸点比相对分子质量相近的其他有机物要高。例如，醋酸（相对分子质量 60）的沸点为 117.9℃，正丙醇（相对分子质量 60）沸点为 97.4℃，丙醛（相对分子质量 58）沸点为 48.8℃，而甲乙醚（相对分子质量 60）的沸点为 8℃。醇由于氢键的缔合作用，因而沸点较高，羧酸也能以氢键缔合，而且两分子羧酸间可以形成两个氢键，即使在气态时，羧酸也是双分子缔合的，所以羧酸的沸点比相对分子质量相近的醇还要高。

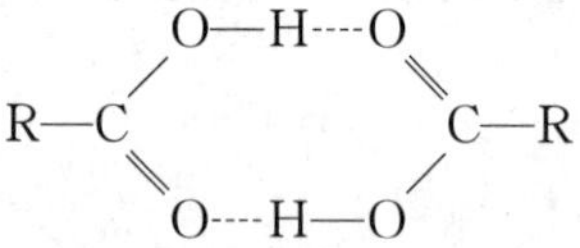

$$
\begin{array}{c}
\quad\quad O-H\cdots O \\
R-C\quad\quad\quad\quad C-R \\
\quad\quad O\cdots H-O
\end{array}
$$

饱和一元羧酸和饱和二元羧酸的熔点不是随相对分子质量的增加而递增的，而是表现出一种特殊的规律：含偶数碳原子的羧酸的熔点，比和它相邻的两个含奇数碳原子的羧酸的熔点高。

9.4 羧酸的化学性质

羧酸的化学反应主要发生在羧基官能团以及受羧基影响较大的碳原子上。根据羧酸分子结构中键的断裂方式不同而发生不同的反应，主要包括：羧酸的酸性、羰基的亲核加成-消除（羧酸衍生物生成）、脱羧反应以及羧基 α-H 的取代反应等。

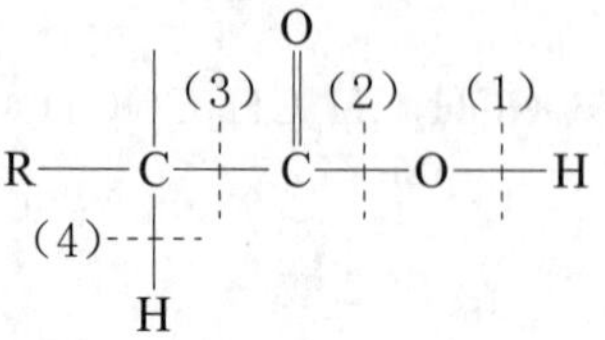

（1）酸性
（2）羰基的亲核加成-消除
    （羧酸衍生物生成）
（3）脱羧反应
（4）α-H 的反应

9.4.1 羧酸的酸性

1. 反应方程

$$RCOOH \rightleftharpoons RCOO^- + H^+$$

在羧酸分子中，由于羟基氧上含孤电子对的 p 轨道与羰基发生了 p-π 共轭，键长平均化，氢氧键中氧原子上的电子云向共轭体系中心偏移，导致氢氧间的共享电子对更偏向于氧原子，其极性变大而有利于氢作为质子离去。同时，生成羧酸根负离子的负电荷通过 p-π 共轭可分散在两个电负性较强的氧原子上，由于负电荷得到分散，能量降低，因此羧酸根负离子比较稳定。实验已证明羧酸根负离子的结构和原来羧酸中羧基的结构有所不同，两个碳氧键是等同的，这种结构可以用下列共振结构式表示，故羧酸表现出明显的酸性。

一般羧酸的 pK_a 为 4~5，属于弱酸，大部分以未解离的形式存在，但比碳酸的酸性（$pK_a = 6.5$）要强些。羧酸可与 NaOH、Na_2CO_3 或 $NaHCO_3$ 溶液发生成盐反应。

$$RCOOH + NaHCO_3 \longrightarrow RCOONa + CO_2 + H_2O$$

将羧酸盐用无机酸酸化，又可转为原来的羧酸。羧酸的钾盐、钠盐、铵盐可溶于水，除高级羧酸盐外，一般均不溶于有机溶剂，因此常利用这些特性从混合物中分离、提纯或鉴别羧酸。

苯酚（$pK_a = 10$）不能和碳酸氢钠发生反应，因此可利用这个性质来分离或鉴别酚和羧酸。

2. 影响酸性的因素

不同结构的羧酸其酸性强弱不同。表 9.1 列出了部分羧酸及氯代羧酸的 pK_a 值。影响羧酸酸性强弱的因素很多，包括电子效应、邻位效应、溶剂和温度等因素，其中最重要的因素是电子效应。电子效应包括诱导效应和共轭效应。

表 9.1　部分羧酸及氯代羧酸的 pK_a 值

羧酸	构造式	pK_a	卤代乙酸	构造式	pK_a
甲酸	HCOOH	3.77	氯乙酸	$ClCH_2COOH$	2.86
乙酸	CH_3COOH	4.74	二氯乙酸	$Cl_2CHCOOH$	1.26
丁酸	$CH_3CH_2CH_2COOH$	4.82	三氯乙酸	Cl_3CCOOH	0.64
α-氯代丁酸	$CH_3CH_2CHClCOOH$	2.84	氟乙酸	FCH_2COOH	2.66
β-氯代丁酸	$CH_3CHClCH_2COOH$	4.06	溴乙酸	$BrCH_2COOH$	2.86
γ-氯代丁酸	$ClCH_2CH_2CH_2COOH$	4.52	碘乙酸	ICH_2COOH	3.12

（1）诱导效应的影响。从表 9.1 中的数据可以看出：羧酸分子烃基上的氢原子被氯原子取代后，其酸性增强。氯乙酸的酸性（$pK_a = 2.86$）比乙酸（$pK_a = 4.74$）酸性强，这

是因为氯原子的电负性较大，具有吸电子诱导效应，使羟基氧原子上的电子云向氯原子方向偏移，有利于质子的解离，并使羧酸根负离子稳定，使酸性增强。羧酸分子中引入的取代原子电负性越强，吸电子诱导效应越强，酸性也就越强。所以氟乙酸的酸性比氯乙酸的酸性要强。

$$Cl \leftarrow CH_2 \leftarrow \overset{\displaystyle \overset{O}{\|}}{C} \leftarrow OH \rightleftharpoons \left[Cl \leftarrow CH_2 \leftarrow C \overset{O}{\underset{O}{\diagdown}} \right]^- + H^+$$

另外，从表9.1中得出：羧酸分子中引入氯原子的数目越多，吸电子诱导效应越强，酸性也越强，这是由于诱导效应具有加和性。所以三氯乙酸的酸性要远比氯乙酸的酸性强。诱导效应是沿着 σ 键由近及远传递的一种电子效应，氯原子距羧基的位置越近，对羧基的影响越大，酸性越强；随着传递距离的增加，氯原子的影响逐渐减弱，一般超过三个原子后影响就不明显了。所以 α-氯代丁酸的酸性要比 γ-氯代丁酸的酸性强。

羧酸分子中引入供电子基团后，供电子诱导效应使酸性减弱。因为烷基具有供电子性，乙酸、丙酸等脂肪酸的酸性比甲酸弱。

(2) 共轭效应的影响。共轭效应的本质是共轭体系中的电子离域。当共轭体系上的取代基能使体系的电子云密度降低，则这些基团有吸电子共轭效应，如—NO_2、—CN、—COOH、—SO_3H 等。反之，当共轭体系上的取代基能使体系的电子云密度增高，则这些基团有给电子共轭效应，如—NHR、—OH、—OR 等。共轭效应的一个显著特点是不受距离的影响，可通过共轭体系交替地传到另一端。

芳环上的取代基对于羧基的影响和在饱和碳链中诱导效应的影响是完全不同的。如苯环上连有一个硝基，由于苯环 π 电子与硝基上氮氧双键 π 电子发生共轭作用，电子云向电负性很强的氧原子转移，因此硝基在苯环上除吸电子诱导效应外，还有吸电子的共轭效应。共轭效应使硝基的邻位与对位碳原子电子云密度降低，带有正电性。按照共振论的写法，硝基苯由下列极限结构叠加组成。

9.4.2 羧基中羟基的取代反应

羧酸中的—OH 可作为一个基团，被酸根 $\left(\begin{smallmatrix} & O \\ & \| \\ -O-C-R \end{smallmatrix} \right)$、卤素、烷氧基（—OR′）或氨基（—NH_2）置换，分别生成酸酐、酰卤、酯或酰胺等羧酸的衍生物。

(1) 酸酐的生成。羧酸在脱水剂，如五氧化二磷的存在下加热，两分子羧酸间能失去一分子水而形成酸酐。

$$R-\overset{\overset{\displaystyle O}{\|}}{C}-\boxed{O-H+H}-O-\overset{\overset{\displaystyle O}{\|}}{C}-R \xrightarrow[\triangle]{P_2O_5} R-\overset{\overset{\displaystyle O}{\|}}{C}-O-\overset{\overset{\displaystyle O}{\|}}{C}-R + H_2O$$
酸酐

（2）酰卤的生成。酰卤是有机合成中非常有用的试剂，而最常使用的酰卤是酰氯，它可以由羧酸与亚硫酰氯（$SOCl_2$）、五氯化磷或三氯化磷等卤化剂作用来制取。

（3）酯的生成。在强酸如浓硫酸等的催化下，羧酸可以与醇形成酯。有机酸和醇的酯化反应是可逆的。

$$R-\overset{\overset{\displaystyle O}{\|}}{C}-OH + R'-OH \underset{\triangle}{\overset{\text{浓 } H_2SO_4}{\rightleftharpoons}} R-\overset{\overset{\displaystyle O}{\|}}{C}-O-R' + H_2O$$
有机酸酯

酯化反应必须在酸的催化及加热下进行，否则反应速率极慢。由于酯化反应是可逆的，所以要提高酯的收率，则必须增加一种反应物的用量，即使用过量的酸或过量的醇；这要根据哪一种反应物容易得到、成本较低又易于回收来选择。另一种方法是不断从反应体系中移去一种生成物以使平衡右移。如果生成的酯的沸点较低，则可以在反应过程中不断蒸出酯；或者在反应体系中加入苯，利用苯可以与水形成恒沸物的性质，在反应过程中，不断蒸出苯与水的恒沸物而将水除去。

用含有同位素^{18}O的乙醇与醋酸进行酯化，发现^{18}O含于生成的酯的分子中，而不是在水分子中。

$$CH_3-\overset{\overset{\displaystyle O}{\|}}{C}-OH + H-^{18}O-CH_2CH_3 \rightleftharpoons CH_3-\overset{\overset{\displaystyle O}{\|}}{C}-^{18}O-CH_2CH_3 + H_2O$$

这就说明，酯化反应中生成的水是由羧酸的羟基与醇的氢形成的，也就是羧酸发生了酰—氧键断裂。

酸催化的酯化反应是通过如下机理进行的，酸的作用是增加羧基碳的亲电性。

$$R-\overset{\overset{\displaystyle O}{\|}}{C}-OH \rightleftharpoons R-\overset{\overset{\displaystyle OH}{|}}{\underset{}{C}^{+}}-OH \overset{R'\ddot{O}-H}{\rightleftharpoons} R-\overset{\overset{\displaystyle OH}{|}}{\underset{\underset{\displaystyle H}{\overset{|}{:OR'}}}{C}}-OH$$

$$\rightleftharpoons R-\overset{\overset{\displaystyle OH}{|}}{\underset{\underset{\displaystyle OR'}{|}}{C^{+}}}-OH_2 \overset{-H_2O}{\rightleftharpoons} R-\overset{\overset{\displaystyle OH}{\|}}{C^{+}}-OR' \overset{-H^{+}}{\rightleftharpoons} R-\overset{\overset{\displaystyle O}{\|}}{C}-OR'$$

（4）酰胺的生成。羧酸与氨作用，得到羧酸的铵盐。将羧酸铵盐加热，首先失去一分子水，生成酰胺。如果继续加热，则可进一步失水成腈。

$$R-\overset{\overset{\displaystyle O}{\|}}{C}-OH + NH_3 \longrightarrow R-\overset{\overset{\displaystyle O}{\|}}{C}-ONH_4 \xrightarrow[-H_2O]{\triangle} R-\overset{\overset{\displaystyle O}{\|}}{C}-NH_2 \xrightarrow[-H_2O]{\triangle} R-C\equiv N$$
羧酸铵盐   酰胺   腈

腈水解则可通过酰胺而转化为羧酸，这实际上是羧酸铵盐失水的逆反应。

芳香羧酸、二元羧酸也能进行以上各种反应。二元羧酸在进行这些反应时，可以是一个羧基中的羟基被置换，如生成单酰氯、单酯等，也可以两个羧基中的羟基都被置换生成二酰氯、二酯等。

$$\begin{array}{ccccc} COOH & & COOR & & COOR \\ | & \underset{\longleftarrow}{\overset{ROH}{\rightleftharpoons}} & | & \underset{\longleftarrow}{\overset{ROH}{\rightleftharpoons}} & | \\ COOH & & COOH & & COOR \end{array}$$

乙二酸　　　乙二酸单酯　　乙二酸二酯

9.4.3　还原反应

羧基是有机物中碳的最高氧化态。用催化氢化或金属加酸的方法，一般都不易将羧基还原。但用氢化铝锂（$LiAlH_4$）可以将羧酸直接还原为醇。

$$R-\overset{\overset{O}{\|}}{C}-OH \xrightarrow{LiAlH_4} R-CH_2OH$$

9.4.4　烃基上的反应

（1）α-卤化作用。脂肪羧酸中的 α-氢比其他碳原子上的氢活泼，这和脂肪醛、酮中的 α-氢比较活泼是同样的道理。羧酸中的 α-氢也能被卤素取代，如乙酸在日光或红磷的催化下，α-氢可逐步被氯取代，生成一氯代、二氯代或三氯代乙酸。

$$CH_3COOH+Cl_2 \xrightarrow{日光} ClCH_2COOH \xrightarrow[日光]{Cl_2} Cl_2CHCOOH \xrightarrow[日光]{Cl_2} Cl_3CCOOH$$

一氯乙酸　　　　二氯乙酸　　　　三氯乙酸

某些氯代酸，如 α,α-二氯丙酸或 α,α-二氯丁酸曾被用作除草剂，可杀除多年生杂草。

（2）芳香环的取代反应。羧基属于间位定位基，所以苯甲酸在进行苯环上的亲电取代反应时，取代基将主要进入羧基的间位。

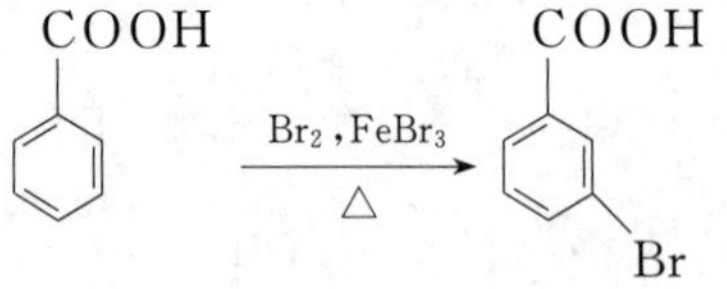

间溴代苯甲酸

第 2 篇

分 析 化 学

第 10 章　绪　　论

10.1　分析化学的任务和作用

　　分析化学是人们获得物质的化学组成和结构信息的科学，它所要解决的问题是物质中含有哪些组分，各种组分的含量是多少，以及这些组分是以怎样的状态构成物质的。要解决这些问题，就要依据反映物质运动、变化的理论，制定分析方法，创建有关的实验技术，研制仪器设备，因此分析化学是化学研究中最基础、最根本的领域之一。

　　人类赖以生存的环境（大气、水和土壤）需要监测；三废（废气、废液、固体废弃物）需要治理，并加以综合利用；工业生产中工艺条件的选择、生产过程的质量控制是保证产品质量的关键；对食品的营养成分、农药残留和重金属污染状况的了解，是关系人们生活和生存的大事；在人类与疾病的斗争中，临床诊断、病理研究、药物筛选，以至进一步基因缺陷研究；登月后的岩样分析，火星、土星的临近观测……大至宇宙的深层探测，小至微观物质结构的认识几乎都离不开分析化学。

　　据统计，在已经颁发的所有诺贝尔物理学奖、化学奖中，有约 25％ 的项目和分析化学直接有关。20 世纪 90 年代以来，世界上几个科技强国纷纷把"人类基因组测序计划"列为国家重大研究项目，这将对人类的生命和生存产生重要而深远的影响，其中作为基础研究的大规模脱氧核糖核酸（DNA）测序、定位工作，曾遭遇进展缓慢的瓶颈，是由两位分析化学家提出关键性的技术平台——阵列毛细管电泳测序技术，才使该项伟大工程得以于 2000 年提前完成。继而又建立后基因组学、蛋白质组学、代谢组学等新兴课题，将21 世纪的生命科学领域的探索，引入一个新的发展时代——后基因组时代。总之，在化学学科本身的发展上，以及相当广泛的学科门类的研究领域中，分析化学都起着显著的作用。

　　在化工、制药、轻工、纺织、食品、生物工程、材料、资源与环境等类专业的课程设置中，分析化学是一门基础课，由于学时数及原有知识水平的限制，本课程目前仍以成分分析为基本内容，同时兼顾有关结构分析的一些入门知识。成分分析可以分为定性分析和定量分析两部分。定性分析的任务是鉴定物质由哪些元素或离子所组成，对于有机物质还需确定其官能团及分子结构；定量分析的任务是测定物质各组成部分的含量。

　　通过本课程的理论学习和实验基本技能的训练，培养学生严格、认真和实事求是的科学态度，观察实验现象、分析和判断问题的能力，精密、细致地进行科学实验的技能，使学生具有科学技术工作者应具备的素质。为此在教学中应注意理论密切联系实际，引导学生深入理解所学的理论知识，培养分析问题和解决问题的能力，为他们学习后继课程打下良好的基础。

10.2 分析方法的分类

分析方法一般可以分为两大类，即化学分析法与仪器分析法。

10.2.1 化学分析法

化学分析法是以化学反应为基础的分析方法，如重量分析法和滴定分析法。

通过化学反应及一系列操作步骤使试样中的待测组分转化为另一种纯粹的、固定化学组成的化合物，再称量该化合物的质量，从而计算出待测组分的含量或质量分数，这样的分析方法称为重量分析法。

将已知浓度的试剂溶液，滴加到待测物质溶液中，使其与待测组分发生反应，而加入的试剂量恰好为按化学计量关系完成反应所必需的，根据试剂的浓度和加入的准确体积，计算出待测组分的含量，这样的分析方法称为滴定分析法（旧称容量分析法）。依据不同的反应类型，滴定分析法又可分为酸碱滴定法（又称中和法）、沉淀滴定法（又称容量沉淀法）、配位滴定法（又称络合滴定法）和氧化还原滴定法。

重量分析法和滴定分析法通常用于高含量或中含量组分的测定，即待测组分的质量分数在 1% 以上。重量分析法的准确度比较高，至今还有一些组分的测定是以重量分析法为标准方法，但其分析速度较慢，耗时较长。滴定分析法操作简便，省时快速，测定结果的准确度也较高（在一般情况下相对误差为 $\pm 0.2\%$ 左右），所用仪器设备又很简单，在生产实践和科学实验中是重要的例行测试手段之一，因此在当前仪器分析快速发展的情况下，滴定分析法仍然具有很高的实用价值。

10.2.2 仪器分析法

仪器分析法是一类借助光电仪器测量试样的光学性质（如吸光度或谱线强度）、电学性质（如电流、电位、电导、电荷量）等物理或物理化学性质来求出待测组分含量的分析方法，也称物理分析法或物理化学分析法。

有的物质，其吸光度与浓度有关。物质溶液的浓度越大，其吸光度越大，通过测量吸光度来测定该物质含量的方法称为吸光光度法。

用红外线或紫外线照射不同的有机化合物，检测这些谱线被吸收的情况，可得到不同的吸收光谱图，根据图谱能够测定有机物质的结构及含量，这些方法分别称为红外吸收光谱分析法和紫外吸收光谱分析法。

不同元素的激发态原子可以产生不同的光谱是元素的特性。通过检查元素光谱中几条灵敏而且较强的谱线可进行定性分析，这是最灵敏的元素定性方法之一。此外，还可根据谱线的强度进行定量测定，这种方法称为发射光谱分析法。

不同元素的气态基态原子可以吸收不同波长的光，利用这种性质，可进行原子吸收光谱分析测定。

某些物质在特定的紫外线照射时可产生荧光，在一定条件下，荧光的强度与该物质的浓度成正比，利用这一性质所建立的测定方法称为荧光分析法。

上述的吸光光度法、红外吸收光谱分析法、紫外吸收光谱分析法、发射光谱分析法、原子吸收光谱分析法和荧光分析法等都是利用物质的光学性质，可归纳为光学分析法。另外，还有一类仪器分析法是利用物质的电学及电化学性质测定物质组分的含量，称为电化学分析法。

最简单的电化学分析法是电重量分析法，它是使待测组分利用电解作用，以单质或氧化物形式在已知质量的电极上析出，通过称量，求出待测组分的含量。

电容量分析法的原理与一般滴定分析法相同，但它是借助溶液电导、电流或电位的改变来确定滴定终点，如电导滴定、电流滴定和电位滴定。如通过电解产生滴定剂，并测量达到滴定终点时所消耗的电荷量的方法，则称为库仑滴定法。

电位分析法是电化学分析法的重要分支，它的实质是通过在零电流条件下测量两电极间的电位差来进行分析测定。在测量电位差时使用离子选择性电极，可使测定更简便、快速。伏安分析法也属于电化学分析法，其中以滴汞电极为工作电极的极谱分析法是伏安分析法的一种特例。它是利用对试液进行电解时，在极谱仪上得到的电流-电压曲线来确定待测组分及其含量。

色谱法又名层析法（主要有气相色谱法、液相色谱法等），是一类用以分离、分析多组分混合物的极有效的物理及物理化学分析方法，具有高效、快速、灵敏和应用范围广等特点。毛细管气相色谱法与高效液相色谱法已经得到普遍应用。

还有一些其他分析方法，如质谱法、核磁共振波谱法、免疫分析、生物传感器、电子探针和离子探针表面和微区分析法等。

仪器分析法的优点是操作简便而快速，最适合生产过程中的控制分析，尤其在组分含量很低时，更加需要用仪器分析法。但有的仪器设备价格较高，平时的维修比较困难；一般来说，越是复杂、精密的仪器，维护要求（如恒温、恒湿、防震）也越高。此外，在进行仪器分析之前，时常要用化学方法对试样进行预处理（如除去干扰杂质、富集等）；在建立测定方法过程中，要把未知事物的分析结果和已知的标准作比较，而该标准则常需以化学法测定。有些分析方法则更是化学分析和仪器分析的有机结合，如前所述的基于滴定分析和电位分析的电位滴定；通过化学反应显色后进行测定的吸光光度法等。所以，化学分析法与仪器分析法是互为补充的，而且前者又是后者的基础。

10.3 分析化学的进展

过去的分析化学课题可以归纳为"有什么"和"有多少"两类，但是随着生产的发展、科技的进步和人类探索领域的不断延伸，给分析化学提出了越来越多的新课题。除了传统的工农业生产和经济部门提出的任务外，许多其他学科如环境科学、材料科学、生命科学、宇航和宇宙科学等都提出大量更为复杂的课题，而且要求也更高：不仅要测知物质的成分，还需了解其价态、状态和结构；不仅能测定常量组分（质量分数大于 1%）、微量组分（质量分数 0.01%～1%），还要求能测定痕量组分（质量分数小于 0.01%）；不仅要作静态分析，还要求作动态分析，对快速反应作连续自动分析；除了破坏性取样作离线的实验室分析外，还要求作在线、实时甚至是原位分析。

　　20 世纪 90 年代中期，基于微机电加工技术在分析化学中的应用，形成了微流控全分析系统，随后又提出新的理念：通过微通道中流体的控制把实验室的采样、稀释、加试剂、反应、分离和检测等全部功能都集成在芯片上，即"芯片实验室"。这一理念一经提出，在全世界迅速展开了研究。现在，"芯片实验室"不仅可用于分析学科，甚至可用于细胞培养、组织器官构建等多个领域。除此之外，生物学、信息科学、计算机技术、激光、纳米技术、光导纤维、功能材料、等离子体、化学计量学等新技术、新材料和新方法同分析化学的交叉研究，更促进了分析化学的进一步发展，因此分析化学已不再是单纯提供信息的科学，它已经发展成一门以多学科为基础的综合性科学。

　　今后，分析化学将主要在环境、材料、生命、和能源等前沿领域，继续朝着高灵敏度（达原子级、分子级水平）、高选择性（复杂体系）、快速、简便、经济、分析仪器自动化、数字化、智能化、信息化和微小型化的纵深方向发展，以解决更多、更新和更为复杂的课题。

第 11 章　误差及分析数据的统计处理

定量分析的任务是准确测定组分在试样中的含量。在测定过程中，即使采用最可靠的分析方法，使用最精密的仪器，由技术很熟练的人员进行操作，也不可能得到绝对准确的结果。因为在任何测量过程中，误差是客观存在的。因此我们应该了解分析过程中误差产生的原因及其出现的规律，以便采取相应措施，尽可能使误差减小。另一方面需要对测试数据进行正确的统计处理，以获得最可靠的数据信息。

11.1　定量分析中的误差

11.1.1　误差与准确度

误差是指测定值 x_i 与真值 μ（真值一般是指在观测的瞬时条件下，产品、过程或体系质量特性的确切数值）之间的差值。误差的大小可用绝对误差 E 和相对误差 E_r 表示，即相对误差表示绝对误差对于真值所占的百分率，其表示方法见式（11.1）和式（11.2）。

$$E = x_i - \mu \tag{11.1}$$

$$E_r = \frac{x_i - \mu}{\mu} \times 100\% \tag{11.2}$$

【例 11.1】　采用米尺测量两物体的长度各为 1.6380m 和 0.1637m，假定两者的真实长度分别为 1.6381m 和 0.1638m，则两者测量的绝对误差分别为

$$E = 1.6380\text{m} - 1.6381\text{m} = -0.0001\text{m}$$
$$E = 0.1637\text{m} - 0.1638\text{m} = -0.0001\text{m}$$

两者测量的相对误差分别为

$$E_r = \frac{-0.0001}{1.6381} \times 100\% = -0.006\%$$

$$E_r = \frac{-0.0001}{0.1638} \times 100\% = -0.06\%$$

由此可知，绝对误差相同，相对误差并不一定相同，上例中第一个测量结果的相对误差为第二个测量结果相对误差的十分之一。也就是说，同样的绝对误差，当被测定的量较大时，相对误差就比较小，测定的准确度也就比较高。因此，用相对误差来表示各种情况下测定结果的准确度更为确切些。

绝对误差和相对误差都有正值和负值。正值表示分析结果偏高，负值表示分析结果偏低。

实际工作中，真值实际上是无法获得的，人们常常用纯物质的理论值、国家权威部门

提供的标准参考物质的证书上给出的数值，或多次测定结果的平均值当作真值。

准确度是指测定平均值与真值接近的程度，常用误差大小表示。误差小，准确度高。

11.1.2　偏差与精密度

偏差是指个别测定结果 x_i 与几次测定结果的平均值 $\bar{x}$ 之间的差值。与误差相似，偏差也有绝对偏差 d_i 和相对偏差 d_r 之分。测定结果与平均值之差为绝对偏差，绝对偏差在平均值中所占的百分率或千分率为相对偏差。

$$d_i = x_i - \bar{x}$$

$$d_r = \frac{x_i - \bar{x}}{\bar{x}} \times 100\%$$

各单次测定偏差绝对值的平均值，称为单次测定的平均偏差 $\bar{d}$，又称算术平均偏差，即

$$\bar{d} = \frac{1}{n} \sum_{i=1}^{n} |d_i|$$

单次测定结果的相对平均偏差为

$$\bar{d_r} = \frac{\bar{d}}{\bar{x}} \times 100\%$$

标准偏差又称均方根偏差，当测定次数 n 趋于无限多时，称为总体标准偏差，用 σ 表示如下：

$$\sigma = \sqrt{\frac{\sum_{i=1}^{n} (x_i - \mu)^2}{n}}$$

式中：μ 为总体平均值。

在校正了系统误差的情况下，μ 即代表真值。

在一般的分析工作中，测定次数是有限的，这时的标准偏差称为样本标准偏差，以 s 表示：

$$s = \sqrt{\frac{\sum_{i=1}^{n} d_i^2}{n-1}}$$

式中：$n-1$ 为 n 个测定值中具有独立偏差的数目，又称为自由度。

s 与平均值之比称为相对标准偏差，以 s_r 表示：

$$s_r = \frac{s}{\bar{x}}$$

精密度是指在确定条件下，将测试方法实施多次，求出所得结果之间的一致程度。精密度的大小常用偏差表示。精密度的高低还常用重复性和再现性表示。

重复性（r）为同一操作者在相同条件下获得一系列结果之间的一致程度。

再现性（R）为不同的操作者在不同条件下用相同方法获得的单个结果之间的一致程度。

11.1.3 准确度与精密度的关系

准确度与精密度的关系，如图 11.1 所示。

图 11.1 表示甲、乙、丙、丁四人测定同一试样中铁含量时所得的结果。由图可见，甲所得结果的准确度和精密度均好；乙的结果精密度虽然好，但准确度稍差；丙的精密度和准确度都很差；丁的精密度很差，虽然平均值接近真值，但带有偶然性，是大的正、负误差抵消的结果，其结果也是不可靠的。由此可知，试验结果首先要求精密度高，才能保证有准确的结果，但高的精密度也不一定能保证有高的准确度（如无系统误差存在，则精密度高，准确度也高）。

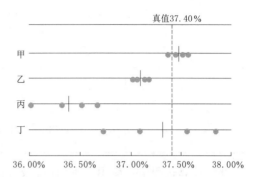

图 11.1 定量分析中的准确度与精密度
关系示意图
（圆点代表个别测定值，竖线代表平均值）

11.2 分析结果的数据处理

分析工作者获得了一系列数据后，需对这些数据进行处理，譬如有个别偏离较大的数据（称为离群值或极值）是保留还是舍弃，测得的平均值与真值或标准值的差异是否合理，相同方法测得的两组数据或用两种不同方法对同一试样测得的两组数据间的差异是否在允许的范围内，都应作出判断，不能随意处理。

11.2.1 可疑数据的取舍

数据中出现个别值离群太远时，首先要仔细检查测定过程中，是否有操作错误，是否有过失误差存在，不能随意地舍弃离群值以提高精密度，而是需进行统计处理，即判断离群值是否仍在随机误差范围内。常用的统计检验方法有格鲁布斯检验法和 Q 值检验法，这些方法都是建立在随机误差服从一定的分布规律基础上。

1. 格鲁布斯检验法

步骤是：将测定值由小到大排列 $x_1 < x_2 < x_3 \cdots < x_n$，其中 x_1 或 x_n 可疑，需要进行判断。首先算出 n 个测定值的平均值 $\bar{x}$ 及标准偏差 s。判断 x_1 时按下式计算：

$$G_{计算} = \frac{\bar{x} - x_1}{s}$$

判断 x_n 时按下式计算：

$$G_{计算} = \frac{x_n - \bar{x}}{s}$$

得出的 $G_{计算}$ 值若大于表 11.1 中的临界值，即 $G_{计算} > G_{表}$（置信度选 95%），则 x_1 或 x_n 应弃去，反之则保留。

表 11.1 G 值 表

测定次数 n	置 信 度			测定次数 n	置 信 度		
	95%	97.5%	99%		95%	97.5%	99%
3	1.15	1.15	1.15	10	2.18	2.29	2.41
4	1.46	1.48	1.49	11	2.23	2.36	2.48
5	1.67	1.71	1.75	12	2.29	2.41	2.55
6	1.82	1.89	1.94	13	2.33	2.46	2.61
7	1.94	2.02	2.10	14	2.37	2.51	2.66
8	2.03	2.13	2.22	15	2.41	2.55	2.71
9	2.11	2.21	2.32	20	2.56	2.71	2.88

此法计算过程中，应用了平均值 $\bar{x}$ 及标准偏差 s，故判断的准确性较高。

2. Q 值检验法

如果测定次数在 10 次以内，使用 Q 值检验法比较简便。步骤是将测定值由小到大排列 $x_1 < x_2 < x_3 \cdots < x_n$，其中 x_1 或 x_n 可疑。

当 x_1 可疑时，用下式算出 Q 值：

$$Q_{计算} = \frac{x_2 - x_1}{x_n - x_1}$$

当 x_n 可疑时，用下式算出 Q 值：

$$Q_{计算} = \frac{x_n - x_{n-1}}{x_n - x_1}$$

式中：$x_n - x_1$ 为极差，即最大值和最小值之差。

若 x_1 与 x_n 均可疑时，可比较 $(x_2 - x_1)$ 及 $(x_n - x_{n-1})$ 之差值，差值大的先检验。

若 $Q_{计算} > Q_{0.90}$（表 11.2），则弃去可疑值，反之则保留。$Q_{0.90}$ 表示置信度为 90%，$Q_表$ 的数据见表 11.2。

表 11.2 Q 值 表

测定次数 n	$Q_{0.90}$	$Q_{0.95}$	$Q_{0.99}$	测定次数 n	$Q_{0.90}$	$Q_{0.95}$	$Q_{0.99}$
3	0.94	0.99	0.99	7	0.51	0.68	0.68
4	0.76	0.93	0.93	8	0.47	0.63	0.63
5	0.64	0.82	0.82	9	0.44	0.60	0.60
6	0.56	0.74	0.74	10	0.41	0.57	0.57

【例 11.2】 测定某药物中 Co 的质量分数得到结果如下：1.25×10^{-6}，1.27×10^{-6}，1.31×10^{-6}，1.40×10^{-6}。用格鲁布斯检验法和 Q 值检验法判断 1.40×10^{-6} 这个数据是否保留。

解：用格鲁布斯检验法：$\bar{x} = 1.31 \times 10^{-6}$，$s = 0.067 \times 10^{-6}$，则

$$G_{计算} = \frac{1.40 \times 10^{-6} - 1.31 \times 10^{-6}}{0.067 \times 10^{-6}} = 1.34$$

查表 11.1，置信度选 95%，$n=4$，$G_表=1.46$，$G_{计算}<G_表$，故 1.40×10^{-6} 应保留。

用 Q 值检验法：可疑值为 x_n，则

$$Q_{计算}=\frac{1.40\times10^{-6}-1.31\times10^{-6}}{1.40\times10^{-6}-1.25\times10^{-6}}=0.60$$

查表 11.2，$n=4$，$Q_{0.90}=0.76$，$Q_{计算}<Q_表$，故 1.40×10^{-6} 应保留，两种方法判断一致。

Q 值检验法由于不必计算 $\bar{x}$ 及 s，故使用起来比较方便。Q 值检验法在统计上有可能保留离群较远的值，置信度常选 90%，如选 95%，会使判断误差更大。判断可疑值用格鲁布斯检验法更好。

11.2.2 平均值与标准值的比较

为了检验一个分析方法是否可靠，是否有足够的准确度，常用已知含量的标准试样进行试验，用 t 检验法将测定的平均值与已知值（标样值）比较（表 11.3），按下式计算 t 值：

$$t=\frac{|\bar{x}-\mu|}{s}\sqrt{n}$$

若 $t_{计算}>t_表$，则 $\bar{x}$ 与已知值有显著差别，表明被检验的方法存在系统误差；若 $t_{计算}\leqslant t_表$ 则 $\bar{x}$ 与已知值之间的差异可认为是随机误差引起的正常差异。

表 11.3 t 值 表

测定次数 n	置 信 度			测定次数 n	置 信 度		
	90%	95%	99%		90%	95%	99%
2	6.314	12.706	63.657	8	1.895	2.365	3.500
3	2.920	4.303	9.925	9	1.860	2.306	3.355
4	2.353	3.182	5.841	10	1.833	2.262	3.250
5	2.132	2.776	4.604	11	1.812	2.228	3.169
6	2.015	2.571	4.032	21	1.725	2.086	2.846
7	1.943	2.447	3.707	∞	1.645	1.960	2.576

【例 11.3】 一种新方法用来测定试样含铜量，用含量为 11.7mg/kg 的标准试样，进行 5 次测定，所得数据分别为 10.9，11.8，10.9，10.3，10.0。判断该方法是否可行（是否存在系统误差）。

解：计算平均值 $\bar{x}=10.8$，标准偏差 $s=0.7$，则

$$t=\frac{|\bar{x}-\mu|}{s}\sqrt{n}=\frac{|10.8-11.7|}{0.7}\sqrt{5}=2.87$$

查表 11.3 得 $t_{(95\%,n=5)}=2.776$，$t_{计算}>t_表$，说明该方法存在系统误差，结果偏低。

11.3　有效数字及其运算规则

11.3.1　有效数字

在测量科学中，所用数字分为两类：一类是一些常数（如 π 等）及倍数（如 2，$\frac{1}{2}$ 等）系非测定值，它们的有效数字位数可看作无限多位，按计算式中需要而定。另一类是测量值或与测量值有关的计算值，它的位数多少，反映测量的精确程度，这类数字称为有效数字，也可理解为最高数字不为零的实际能测量的数字。有效数字通常保留的最后一位数字是不确定的，称为可疑数字，如滴定管读数 25.15mL，四位有效数字，最后一位数字 5 是估计值，可能是 4，也可能是 6，虽然是测定值，但不很准确。一般有效数字的最后一位数字有±1 个单位的误差。

由于有效数字位数与测量仪器精度有关，实验数据中任何一个数都是有意义的，数据的位数不能随意增加或减少，如分析天平称量某物质为 0.2501g（分析天平感量为±0.1mg），不能记录为 0.250g 或 0.25010g。50mL 滴定管读数应保留小数点后两位，如 28.30mL，不能记为 28.3mL。

运算中，首位数字大于或等于 8，有效数字可多记一位。

数字"0"在数据中有两种意义，若只是定位作用，它就不是有效数字；若作为普通数字就是有效数字。如称量某物质为 0.0875g，8 前面的两个 0 只起定位作用，故 0.0875 为三位有效数字。又如 HCl 溶液浓度为 0.2100mol/L，为四位有效数字。滴定管读数 30.20mL，两个 0 都是测量数据，该数据有四位有效数字。改换单位不能改变有效数字位数。如 1.0L 是两位有效数字，不能写成 1000mL，应写成 1.0×10^3 mL，仍然是两位有效数字。

pH、pM、lgK 等有效数字位数，按照对数的位数与真数的有效数字位数相等，对数的首数相当于真数的指数的原则来定，例如，$[H^+]=6.3\times10^{-12}$ mol/L，是两位有效数字，所以 pH=11.20，而不能写成 pH=11.2。

上述内容称为有效数字的规则。

11.3.2　修约规则

分析测试结果一般由测得的某些物理量进行计算，结果的有效数字位数必须能正确表达试验的准确度。运算过程及最终结果，都需要对数据进行修约，即舍去多余的数字，以避免不必要的繁琐计算。舍去多余数字的办法，可以归纳为"四舍六入五留双"方法，即当多余尾数小于或等于 4 时舍去尾数，大于或等于 6 时进位。尾数正好是 5 时分两种情况，若 5 后数字不为 0，一律进位，5 后无数或为 0，采用 5 前是奇数则将 5 进位，5 前是偶数则把 5 舍弃，简称"奇进偶舍"。

例如，下列数字若保留四位有效数字，则修约为

$$14.2442\rightarrow14.24$$

$$26.4863 \rightarrow 26.49$$
$$15.0250 \rightarrow 15.02$$
$$15.0150 \rightarrow 15.02$$
$$15.0251 \rightarrow 15.03$$

另外，修约数字时要一次修约到所需位数，不能连续多次修约，如 2.3457 修约到两位，应为 2.3，如连续修约则为 $2.3457 \rightarrow 2.346 \rightarrow 2.35 \rightarrow 2.4$，这是错误的修约。

11.3.3 运算规则

1. 加减法

运算结果的有效数字位数决定于这些数据中绝对误差最大者。如 0.0121，25.64，1.05782 三数相加，其中 25.64 的绝对误差为 +0.01，是最大者（按最后一位数字为可疑数字），故按小数点后保留两位，其结果为 $0.01 + 25.64 + 1.06 = 26.71$。

2. 乘除法

运算结果的有效数字位数决定于这些数据中相对误差最大者。如 $\dfrac{0.0325 \times 5.104 \times 60.094}{139.56}$，式中 0.0325 的相对误差最大，其值为 $\dfrac{\pm 0.0001}{0.0325} \approx \pm 0.3\%$，故结果只能保留三位有效数字。

运算时，先修约再运算，或先运算最后再修约，两种情况下得到的结果数值，有时不一样。为避免出现此情况，既能提高运算速度，而又不使修约误差积累，可采用在运算过程中，将参与运算的各数的有效数字位数修约到比该数应有的有效数字位数多一位（这多取的数字称为安全数字），然后再进行运算。

如上例 $\dfrac{0.0325 \times 5.104 \times 60.094}{139.56}$，若先修约至三位有效数字再运算，则结果为 $\dfrac{0.0325 \times 5.10 \times 60.1}{140} = 0.0712$。

若运算后再修约，则运算结果为 0.071427，修约后为 0.0714，两者不完全一样。若采用安全数字，即本例中各数取四位有效数字，最后结果修约到三位，则 $\dfrac{0.0325 \times 5.104 \times 60.09}{139.6} = 0.07140$，修约为 0.0714。这是目前人们常采用的、使用安全数字的方法。

在表示分析结果时，当组分含量 $\geq 10\%$ 时，用四位有效数字，组分含量为 $1\% \sim 10\%$ 时，用三位有效数字。表示误差大小时有效数字常取一位，最多取两位。

11.4 标准曲线的回归分析

在分析化学中，经常使用标准曲线来获得试样某组分的浓度。如光度分析中的浓度-吸光度曲线，电位法中的浓度-电位值曲线，色谱法中的浓度-峰面积（或峰高）曲线等。

怎样才能使这些标准曲线描绘得最准确、误差最小呢？这就需要找出浓度与某特性值两个变量之间的回归直线及代表此直线的回归方程。下面简单介绍回归方程的计算方法。

设浓度 x 为自变量，某性能参数 y 为因变量，在 x 与 y 之间存在一定的相关关系，当用试验数据 x 与 y 绘图时，由于试验误差存在，绘出的点不可能全在一条直线上，而是分散在直线周围。为了找出一条直线，使各试验点到直线的距离最短（误差最小），需要用数理统计方法，利用最小二乘法关系算出相应的方程 $y = a + bx$ 中的系数 a 和 b，然后再绘出相应的直线，这样的方程称为 y 对 x 的回归方程，相应的直线称为回归直线，从回归方程或回归直线上求得的数值，误差小，准确度高。式中 a 为直线的截距，与系统误差大小有关；b 为直线的斜率，与方法灵敏度有关。

第12章 滴 定 分 析

使用滴定管将一种已知准确浓度的溶液即标准溶液,滴加到待测物的溶液中,直到与待测组分按化学计量关系恰好完全反应,即加入标准溶液的物质的量与待测组分的物质的量符合反应式的化学计量关系,然后根据标准溶液的浓度和所消耗的体积,计算出待测组分的含量,这一类分析方法统称为滴定分析法。滴加标准溶液的操作过程称为滴定。滴加的标准溶液与待测组分恰好反应完全的这一点,称为化学计量点。在化学计量点时,反应往往没有易为人察觉的任何外部特征,因此一般是在待测溶液中加入指示剂(如酚酞、石蕊试液等),当指示剂突然变色时停止滴定,这时称为滴定终点。实际分析操作中滴定终点与理论上的化学计量点不一定能恰好符合,它们之间往往存在很小的差别,由此而引起的误差称为终点误差。

12.1 滴定分析法的分类及其化学反应条件

12.1.1 滴定分析法的分类

化学分析法是以化学反应为基础的,滴定分析法是化学分析法中重要的一类分析方法。按照所利用的化学反应不同,滴定分析法一般可分成下列四类。

1. 酸碱滴定法(又称中和法)

以质子传递反应为基础的一类滴定分析法,可用来测定酸、碱,其反应实质可用下式表示:

$$H^+ + B^- \Longrightarrow HB$$

2. 沉淀滴定法(又称容量沉淀法)

以沉淀反应为基础的一种滴定分析法,可用于对 Ag^+、CN^-、SCN^- 及卤素等离子进行测定,如将 $AgNO_3$ 配制成标准溶液,滴定 Cl^-,其反应如下:

$$Ag^+ + Cl^- \Longrightarrow AgCl \downarrow$$

3. 配位滴定法(又称络合滴定法)

以配位反应为基础的一种滴定分析法,可用于对金属离子进行测定,如用 EDTA 作配位剂,有如下反应:

$$M^{2+} + Y^{4-} \Longrightarrow MY^{2-}$$

式中:M^{2+} 为二价金属离子;Y^- 为 EDTA 的阴离子。

4. 氧化还原滴定法

以氧化还原反应为基础的一种滴定分析法,可用于测定具有氧化还原性质的物质及某些不具有氧化还原性质的物质，如将 $KMnO_4$ 配制成标准溶液，滴定 Fe^{2+}，其反应如下：

$$MnO_4^- + 5Fe^{2+} + 8H^+ = Mn^{2+} + 5Fe^{3+} + 4H_2O$$

12.1.2　滴定分析法的化学反应条件

化学反应有很多，但适用于滴定分析法的化学反应必须具备下列条件：

（1）反应能定量地完成，即反应按一定的反应式进行，无副反应发生，而且进行得完全（>99.9%），这是定量计算的基础。

（2）反应速率要快。对于速率慢的反应，应采取适当措施提高其反应速率。

（3）能用比较简便的方法确定滴定的终点。凡是能满足上述要求的反应，都可以用于直接滴定法中，即用标准溶液直接滴定被测物质。直接滴定法是滴定分析法中最常用和最基本的滴定方法。

如果反应不能完全符合上述要求，可以采用如下的间接滴定法。

当反应速率较慢或待测物是固体时，待测物中加入符合化学计量关系的标准溶液（或称滴定剂）后，反应常常不能立即完成。这种情况下可于待测物中先加入一定量且过量的滴定剂，待反应完成后，再用另一种标准溶液滴定剩余的滴定剂。例如，Al^{3+} 与 EDTA 的配位反应的速率很慢，不能用直接滴定法进行测定，可于 Al^{3+} 溶液中先加入过量 EDTA 标准溶液并加热，待 Al^{3+} 与 EDTA 反应完全后，用 Zn^{2+} 或 Cu^{2+} 标准溶液滴定剩余的 EDTA；又如，对于固体 $CaCO_3$ 的测定，可先加入过量 HCl 标准溶液，待反应完成后，用 NaOH 标准溶液滴定剩余的 HCl。

对于没有定量关系或伴有副反应的反应，可以先用适当的试剂与待测物反应，转换成另一种能被定量滴定的物质，然后再用适当的标准溶液进行滴定。例如，$K_2Cr_2O_7$ 是强氧化剂，$Na_2S_2O_3$ 是强还原剂，但在酸性溶液中，强氧化剂可将 $S_2O_3^{2-}$ 氧化为 $S_4O_6^{2-}$ 及 SO_4^{2-} 等的混合物，而且它们之间没有一定的化学计量关系，因此不能用硫代硫酸钠溶液直接滴定重铬酸钾及其他强氧化剂。若在 $K_2Cr_2O_7$ 的酸性溶液中加入过量 KI，$K_2Cr_2O_7$ 与 KI 定量反应后析出的 I_2 就可以用 $Na_2S_2O_3$ 标准溶液直接滴定。

对于不能与滴定剂直接起反应的物质，有时可以通过另一种化学反应，以滴定法间接进行测定。例如，Ca^{2+} 没有可变价态，不能直接用氧化还原法滴定。但若将 Ca^{2+} 沉淀为 CaC_2O_4，过滤并洗净后溶解于硫酸中，再用 $KMnO_4$ 标准溶液滴定与 Ca^{2+} 结合的 $C_2O_4^{2-}$，就可以间接测定 Ca^{2+} 的含量。

间接法的广泛应用，扩展了滴定分析的应用范围。

12.2　标准溶液浓度表示方法

12.2.1　物质的量浓度

物质的量浓度简称浓度，是指单位体积溶液所含溶质的物质的量（n）。浓度的常用单位为 mol/L。如 B 物质的浓度以符号 c_B 表示，即

$$c_B = \frac{n_B}{V} \qquad (12.1)$$

式中：V 为溶液的体积。

物质 B 的物质的量 n_B 与质量 m_B 的关系为

$$n_B = \frac{m_B}{M_B} \qquad (12.2)$$

式中：M_B 为物质 B 的摩尔质量。

根据式（12.2），可以根据溶质的质量求出溶质的物质的量，进而计算溶液的浓度。

【例 12.1】 已知浓硫酸的相对密度为 1.84，其中 H_2SO_4 含量约为 95%，求 H_2SO_4 的物质的量浓度。

解： 根据式（12.2）可知 1L 浓硫酸中含 H_2SO_4 的物质的量为

$$n_{H_2SO_4} = \frac{m_{H_2SO_4}}{M_{H_2SO_4}} = \frac{1.84 g/mL \times 1000 mL \times 95\%}{98.08 g/mol} = 17.8 mol$$

$$c_{H_2SO_4} = \frac{n_{H_2SO_4}}{V_{H_2SO_4}} = \frac{17.8 mol}{1.00 L} = 17.8 mol/L$$

【例 12.2】 欲配制 0.2100mol/L 的 $H_2C_2O_4 \cdot 2H_2O$ 的标准溶液 250mL，应称取 $H_2C_2O_2 \cdot H_2O$ 多少克？

$H_2C_2O_2 \cdot H_2O$ 的摩尔质量为 126.07g/mol，故

$$m_{H_2C_2O_4 \cdot 2H_2O} = c_{H_2C_2O_4 \cdot 2H_2O} \cdot V_{H_2C_2O_4 \cdot 2H_2O} \cdot M_{H_2C_2O_4 \cdot 2H_2O}$$
$$= 0.2100 mol/L \times 250.0 \times 10^{-3} L \times 126.07 g/mol = 6.619 g$$

12.2.2 滴定度

"滴定度"是指与每毫升标准溶液相当的被测组分的质量，用 $T_{被测物/滴定剂}$ 表示。例如，用来测定铁含量的 $KMnO_4$ 标准溶液，其滴定度可用 $T_{Fe/KMnO_4}$ 或 $T_{Fe_2O_3/KMnO_4}$ 表示。

若 $T_{Fe/KMnO_4} = 0.005682 g/mL$，即表示 1mL $KMnO_4$ 溶液相当于 0.005682g 铁，也就是说，1mL 的 $KMnO_4$ 标准溶液能把 0.005682g Fe^{2+} 氧化成 Fe^{3+}。在生产实际中，常常需要对大批试样测定其中同一组分的含量，这时若用滴定度来表示标准溶液所相当的被测组分的质量，那么计算被测组分的含量就比较方便。如上例中，如果已知滴定中消耗 $KMnO_4$ 准溶液的体积为 V，则被测定铁的质量 $m_{Fe} = TV$。

浓度 c 与滴定度 T 之间关系推导如下。

对于一个化学反应：

$$aA + bB = cC + dD$$

式中：A 为被测组分；B 为标准溶液。

若以 V 为反应完成时标准溶液消耗的体积（mL），m 和 M 分别代表物质 A 的质量（g）和摩尔质量（g/mol）。当反应达到化学计量点时：

$$\frac{m_A}{M_A} = \frac{a}{b} \cdot \frac{c_B V_B}{1000}$$

$$\frac{m_A}{V_B} = \frac{a}{b} \cdot \frac{c_B M_A}{1000}$$

由滴定度定义 $T_{A/B} = m_A / V_B$ 得

$$T_{A/B} = \frac{a}{b} \cdot \frac{c_B M_A}{1000} \tag{12.3}$$

【例 12.3】 求 0.1000mol/L NaOH 标准溶液对 $H_2C_2O_4$ 的滴定度。

解： NaOH 与 $H_2C_2O_4$ 的反应式为

$$H_2C_2O_4 + 2NaOH =\!=\!= Na_2C_2O_4 + 2H_2O$$

即 $a=1$，$b=2$，由式（12.3）得

$$T_{H_2C_2O_4 \cdot NaOH} = \frac{a}{b} \cdot \frac{c_{NaOH} M_{H_2C_2O_4}}{1000} = \frac{1}{2} \times \frac{0.1000mol/L \times 90.04g/mol}{1000mL/L}$$

$$= 0.004502g/mL$$

有时滴定度也可以用每毫升标准溶液中所含溶质的质量来表示，如 $T_{I_2} = 0.01468g/mL$，即每毫升标准碘溶液含有碘 0.01468g。这种表示法的应用范围不及上一种表示法广泛。

12.3　滴定分析结果的计算

滴定分析是用标准溶液去滴定被测组分的溶液，由于对反应物选取的基本单元不同，因此可以用两种不同的计算方法。

假如选取分子、离子或原子作为反应物的基本单元，此时滴定分析结果计算的依据为：当滴定到化学计量点时，它们的物质的量之间的关系恰好符合其化学反应式所表示的化学计量关系。

12.3.1　被测组分物质的量 n_A 与滴定剂物质的量 n_B 的关系

在直接滴定法中，设被测组分 A 与滴定剂 B 间的反应为

$$aA + bB =\!=\!= cC + dD$$

当滴定到达化学计量点时，a mol A 恰好与 b mol B 作用完全，即

$$nA : nB = a : b$$

故

$$n_A = \frac{a}{b} n_B , \quad n_B = \frac{b}{a} n_A$$

例如，用 Na_2CO_3 作基准物质标定 HCl 溶液的浓度时，其反应式为

$$2HCl + Na_2CO_3 =\!=\!= 2NaCl + H_2CO_3$$

则

$$n_{HCl} = 2 n_{Na_2CO_3}$$

若被测物是溶液，其体积为 V_A 浓度为 c_A，到达化学计量点时用去浓度为 c_B 的滴定剂的体积为 V_B，则

$$c_A V_A = \frac{a}{b} c_B V_B$$

例如，用已知浓度的 NaOH 标准溶液测定 H_2SO_4，溶液浓度，其反应式为

$$H_2SO_4 + 2NaOH =\!=\!= Na_2SO_4 + 2H_2O$$

滴定到达化学计量点时，

$$c_{H_2SO_4} \cdot V_{H_2SO_4} = \frac{1}{2} c_{NaOH} \cdot V_{NaOH}$$

$$c_{H_2SO_4} = \frac{c_{NaOH} \cdot V_{NaOH}}{2V_{H_2SO_4}}$$

上述关系式也能用于有关溶液稀释的计算中。因为溶液稀释后，浓度虽然降低了，但所含溶质的物质的量没有改变，所以

$$c_1 V_1 = c_2 V_2$$

式中：c_1、V_1 分别为稀释前溶液的浓度和体积；c_2、V_2 分别为稀释后溶液的浓度和体积。

在间接法滴定中涉及两个或两个以上反应，应从总的反应中找出实际参加反应物质的量之间关系。例如，在酸性溶液中以 $KBrO_3$ 为基准物质标定 $Na_2S_2O_3$，溶液的浓度时，反应分两步进行。首先，在酸性溶液中 $KBrO_3$ 与过量的 KI 反应析出 I_2：

$$BrO_3^- + 6I^- + 6H^+ \longrightarrow 3I_2 + 3H_2O + Br^- \tag{12.4}$$

然后用 $Na_2S_2O_3$ 溶液为滴定剂，滴定析出的 I_2：

$$I_2 + 2S_2O_3^{2-} \longrightarrow 2I^- + S_4O_6^{2-} \tag{12.5}$$

I^- 在式（12.4）中被氧化成 I_2，而在式（12.5）中 I_2 又被还原成 I^-，实际上总的反应相当于 $KBrO_3$ 氧化了 $Na_2S_2O_3$。在式（12.4）中 1mol $KBrO_3$ 产生 3mol I_2，而式（12.5）中 1mol I_2 和 2mol $Na_2S_2O_3$ 反应，结合式（12.4）与式（12.5），$KBrO_3$ 与 $Na_2S_2O_3$ 之间的化学计量关系是 1∶6，即

$$n_{Na_2S_2O_3} = 6n_{KBrO_3}$$

又如，用 $KMnO_4$ 法滴定 Ca^{2+}，经过如下几步：

$$Ca^{2+} \xrightarrow{C_2O_4^{2-}} CaC_2O_4 \downarrow \xrightarrow{H^+} C_2O_4^{2-} \xrightarrow{MnO_4^-} 2CO_2$$

此处 Ca^{2+} 与 $C_2O_4^{2-}$ 反应的物质的量比是 1∶1，而 $C_2O_4^{2-}$ 与 $KMnO_4$ 是按 5∶2 的物质的量比互相反应的：

$$5C_2O_4^{2-} + 2MnO_4^- + 16H^+ \longrightarrow 2Mn^{2+} 10CO_2 \uparrow + 8H_2O$$

故

$$n_{Ca} = \frac{5}{2} n_{KMnO_4}$$

12.3.2 被测组分质量分数的计算

若称取试样的质量为 $m_{试}$，测得被测组分的质量为 m，则被测组分在试样中的质量分数 w_A 为

$$w_A = \frac{m}{m_{试}} \times 100\%$$

在滴定分析中，被测组分的物质的量 n，是由滴定剂的浓度 c_B、体积 V_B 及被测组分与滴定剂反应的物质的量比 $a\∶b$ 求得的，即

$$n_A = \frac{a}{b} n_B = \frac{a}{b} c_B \cdot V_B$$

则被测组分的质量 m_A 为

$$m_A = n_A M_A = \frac{a}{b} c_B \cdot V_B \cdot M_A$$

于是
$$w_A = \frac{\frac{a}{b} c_B \cdot V_B \cdot M_A}{m_{试}} \times 100\%$$

如果溶液的浓度用滴定度 $T_{A/B}$ 表示，根据滴定度的定义，得

$$m_A = T_{A/B} \cdot V_B$$

$$w_A = \frac{T_{A/B} \cdot V_B}{m_{试}} \times 100\%$$

以上是滴定分析中计算被测组分质量分数的一般通式。

12.3.3 计算示例

【例 12.4】 欲配制 0.1mol/L HCl 溶液 500mL，应取 6mol/L 盐酸多少毫升？

解：设应取盐酸 x mL，则

$$x \cdot 6mol/L = 500ml \times 0.1mol/L$$

$$x = 8.3mL$$

【例 12.5】 中和 20.00mL 0.09450mol/L H_2SO_4 溶液，需用 0.2000mol/L NaOH 溶液多少毫升？

解：
$$2NaOH + H_2SO_4 \Longrightarrow Na_2SO_4 + 2H_2O$$

$$n_{NaOH} = 2n_{H_2SO_4}$$

$$V_{NaOH} = \frac{n_{NaOH}}{c_{NaOH}} = \frac{2n_{H_2SO_4}}{c_{NaOH}} = \frac{2c_{H_2SO_4} \cdot V_{H_2SO_4}}{c_{NaOH}} = \frac{2 \times 0.09450mol/L \times 20.00mL}{0.2000mol/L} = 18.90mL$$

【例 12.6】 有一 KOH 溶液，22.59mL 能中和二水合草酸（$H_2C_2O_4 \cdot 2H_2O$）0.3000g，求该 KOH 溶液的浓度。

解：此滴定反应为

$$H_2C_2O_4 + 2OH^- \Longrightarrow C_2O_4^{2-} + 2H_2O$$

$$n_{KOH} = 2n_{H_2C_2O_4 \cdot 2H_2O}$$

$$c_{KOH} = \frac{n_{KOH}}{V_{KOH}} = \frac{2n_{H_2C_2O_4 \cdot 2H_2O}}{V_{KOH}} = \frac{2m_{H_2C_2O_4 \cdot 2H_2O}}{M_{H_2C_2O_4 \cdot 2H_2O} V_{KOH}}$$

$$= \frac{2 \times 0.3000g}{126.1g/mol \times 22.59 \times 10^{-3}L}$$

$$= 0.2106mol/L$$

第 13 章 酸 碱 滴 定 法

酸碱滴定法所涉及的反应是酸碱反应，因此必须首先对酸碱平衡的基础理论进行简要的讨论，然后再介绍酸碱滴定法的有关理论和应用。

13.1 酸碱平衡的理论基础

众所周知，根据酸碱电离理论，电解质溶液解离时所生成的阳离子全部是 H^+ 的是酸，解离时所生成的阴离子全部是 OH^- 的是碱，酸碱发生中和反应后生成盐和水。但是电离理论只适用于水溶液，不适用于非水溶液，而且也不能解释有的物质（如 NH_3 等）不含 OH^-，但却具有碱性的事实。为了进一步认识酸碱反应的本质和便于对水溶液和非水溶液中的酸碱平衡问题统一加以考虑，现引入酸碱质子理论。

13.1.1 酸碱质子理论

酸碱质子理论是在 1923 年由布朗斯特提出的。根据酸碱质子理论，凡是能给出质子（H^+）的物质是酸；凡是能接受质子的物质是碱，它们之间的关系可用下式表示：

$$酸 \Longleftrightarrow 质子 + 碱$$

例如：

$$HOAc \Longleftrightarrow H^+ + OAc^-$$

上式中的 HOAc 是酸，它给出质子后，转化成的 OAc^- 对于质子具有一定的亲和力，能接受质子，因而 OAc^- 就是 HOAc 的共轭碱。这种因一个质子的得失而互相转变的一对酸碱，称为共轭酸碱对。

有些分子或离子，在不同的环境中可分别作酸或碱，如 HPO_4^{2-} 作为 $H_2PO_4^-$ 的共轭碱，作为 PO_4^{3-} 的共轭酸，具有酸碱两性。

上面各个共轭酸碱对的质子得失反应，称为酸碱半反应。由于质子的半径小，电荷密度极高，它不可能在水溶液中独立存在（或者说只能瞬间存在），因此上述的各种酸碱半反应在溶液中也不能单独进行。实际上，当一种酸给出质子时，溶液中必定有一种碱来接受质子。例如，HOAc 在水溶液中解离时，作为溶剂的水就是可以接受质子的碱，它们之间的反应可以表示如下：

$$HOAc \Longleftrightarrow H^+ + OAc^-$$
$$H_2O + H^+ \Longleftrightarrow H_3O^+$$
$$HOAc + H_2O \Longleftrightarrow H_3O^+ + OAc^-$$
$$酸1 \quad 碱2 \quad 酸2 \quad 碱1$$

同样，碱在水溶液中接受质子的过程，也必须有溶剂（水）分子参与。例如：

$$H^+ + NH_3 \Longrightarrow NH_4^+$$
$$H_2O \Longrightarrow H^+ + OH^-$$
$$NH_3 + H_2O \Longrightarrow OH^- + NH_4^+$$

在这个平衡中作为溶剂的水起了酸的作用。与 HOAc 在水中解离的情况相比较可知，水是一种两性溶剂。

由于水分子的两性作用，一个水分子可以从另一个水分子中夺取质子而形成 H_3O^+ 和 OH^-，即

$$H_2O + H_2O \Longrightarrow OH^- + H_3O^+$$

根据酸碱质子理论，酸和碱的中和反应也是质子的转移过程，例如 HCl 与 NH_3 反应。

$$HCl + H_2O \Longrightarrow H_3O^+ + Cl^-$$
$$H_3O^+ + NH_3 \Longrightarrow NH_4^+ + H_2O$$

反应的结果是各反应物转化为它们各自的共轭酸或共轭碱。

13.1.2　酸碱解离平衡

酸碱的解离反应达到平衡时，可以通过酸碱的解离平衡常数来表示。

溶剂水分子之间存在的质子传递作用，称为水的质子自递作用，其平衡常数称为水的质子自递常数，用 K_w 表示。

$$H_2O + H_2O \Longrightarrow H_3O^+ + OH^-$$
$$K_w = [H^+][OH^-]$$

25℃时 $K_w = 10^{-14}$，水合质子 H_3O^+ 常常写作 H^+。

弱酸在水溶液中的解离反应和解离平衡常数可表达为

$$HOAc + H_2O \Longrightarrow H_3O^+ + OAc^-$$
$$K_a = \frac{[H^+][OAc^-]}{[HOAc]} = 1.8 \times 10^{-5}$$

HOAc 的共轭碱 OAc^- 的解离平衡常数 K_b 为

$$H_2O + OAc^- \Longrightarrow HOAc + OH^-$$
$$K_b = \frac{[HOAc][OH^-]}{[OAC^-]} = 5.6 \times 10^{-10}$$

显然，共轭酸碱对的 K_a 和 K_b 有下列关系：

$$K_a K_b = [H^+][OH^-] = K_w = 1.0 \times 10^{-10} (25℃)$$

【例 13.1】 已知 NH_3 的解离反应为 $H_3O^+ + NH_3 \Longrightarrow NH_4^+ H_2O$，$K_b = 1.8 \times 10^{-5}$，求 NH_3 的共轭酸的解离常数。

解：NH_3 的共轭酸为 NH_4^+，它的解离反应为

$$NH_4^+ H_2O \Longrightarrow H_3O^+ + NH_3$$
$$K_a = \frac{K_w}{K_b} = \frac{10^{-14}}{1.8 \times 10^{-5}} = 5.6 \times 10^{-10}$$

对于多元弱酸，要注意 K_a 与 K_b 的对应关系，即

$$K_{a1} \cdot K_{b3} = K_{a2} \cdot K_{b2} = K_{a3} \cdot K_{b1} = [H^+][OH^-] = K_w$$

【**例 13.2**】 S_2^- 与 H_2O 的反应为 $S_2^- + H_2O \rightleftharpoons HS^- + OH$，$K_{b1} = 1.4$，求 S_2^- 的共轭酸的解离常数 K_{b1}。

解：S_2^- 的共轭酸为 HS^-，其解离反应为

$$HS^- + H_2O \rightleftharpoons S_2^- + H_3O^+$$

$$K_{a2} = \frac{K_w}{K_{b1}} = \frac{10^{-14}}{1.4} = 7.1 \times 10^{-15}$$

酸碱解离常数 K_a 和 K_b 的大小也可定量说明酸碱的强弱程度。

13.2 酸碱溶液 pH 值的计算

13.2.1 质子条件式

酸碱反应的实质是质子转移。能够准确反映整个平衡体系中质子转移的严格的数量关系式称为质子条件式，质子条件式建立的依据是反应中得失质子总量相等，即质子平衡。具体列出质子条件式的步骤如下：

（1）为判断组分得失质子情况，先选择溶液中大量存在并与质子转移直接相关的酸碱组分作为参考水准（又称零水准）。一般选择原始的酸碱组分。

（2）在酸碱反应达到平衡时，根据参考水准，找出失质子的产物和得质子的产物。

（3）依据反应中得失质子总量相等的原则，建立失质子产物的总物质的量等于得质子产物总物质的量的数学关系式，即质子条件式。

例如，在一元弱酸（设为 HA）的水溶液中，大量存在并参加质子转移的物质是 HA 和 H_2O，选择两者作为参考水准。由于存在下列两个反应：

HA 的解离反应 $\qquad HA + H_2O \rightleftharpoons H_3O^+ + A^-$

水的质子自递反应 $\qquad H_2O + H_2O \rightleftharpoons H_3O^+ + OH^-$

因而溶液中除 HA 和 H_2O 外，还有 H_3O^+、A^- 和 OH^-，从参考水准出发考察得失质子情况，可知 H_3O^+ 是得质子的产物（以下简作 H^+），而 A^- 和 OH^- 是失质子的产物。总的得失质子的物质的量应该相等，可写出质子条件式如下：

$$[H^+] = [A^-] + [OH^-]$$

又如，对于 Na_2CO_3 的水溶液，选择 CO_3^{2-} 和 H_2O 作为参考水准，由于存在下列反应：

$$CO_3^{2-} + H_2O \rightleftharpoons HCO_3^- + OH^-$$

$$CO_3^{2-} + 2H_2O \rightleftharpoons H_2CO_3 + 2OH^-$$

$$H_2O \rightleftharpoons H^+ + OH^-$$

将各种存在形式与参考水准相比较，可知 OH^- 为失质子的产物，HCO_3^-、H_2CO_3 和第三个反应式中的 H^+ 都是得质子的产物，但需注意其中一个 H_2CO_3 得到 2 个质子，在列出质子条件式时，应在 $[H_2CO_3]$ 前乘以系数 2，以使得失质子的物质的量相等，因此

Na_2CO_3，溶液的质子条件式为

$$[H^+]+[HCO_3^-]+2[H_2CO_3]=[OH^-] \tag{13.1}$$

质子条件式也可以通过溶液中各有关存在形式的物料平衡（某组分的总浓度等于其各有关存在形式平衡浓度之和）与电荷平衡（溶液中正离子的总电荷数等于负离子的总电荷数，以维持溶液的电中性）求得。现仍以 Na_2CO_3 的水溶液为例，设 Na_2CO_3 的总浓度为 c，有

物料平衡　　　　　　　$[CO_3^{2-}]+[HCO_3^-]+[H_2CO_3]=c$

$$[Na^+]=2c$$

电荷平衡　　　　$[H^+]+[Na^+]=[HCO_3^-]+2[CO_3^{2-}]+[OH^-]$

13.2.2　一元弱酸（碱）溶液 pH 值的计算

对于一元弱酸 HA 溶液，有下列质子转移反应：

$$HA \rightleftharpoons A^- + H^+$$
$$H_2O \rightleftharpoons H^+ + OH^-$$

质子条件式为

$$[H^+]=[A^-]+[OH^-]$$

上列两个质子转移反应式说明一元弱酸溶液中的 $[H^+]$ 来自两部分，即来自弱酸的解离（相当于式中的 $[A^-]$ 项）和水的质子自递反应（相当于式中的 $[OH^-]$ 项）。经整理后可得

$$[H^+]=\sqrt{K_a[HA]+K_a}$$

上式为计算一元弱酸中 $[H^+]$ 的精确公式。

13.3　酸碱滴定终点的指示方法

滴定分析中判断终点有两类方法，即指示剂法和电位滴定法。指示剂法是利用指示剂在一定条件（如某一 pH 值范围）时变色来指示终点；电位滴定法是通过测量两个电极的电位差，根据电位差的突然变化来确定终点。

13.3.1　指示剂法

酸碱滴定中是利用酸碱指示剂颜色的突然变化来指示滴定终点。酸碱指示剂一般是有机弱酸或弱碱，当溶液的 pH 值改变时，指示剂由于结构的改变而发生颜色的改变。例如，酚酞为无色的二元弱酸，当溶液的 pH 值渐渐升高时，酚酞先给出一个质子 H^+，形成无色的离子；然后再给出第二个质子 H^+ 并发生结构的改变，成为具有共轭体系醌式结构的红色离子，第二步解离过程的 $pK_{a2}=9.1$。当溶液呈强碱性时，又进一步变为无色的羧酸盐式离子，而使溶液褪色。酚酞的结构变化过程可表示如下：

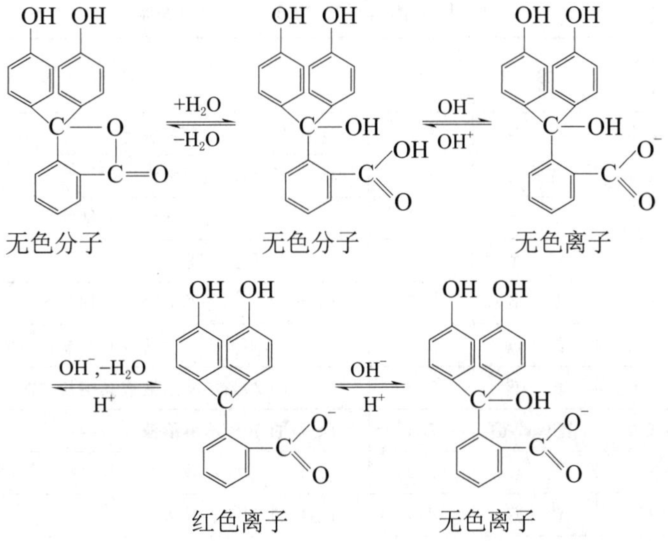

无色分子 无色分子 无色离子

红色离子 无色离子

酚酞结构变化的过程也可简单表示为

$$无色分子 \underset{H^+}{\overset{OH^-}{\rightleftharpoons}} 无色离子 \underset{H^+}{\overset{OH^-}{\rightleftharpoons}} 红色离子 \underset{H^+}{\overset{强碱}{\rightleftharpoons}} 无色离子$$

上式表明，这个转变过程是可逆过程，当溶液 pH 值降低时，平衡向左移动，酚酞又变成无色分子。因此酚酞在酸性溶液中是无色，当 pH 值升高到一定数值时酚酞变成红色，强碱溶液中酚酞又呈无色。

又如甲基橙，它是一种有机弱碱，在溶液中存在着如下所示的平衡。黄色的甲基橙分子，在酸性溶液中获得一个 H^+，转变成为红色离子。

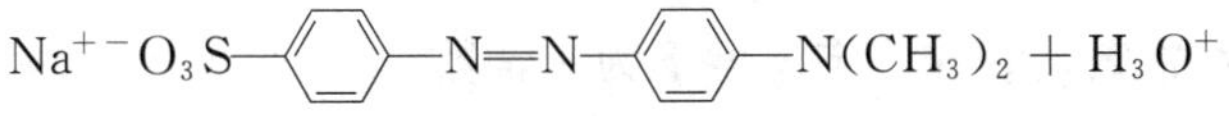

$$Na^{+} {}^{-}O_3S \!-\!\!\!\!\bigcirc\!\!\!\!-\! N\!=\!N\!-\!\!\!\!\bigcirc\!\!\!\!-\! N(CH_3)_2 + H_3O^+$$
黄色分子

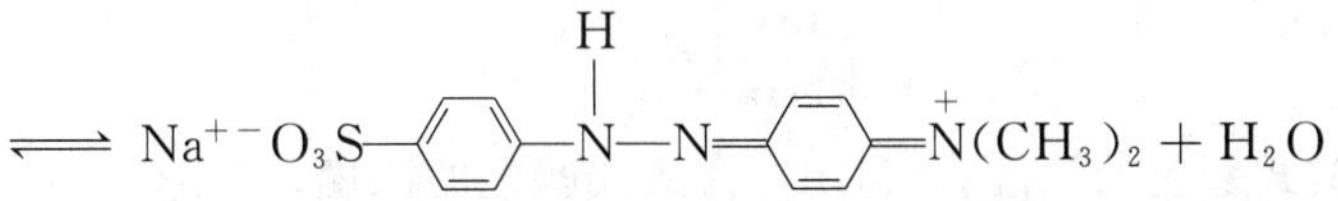

$$\rightleftharpoons Na^{+} {}^{-}O_3S \!-\!\!\!\!\bigcirc\!\!\!\!-\! \overset{H}{N}\!-\!N\!=\!\!\!\!\bigcirc\!\!\!\!=\! \overset{+}{N}(CH_3)_2 + H_2O$$
红色离子

根据实际测定，酚酞在 pH<8 的溶液中呈无色，当溶液的 pH>10 时酚酞呈红色，pH 值为 8～10 时是酚酞逐渐由无色变为红色的过程，称为酚酞的"变色范围"。

甲基橙则当溶液 pH<3.1 时呈红色，pH>4.4 时呈黄色，pH 值为 3.1～4.4 时是甲基橙的变色范围。

由于各种指示剂的平衡常数不同，各种指示剂的变色范围也不相同。表 13.1 中列出了几种常用酸碱指示剂的变色范围。由于变色范围是由目视判断得到的，而每个人的眼睛对颜色的敏感度不相同，所以各书刊报道的变色范围也略有差异。

从表 13.1 中可以清楚地看出，不同的酸碱指示剂具有不同的变色范围，有的在酸性溶液中变色，如甲基橙、甲基红等，有的在中性附近变色，如中性红、苯酚红等；有的则在碱性溶液中变色，如酚酞、百里酚酞等。

表 13.1　　　　　　　　　　几种常用酸碱指示剂的变色范围（室温）

指示剂	变色范围 pH 值	颜色变化	pK_a	浓　度	用量（滴/ 10mL 试液）
百里酚蓝	1.2~2.8	红~黄	1.7	1g/L 的 20%乙醇溶液	1~2
甲基黄	2.9~4.0	红~黄	3.3	1g/L 的 90%乙醇溶液	1
溴酚蓝	3.0~4.6	黄~紫	4.1	1g/L 的 20%乙醇溶液或其钠盐水溶液	1
甲基橙	3.1~4.4	红~黄	3.4	0.5g/L 的水溶液	1
溴甲酚绿	4.0~5.6	黄~蓝	4.9	1g/L 的 20%乙醇溶液或其钠盐水溶液	1~3
甲基红	4.4~6.2	红~黄	5.0	1g/L 的 60%乙醇溶液或其钠盐水溶液	1
溴百里酚蓝	6.2~7.6	黄~蓝	7.5	1g/L 的 20%乙醇溶液或其钠盐水溶液	1
中性红	6.8~8.0	红~黄橙	7.4	1g/L 的 60%乙醇溶液	1
苯酚红	6.8~8.4	黄~红	8.0	1g/L 的 60%乙醇溶液或其钠盐水溶液	1
百里酚蓝	8.0~9.6	黄~蓝	8.9	1g/L 的 20%乙醇溶液	1~4
酚酞	8.0~10.0	无~红	9.1	5g/L 的 90%乙醇溶液	1~3
百里酚酞	9.4~10.6	无~蓝	10.0	1g/L 的 90%乙醇溶液	1~2

　　指示剂之所以具有变色范围，可由指示剂在溶液中的平衡移动过程来加以解释。现以 HIn 表示弱酸型指示剂，它在溶液中的平衡移动过程可以简单地用下式表示：

$$HIn \rightleftharpoons H^+ + In^-$$

酸式　　　　碱式

　　达到平衡时，它的平衡常数为

$$\frac{[H^+][In^-]}{[HIn]} = K_{HIn}$$

式中：K_{HIn} 为指示剂常数，它在一定温度下为一常数。

　　若将上式改变一下形式，可得

$$\frac{[In^-]}{[HIn]} = \frac{K_{HIn}}{[H^+]}$$

式中：$[In^-]$ 为碱式颜色的浓度；$[HIn]$ 为酸式颜色的浓度。

　　而两者的比值决定了指示剂的颜色。从上式可知，该比值与两个因素有关，一个是 $[HIn]$，另一个是溶液的 $[H^+]$。K_{HIn} 是由指示剂的本质决定的，对于某种指示剂，它是一个常数，因此该指示剂的颜色就完全由溶液中的 $[H^+]$ 来决定。当溶液中的 $[H^+]$ 等于 K_{HIn} 的数值时，$[In^-]$ 等于 $[HIn]$，此时溶液的颜色应该是酸色和碱色的中间颜色（又称指示剂的理论变色点）。如果此时的酸度以 pH 值来表示，则 $pH = pK_{HIn}$。

　　各种指示剂由于其指示剂常数 K_{HIn} 不同，呈中间颜色时的 pH 值也各不相同。

　　当溶液中 $[H^+]$ 发生改变时，$[In^-]$ 和 $[HIn]$ 的比值也发生改变，溶液的颜色也逐渐改变。一般来讲，当 $[In^-]$ 是 $[HIn]$ 的 1/10 时，人眼能勉强辨认出碱色；如 $[In^-]/[HIn]$ 小于 1/10，则人眼就看不出碱色了。因此变色范围的一边为

$$\frac{[In^-]}{[HIn]} = \frac{K_{HIn}}{[H^+]} = \frac{1}{10} \qquad [H^+]_1 = 10K_{HIn}$$

$$pH_1 = pK_{HIn} - 1$$

而当 $[In^-]/[HIn]=10/1$ 时，人眼能勉强辨认出酸色，同理也可求得，变色范围的另一边为：

$$pH_2 = pK_{HIn} + 1$$

上述两种情况可综合表示为

$$\frac{[In^-]}{[HIn]} < \frac{1}{10} = \frac{1}{10} \sim \quad 1 \quad \sim \frac{10}{1} > \frac{10}{1}$$

酸色 略带 中间 略带 碱色

碱色 颜色 酸色

酸色 ├─变色范围─┤→碱色

$$pH_1 = pK_{HIn} - 1 \qquad pH_2 = pK_{HIn} + 1$$

由上可知，当溶液的 pH 值由 pH_1，逐渐上升到 pH_2 时，溶液的颜色也由酸色逐渐变为碱色，理论上变色范围 pH_1 与 pH_2 相差 2 个 pH 单位，由于实际的变色范围是依靠人眼的观察测定得到的，而人眼对于各种颜色的敏感程度不同，所以表 13.1 所列大多数指示剂实际的变色范围都小于 2 个 pH 单位。例如，甲基橙的 pK_{HIn} 为 3.4，按照推算，变色范围应为 2.4～4.4，但由于浅黄色在红色中不明显，只有当黄色所占比重较大时才能被观察到，因此甲基橙实际的变色范围 3.1～4.4。

综上所述，关于酸碱指示剂的性质，可以得出如下的结论：①指示剂的变色范围不一定恰好位于 pH＝7 的左右，而是随各种指示剂常数 K_{HIn} 的不同而不同；②指示剂的颜色在变色范围内显示出逐渐变化的过程；③各种指示剂的变色范围的幅度各不相同，但一般来说，不大于 2 个 pH 单位，也不小于 1 个 pH 单位。

使用指示剂时还应注意，滴定溶液中指示剂加入量的多少也会影响变色的敏锐程度，一般而言，指示剂适当少用，变色反而会明显些。而且，指示剂本身也是弱酸或弱碱，它也要消耗滴定剂溶液，指示剂加得过多，将引入误差。另外，指示剂的变色范围还受温度的影响。

由于指示剂具有一定的变色范围，因此只有当溶液中 pH 值改变超过一定数值，指示剂才能从一种颜色变为另一种颜色。在酸碱滴定中，为达到准确度要求，滴定终点要在化学计量点前后 0.1% 的范围内，有时这样的范围较为狭窄，这时指示剂变色就难以完成，终点确定就有困难，因此有必要设法使指示剂的变色范围变窄，使指示剂的颜色变化更敏锐些。为此，可使用另一类指示剂——混合指示剂。常用的混合指示剂见表 13.2。

表 13.2　　　　　　　　几种常用的混合指示剂

混合指示剂溶液的组成	变色时 pH 值	颜　色		备　注
		酸色	碱色	
一份 1g/L 溴甲酚绿钠盐水溶液 一份 2g/L 甲基橙水溶液	4.3	橙	蓝绿	pH＝3.5，黄色 pH＝4.05，绿色 pH＝4.3，浅绿色
三份 1g/L 溴甲酚绿乙醇溶液 一份 2g/L 甲基红乙醇溶液	5.1	酒红	绿	pH＝5.1，灰色

续表

混合指示剂溶液的组成	变色时 pH 值	颜　色		备　注
		酸色	碱色	
一份 1g/L 溴甲酚绿钠盐水溶液 一份 1g/L 氯酚红钠盐水溶液	6.1	黄绿	蓝绿	pH=5.4，蓝绿色 pH=5.8，蓝色 pH=6.0，蓝带紫 pH=6.2，蓝紫
一份 1g/L 中性红乙醇溶液 一份 1g/L 亚甲基蓝乙醇溶液	7.0	紫蓝	绿	pH=7.0，紫蓝色
一份 1g/L 甲酚红钠盐水溶液 三份 1g/L 百里酚蓝钠盐水溶液	8.3	黄	紫	pH=8.2，玫瑰红 pH=8.4，清晰的紫色
一份 1g/L 百里酚蓝 50%乙醇溶液 三份 1g/L 酚酞 50%乙醇溶液	9.0	黄	紫	从黄到绿，再到紫色
一份 1g/L 酚酞乙醇溶液 一份 1g/L 百里酚酞乙醇溶液	9.9	无色	紫	pH=9.6，玫瑰红色 pH=10，紫色
二份 1g/L 百里酚酞乙醇溶液 一份 1g/L 茜素黄 R 乙醇溶液	10.2	黄	紫	

　　混合指示剂是利用颜色之间的互补作用，使变色范围变窄，达到颜色变化敏锐的效果。混合指示剂有两种配制方法，一种是由两种或两种以上的指示剂混合而成。如溴甲酚绿（pK_{HIn}=4.9）和甲基红（pK_{HIn}=5.0），前者当 pH<4.0 时呈黄色（酸色），pH>5.6 时呈蓝色（碱色），后者当 pH<4.4 时呈红色，pH>6.2 时呈浅黄色（碱色）。它们按一定配比混合后，两种颜色叠加在一起，酸色为酒红色（红稍带黄），碱色为绿色。当 pH=5.1 时，甲基红呈橙色而溴甲酚绿呈绿色，两者互为补色而呈现浅灰色，这时颜色发生突变，变色十分敏锐。它们的颜色叠加情况示意如下：

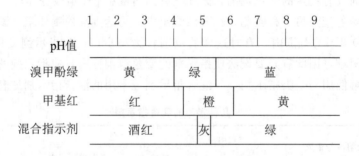

　　另一种混合指示剂是在某种指示剂中加入一种惰性染料。例如，中性红与染料亚甲基蓝混合配成的混合指示剂，在 pH=7.0 时呈紫蓝色，变色范围只有 0.2 个 pH 单位左右，比单独的中性红的变色范围窄得多。如果把甲基红、溴百里酚蓝、百里酚蓝、酚酞按一定比例混合，溶于乙醇，配成混合指示剂，可随 pH 值的不同而逐渐变色，实验室中常用的pH 试纸，就是基于混合指示剂的原理制成的。

13.3.2 电位滴定法

用指示剂指示滴定终点，操作简便，不需特殊设备，因此指示剂法使用广泛，但也有其不足之处，如各人眼睛辨别颜色的能力有差异，指示剂法不能用于有色溶液的滴定等。此外，对于某些酸碱滴定（如 $K_a < 10^{-7}$ 的弱酸或 $K_b < 10^{-7}$ 的弱碱的滴定），变色不敏锐，难以判断终点，而电位滴定法在这些方面却表现出它的优越性。

在酸碱滴定过程中，随着滴定剂的逐渐加入，溶液中的 [H^+] 不断变化，而且在化学计量点附近出现 pH 值的突跃。电位滴定法是用参比电极和指示电极测量出滴定过程中溶液 pH 值的变化情况，进而确定滴定的终点。

13.4 一元酸碱的滴定

13.4.1 一元强碱（酸）滴定强酸（碱）

在强碱（酸）滴定强酸（碱）过程中，反应的实质为

$$H^+ + OH^- \rightleftharpoons H_2O$$

以 0.1000mol/L NaOH 标准溶液滴定 20.00mL 0.1000mol/L HCl 溶液为例来说明滴定过程中 pH 值的变化与滴定曲线的形状。该滴定过程可分为四个阶段：

（1）滴定开始前。溶液中仅有 HCl 存在，所以溶液的 pH 值取决于 HCl 溶液的原始浓度，即

$$[H^+] = 0.1000\text{mol/L}, \quad pH = 1.00$$

（2）滴定开始至化学计量点前。由于加入了 NaOH，部分 HCl 被中和，所以溶液的 pH 值由剩余的 HCl 量计算。例如，加入 18.00mL NaOH 溶液时，还剩余 2.00mL HCl 溶液未被中和，这时溶液中的 H^+ 浓度应为

$$[H^+] = 5.3 \times 10^{-3}\text{mol/L}, \quad pH = 2.28$$

从滴定开始直到化学计量点前的各点都这样计算。

（3）化学计量点时。当加入 20.00mL NaOH 溶液时，HCl 被 NaOH 全部中和，生成 NaCl 溶液，这时：

$$[H^+] = [OH^-] = 1.0 \times 10^{-7}\text{mol/L}, \quad pH = 7.00$$

（4）化学计量点后。过了化学计量点，再加入 NaOH 溶液，溶液的 pH 值取决于过量的 NaOH。例如，加入 20.02mL NaOH 溶液时，NaOH 溶液过 0.02mL，根据过量的 NaOH，可以算出：

$$[OH^-] = 5.0 \times 10^{-5}\text{mol/L}, \quad pOH = 4.30, \quad pH = 9.70$$

化学计量点后都这样计算。

如此逐一计算，并把结果列于表 13.3。如果以 NaOH 溶液的加入量为横坐标，对应

的溶液 pH 值为纵坐标，绘制关系曲线，则得如图 13.1 所示的滴定线。

表 13.3 用 0.1000mol/L NaOH 滴定 20.00mL 0.1000mol/L HCl

加入 NaOH 溶液体积/mL	滴定分数/%	剩余 HCl 溶液的体积/mL	过量 NaOH 溶液的体积/mL	pH 值	
		20.00		1.00	
18.00	90.0	2.00		2.28	
19.80	99.0	0.20		3.30	
19.98	99.9	0.02		4.31A	
20.00	100.0	0.00		7.00	滴定突跃
20.02	100.1		0.02	9.70B	
20.20	101.0		0.20	10.70	
22.00	110.0		2.00	11.70	
40.00	200.0		20.00	12.50	

从图 13.1 和表 13.3 可以看出，在滴定开始时，溶液中还存在着较多的 HCl，因此 pH 值升高十分缓慢。随着滴定的不断进行，溶液中 HCl 含量的减少，pH 值的升高逐渐增快。尤其是当滴定接近化学计量点时，溶液中剩余的 HCl 已极少，pH 值升高极快。图 13.1 中，曲线上的 A 点为加入 NaOH 溶液 19.98mL，比化学计量点时应加入 NaOH 溶液体积少 0.02mL（相当于 -0.1%），曲线上的 B 点是超过化学计量点 0.02mL（相当于 +0.1%），A 与 B 之间仅差 NaOH 溶液 0.04mL，不过 1 滴左右，但溶液的 pH 值却从 4.31 急增至 9.70，增幅约 5.4 个 pH 单位，溶液也由酸性突变到碱性，溶液的性质由量变引起了质变。

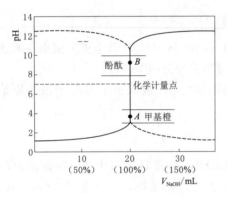

图 13.1 以 0.1000mol/L NaOH 滴定 20.00mL 0.1000mol/L HCl 的滴定曲线

从图 13.1 也可看到，在化学计量点前后 0.1%，此时曲线呈现几乎垂直的一段，表明溶液的 pH 值有一个突然的改变，这种 pH 值的突然改变称为滴定，pH 值范围称为滴定突跃范围。此后，再继续滴加 NaOH 溶液，则溶液的 pH 值变化便越来越小，曲线又趋平坦。

如果用 0.1000mol/L HCl 标准溶液滴定 20.00mL 0.1000mol/L NaOH 溶液，其滴定曲线如图 13.1 中的虚线所示。显然滴定曲线形状与 NaOH 溶液滴定 HCl 溶液相似，但 pH 值是随着 HCl 标准溶液的加入而逐渐减小。

需要注意的是滴定突跃的大小与被滴定物质及标准溶液的浓度有关。图 13.2 绘出 NaOH 溶液浓度分别为 1mol/L、0.1mol/L 及 0.01mol/L 滴定相应浓度的 HCl 溶液时的三条滴定曲线。从图中可以看出虽然浓度改变，但化学计量点时溶液的 pH 值依然是 7，只是滴定突跃的大小各不相同，酸碱溶液越浓，滴定突跃越大，使用 1mol/L 溶液的情况下滴定突跃在 pH＝3.3～10.7，与 0.1mol/L HCl 溶液的滴定曲线相比，增加了 2 个 pH 单位；而当用 0.01mol/L NaOH 溶液滴定 0.01mol/L HCl 溶液时，滴定突跃在 pH＝5.3～8.7。相比于 0.1mol/L HCl 溶液的滴定曲线，减少了 2 个 pH 单位。

滴定突跃具有非常重要的意义，它是选择指示剂的依据。指示剂应在滴定突跃范围内变色，由此可以说明滴定的完成。当用 0.1000mol/L NaOH 溶液滴 0.1000mol/L HCl 溶液，其滴定突跃范围的 pH 值为 4.31～9.70，则可以选择甲基红、甲基橙与酚酞等作指示剂。

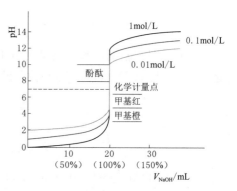

图 13.2　以不同浓度 NaOH 溶液滴定不同浓度 HCl 溶液的滴定曲线

如果选择甲基橙作指示剂，当溶液颜色由红色变为黄色时，溶液的 pH 值约为 4.4，这时离开化学计量点已不到半滴，滴定误差小于 0.1%，符合滴定分析要求。如果用酚酞作为指示剂，当酚酞颜色由无色变为微红色时，pH 值略大于 8.0，此时超过化学计量点也不到半滴，终点误差也不超过 0.1%，同样符合滴定分析要求。实际分析时，为了便于人眼对颜色的辨别，通常选用酚酞作指示剂，其终点颜色由无色变成微红色。

总之，在酸碱滴定中，如果用指示剂指示终点，则应根据化学计量点附近的滴定突跃来选择指示剂，应使指示剂的变色范围全部或部分处于滴定突跃范围内。

13.4.2　一元强碱（酸）滴定弱酸（碱）

在日常的质量检验中，需要测定弱酸含量的分析任务还是比较多的，例如，作为食品添加剂的冰乙酸就是利用 NaOH 滴定该商品的乙酸含量。现以 NaOH 溶液滴定乙酸（HOAc）溶液为例来进行讨论。

NaOH 滴定 HOAc 的滴定反应可表示为

$$HOAc + OH^- \rightleftharpoons OAc^- + H_2O$$

以 0.1000mol/L NaOH 标准溶液滴定 20.00mL 0.1000mol/L HOAc 为例说明这类滴定过程中溶液 pH 值变化与滴定曲线。与讨论强酸强碱滴定曲线方法相似，讨论也分为四个阶段：

（1）滴定开始前。此时溶液的 pH 值由 0.1000mol/L 的 HOAc 溶液的酸度决定。根据弱酸 pH 值计算的最简式（表 13.1）：

$$[H^+] = \sqrt{cK_a}$$
$$[H^+] = \sqrt{0.1000 \times 1.8 \times 10^{-5}} \, mol/L = 1.34 \times 10^{-3} \, mol/L$$
$$pH = 2.87$$

（2）滴定开始至化学计量点前。这一阶段的溶液由未反应的 HOAc 与反应产物 NaOAc 组成，其 pH 值由 HOAc—NaOAc 缓冲体系来决定，即

$$[\text{H}^+]=K_{a(\text{HOAc})}\frac{[\text{HOAc}]}{[\text{OAc}^-]}$$

（3）化学计量点时。此时溶液的 pH 值由体系产物的解离决定。化学计量点时体系产物是 NaOAc 与 H_2O，OAc^- 是一种弱碱。因此

$$[\text{OH}^-]=\sqrt{cK_{b(\text{OAc}^-)}}$$

$$K_{b(\text{OAc}^-)}=\frac{K_a}{K_{a(\text{HOAc})}}=\frac{1.0\times10^{-14}}{1.8\times10^{-5}}=5.56\times10^{-10}$$

$$c=[\text{OAc}^-]=0.1000\text{mol/L}\times\frac{20.00\text{mL}}{20.00\text{mL}+20.00\text{mL}}=5.0\times10^{-2}\text{mol/L}$$

$$[\text{OH}^-]=\sqrt{5.0\times10^{-2}\times5.56\times10^{-10}}\,\text{mol/L}=5.27\times10^{-6}\text{mol/L}$$

$$\text{pOH}=5.28,\ \text{pH}=8.72$$

（4）化学计量点后。此时溶液的组成是过量 NaOH 和滴定产物 NaOAc。由于过量 NaOH 的存在，抑制了 OAc 的水解。因此，溶液的 pH 值由过量 NaOH 中 $[\text{OH}^-]$ 来决定。例如，滴入 20.02mL NaOH 溶液（过量的 NaOH 为 0.02mL），则

$$[\text{OH}^-]=\frac{0.1000\text{mol/L}\times0.02\text{mL}}{20.00\text{mL}+20.02\text{mL}}=5.0\times10^{-5}\text{mol/L}$$

$$\text{pOH}=4.30\quad\text{pH}=9.70$$

按上述方法，依次计算出滴定过程中溶液的 pH 值，其计算结果列于表 13.4，并根据计算结果绘制滴定曲线，得到如图 13.3 中的曲线 I。该图中的虚线为强碱滴定强酸的曲线。

表 13.4　　　用 0.1000mol/L NaOH 溶液滴定 20.00mL 0.1000mol/L HOAc 溶液

加入 NaOH 溶液体积/mL	滴定分数/%	剩余 HOAc 溶液的体积/mL	过量 NaOH 溶液的体积/mL	pH 值	
0.00	0	20.00		2.87	
10.00	50.0	10.00		4.74	
18.00	90.0	2.00		5.70	
19.80	99.0	0.20		6.74	
19.98	99.9	0.02		7.74A	⎫
20.00	100.0	0.00		8.72	⎬ 滴定突跃
20.02	100.1		0.02	9.70B	⎭
20.20	101.0		0.20	10.70	
22.00	110.0		2.00	11.70	
40.00	200.0		20.00	12.50	

将图 13.3 中的曲线 I 与虚线进行比较可以看出，由于 HOAc 是弱酸，滴定开始前溶液中 $[\text{H}^+]$ 就较低，pH 值较 NaOH 滴定 HCl 时高。滴定开始后 pH 值逐渐升高，随着

NaOH 溶液的不断加入，NaOAc 不断生成，在溶液中形成弱酸及其共轭碱（HOAc—OAc）的缓冲体系，pH 值增加较慢，使这一段曲线较为平坦。当滴定接近化学计量点时，由于溶液中剩余的HOAc 已很少，溶液的缓冲能力已逐渐减弱，于是随着 NaOH 溶液的不断滴入，溶液的 pH 值变化逐渐加快，到达化学计量点时，在其附近出现一个较为短小的滴定突跃。突跃的 pH 值为 7.74～9.70，处于碱性范围内，这是由于化学计量点时溶液中存在着大量的 OAc⁻，它是弱碱，使溶液显微碱性。

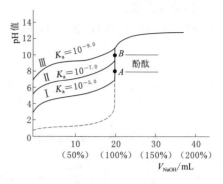

图 13.3　以 NaOH 溶液滴定不同弱酸溶液的滴定曲线

13.5　酸碱滴定法结果计算

【例 13.3】　称取纯 $CaCO_3$ 0.5000g，溶于 50.00mL HCl 溶液中，多余的酸用 NaOH 溶液回滴，计消耗 6.20mL。已知 1.000mL NaOH 溶液相当于 1.010mL HCl 溶液。求两种溶液的浓度。

解：6.20mLNaOH 溶液相当于 6.20mL×1.010＝6.26mL HCl 溶液，因此与 $CaCO_3$ 反应的 HCl 溶液的体积实际为

$$50.00mL － 6.26mL ＝ 43.74mL$$

设 HCl 溶液和 NaOH 溶液的浓度分别为 c_1 和 c_2，已知 $M_{CaCO_3}＝100.1g/mol$，根据反应式，即

$$CaCO_3 ＋ 2HCl \Longrightarrow CaCl_2 ＋ CO_2 \uparrow ＋ H_2O$$

可知 $n_{HCl} ＝ 2n_{CaCO_3}$，故

$$c_1 × 43.74 × 10^{-3}L ＝ 2 × \frac{0.5000g}{100.1g/mol}$$

$$c_1 ＝ 0.2284mol/L$$

$$c_2 × 1.000 × 10^{-3}L ＝ 0.2284mol/L × 1.010 × 10^{-3}L$$

$$c_2 ＝ 0.2307mol/L$$

因此，HCl 溶液浓度为 0.2284mol/L，NaOH 溶液浓度为 0.2307mol/L。

【例 13.4】　用酸碱滴定法测定某试样中的含磷量。称取试样 0.9567g，经处理后使 P 转化成 H_3PO_4，再在 HNO_3 介质中加入钼酸铵，即生成磷钼酸铵沉淀，其反应如下式所示：

$$H_3PO_4 ＋ 12MoO_4^{2-} ＋ 2NH_4^+ ＋ 22H^+ \Longrightarrow (NH_4)_2HPO_4 \cdot 12MoO_3 \cdot H_2O \downarrow ＋ 11H_2O$$

将黄色的磷钼酸铵沉淀过滤，洗至不含游离酸，溶于 30.48mL 0.2016mol/L NaOH 溶液中，其反应式为

$$(NH_4)_2HPO_4 \cdot 12MoO_3 \cdot H_2O ＋ 24OH^- \Longrightarrow 12MoO_4^{3-} ＋ HPO_4^{2-} ＋ 2NH_4^+ ＋ 13H_2O$$

用 0.1987mol/L HNO_3 标准溶液回滴过量的碱至酚酞变色，耗去 15.74mL。求试样

中 P 的质量分数。

解： 由反应式可知 $1P \sim 1H_3PO_4 \sim 1(NH_4)_2HPO_4 \cdot 12MoO_3 \sim 24OH^-$，故

$$\frac{n_P}{n_{NaOH}} = \frac{1}{24}$$

$$m_P = n_P M_P = \frac{M_P}{24} n_{NaOH}$$

$$
\begin{aligned}
w_P &= \frac{M_P}{24 m_{试}} n_{NaOH} \times 100\% \\
&= \frac{30.97 \, \text{g/mol}}{24 \times 0.9657 \, \text{g}} \times (0.2016 \, \text{mol/L} \times 30.48 \times 10^{-3} \, \text{L} - 0.1987 \, \text{mol/L} \\
&\quad \times 15.74 \times 10^{-3} \, \text{L}) \times 100\% \\
&= 0.4070\%
\end{aligned}
$$

第14章 配位滴定法

14.1 概述

配位滴定法是以配位反应为基础的一种滴定分析方法。早期用 $AgNO_3$ 标准溶液滴定 CN^-，发生如下反应形成配位化合物（简称配合物）：

$$Ag^+ + 2CN^- \Longrightarrow Ag(CN)_2^-$$

滴定到达化学计量点时，多加一滴 $AgNO_3$ 溶液，Ag^+ 就与 $Ag(CN)_2^-$ 反应生成白色的 $Ag[Ag(CN)_2]$ 沉淀，以指示终点的到达。终点时的反应为

$$Ag(CN)_2^- + Ag^+ \Longrightarrow Ag[Ag(CN)_2]\downarrow$$

配合物的稳定性以配合物稳定常数 $K_稳$ 表示，如上例中

$$K_稳 = \frac{[Ag(CN)_2^-]}{[Ag^+][CN^-]} = 10^{21.1}$$

$Ag(CN)_2^-$ 的 $K_稳 = 10^{21.1}$，说明反应进行得很完全。各种配合物都有其稳定常数，从配合物稳定常数的大小可以判断配位反应进行的完全程度，以及能否满足滴定分析的要求。

配位滴定中常用的滴定剂即配位剂有两类：一类是无机配位剂，另一类是有机配位剂。一般无机配位剂很少用于滴定分析，这是因为：①这类配位剂和金属离子形成的配合物不够稳定，不能符合滴定反应的要求；②在配位过程中有逐级配位现象，而且各级配合物的稳定常数相差较小，故溶液中常常同时存在多种形式的配离子，使滴定过程中突跃不明显，终点难以判断，而且也无恒定的化学计量关系。例如，Cd^{2+} 与 CN^- 的配位反应分四级进行，存在下列四种形式：

$$Cd^{2+} + CN^- \Longrightarrow Cd(CN)^+ \Longrightarrow Cd(CN)_2 \Longrightarrow Cd(CN)_3^- \Longrightarrow Cd(CN)_4^{2-}$$

$$K_稳 \quad 3.02\times10^5 \quad 1.38\times10^5 \quad 3.63\times10^5 \quad 3.80\times10^5$$

因为各级稳定常数相差很小，因而滴定时产物的组成不定，化学计量关系也就不确定，所以无机配位剂在分析化学中的应用受到一定的限制，一般只用作掩蔽剂等。大多数有机配位剂与金属离子的配位反应不存在上述的缺陷，故配位滴定中常用有机配位剂，其中最常用的是氨羧类配位剂。

氨羧类配位剂大部分是以氨基二乙酸基团 $[\text{—N(CH}_2\text{COOH)}_2]$ 为基体的有机配位剂 [或称螯合剂]，这类配位剂中含有配位能力很强的氨氮 $\left[\ddot{\text{N}}\diagup\!\!\!\diagdown\right]$ 和羧氧 $\left[\begin{matrix}\text{—C—O}^-\\ \| \\ \text{O}\end{matrix}\right]$ 这两种配位原子，它们能与多种金属离子形成稳定的可溶性配合物。

氨羧类配位剂中应用最为广泛的是 EDTA，它可以直接或间接滴定几十种金属离子。本章主要讨论以 EDTA 为配位剂滴定金属离子的配位滴定法。

14.2　EDTA 与金属离子的配合物及其稳定性

14.2.1　EDTA 的性质

乙二胺四乙酸（EDTA 或 EDTA 酸）是一种多元酸，可用 H_4Y 表示。EDTA 在水中的溶解度较小（22℃时每 100mL 水中仅能溶解 0.02g），也难溶于酸和一般的有机溶剂，但易溶于氨溶液和 NaOH 溶液中，生成相应的盐，故实际使用时常用其二钠盐，即乙二胺四乙酸二钠（$Na_2H_2Y \cdot 2H_2O$，相对分子质量 372.24），一般也简称 EDTA。它在水溶液中的溶解度较大，22℃时每 100mL 水中能溶解 11.1g，浓度约为 0.3mol/L，pH≈4.5。

在 EDTA 的结构中，两个羧基上的 H^+ 可转移到 N 原子上，形成双偶极离子。

$$\begin{array}{l} ^-OOCH_2C \\ \\ HOOCH_2C \end{array}\!\!\Big\rangle \overset{H}{\underset{N^+}{}}\!\!-CH_2\!-\!CH_2\!-\!\overset{H}{\underset{N}{}}\Big\langle\!\!\begin{array}{l} CH_2COOH \\ \\ CH_2COO^- \end{array}$$

若 EDTA 溶于酸度很高的溶液，它的两个羧基可以再接受 H^+ 而形成 H_6Y^{2+}，相当于形成一个六元酸，EDTA 在水溶液中的六级解离平衡为

$$H_6Y^{2+} \Longrightarrow H^+ + H_5Y^+ \qquad \frac{[H^+][H_5Y^+]}{[H_6Y^{2+}]} = K_{a1} = 10^{-0.9}$$

$$H_5Y^+ \Longrightarrow H^+ + H_4Y \qquad \frac{[H^+][H_4Y]}{[H_5Y^+]} = K_{a2} = 10^{-1.6}$$

$$H_4Y \Longrightarrow H^+ + H_3Y^- \qquad \frac{[H^+][H_3Y^-]}{[H_4Y]} = K_{a3} = 10^{-2.0}$$

$$H_3Y^- \Longrightarrow H^+ + H_2Y^{2-} \qquad \frac{[H^+][H_2Y^{2-}]}{[H_3Y^-]} = K_{a4} = 10^{-2.67}$$

$$H_2Y^{2-} \Longrightarrow H^+ + HY^{3-} \qquad \frac{[H^+][HY^{3-}]}{[H_2Y^{2-}]} = K_{a5} = 10^{-6.16}$$

$$HY^{3-} \Longrightarrow H^+ + Y^{4-} \qquad \frac{[H^+][Y^{4-}]}{[HY^{3-}]} = K_{a1} = 10^{-10.26}$$

联系六级解离关系，存在下列平衡：

$$H_6Y^{2+} \underset{+H^+}{\overset{H^+}{\rightleftharpoons}} H_5Y^+ \underset{+H^+}{\overset{H^+}{\rightleftharpoons}} H_4Y \underset{+H^+}{\overset{H^+}{\rightleftharpoons}} H_3Y^- \underset{+H^+}{\overset{H^+}{\rightleftharpoons}} H_2Y^{2-} \underset{+H^+}{\overset{H^+}{\rightleftharpoons}} HY^{3-} \underset{+H^+}{\overset{-H^+}{\rightleftharpoons}} Y^{4-}$$

$$(14.1)$$

由于分步解离，已质子化了的 EDTA 在水溶液中总是以 H_6Y^{2+}、H_5Y^+、H_4Y、H_3Y^-、H_2Y^{2-}、HY^{3-} 和 Y^{4-} 七种形式存在。从式（14.1）可以看出，EDTA 中各种存在形式间的浓度比例取决于溶液的 pH 值。若溶液酸度增大，pH 值减小，上述平衡向左移动；反之，若溶液酸度减小，pH 值增大，则上述平衡右移。EDTA 各种存在形式的分

配情况与 pH 值之间的分布曲线如图 14.1 所示。

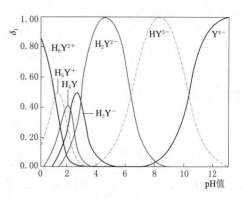

图 14.1 EDTA 各种存在形式在不同 pH 值时的分布曲线

由图 14.1 可以清楚地看出，不同 pH 值时 EDTA 各种存在形式的分配情况。在 pH<1 的强酸性溶液中，EDTA 主要以 H_6Y^{2+} 形式存在；在 pH=1~1.6 的溶液中，主要以 H_5Y^+ 形式存在；在 pH=1.6~2.0 的溶液中，主要以 H_4Y 形式存在；在 pH=2.0~2.67 的溶液中，主要存在形式是 H_3Y^-；在 pH=2.67~6.16 的溶液中，主要存在形式是 H_2Y^{2-}；在 pH=6.16~10.26 的溶液中，主要存在形式是 HY^{3-}，在 pH 值很大（>12）时才几乎完全以 Y^{4-} 形式存在。

14.2.2 EDTA 与金属离子的配合物

在 EDTA 分子的结构中，具有六个可与金属离子形成配位键的原子（两个氨基氮和四个羧基氧，它们都有孤对电子，能与金属离子形成配位键），因而，EDTA 可以与金属离子形成配位数为 4 或 6 的稳定的配合物。EDTA 与金属离子的配位反应具有以下几方面的特点。

（1）EDTA 与许多金属离子可形成配位比为 1∶1 的稳定配合物，例如：

$$Ca^+ + Y^{4-} \rightleftharpoons CaY^{2-}$$
$$Fe^{3+} + Y^{4-} \rightleftharpoons FeY^-$$

反应中无逐级配位现象，反应的定量关系明确。只有极少数金属离子〔如 Zr（IV）和 Mo（VI）等〕例外。

（2）EDTA 与多数金属离子形成的配合物具有相当的稳定性。从 EDTA 与 Ca^{2+}、Fe^{3+} 的配合物的结构图（图 14.2）可以看出，EDTA 与金属离子配位时形成五个五元环（四个 $\begin{array}{c} O-C-C-N \\ \overline{\qquad M \qquad} \end{array}$ 五元环，一个 $\begin{array}{c} N-C-C-N \\ \overline{\qquad M \qquad} \end{array}$ 五元环），具有这种环状结构的配合物称为螯合物。从配合物的研究可知，具有五元环或六元环的螯合物很稳定，而且所形成的环越多，螯合物越稳定。因而 EDTA 与大多数金属离子形成的螯合物具有较大的稳定性。

（3）EDTA 与金属离子形成的配合物大多带电荷，水溶性好，反应速率较快，而且无色的金属离子与 EDTA 生成的配合物仍为无色，有利于用指示剂确定滴定终点，但有色的金属离子与 EDTA 形成的配合物其颜色将加深。例如，CuY^{2-} 为深蓝色、FeY^- 为黄色，NiY^{2-} 为蓝色。滴定时，如遇有色的金

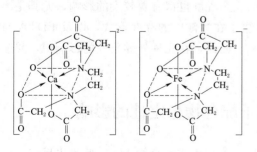

图 14.2 EDTA 与 Ca^{2+}、Fe^{3+} 的配合物的结构示意图

属离子，则试液的浓度不宜过大，否则将影响指示剂的终点显示。

上述特点说明 EDTA 和金属离子的配位反应能够符合滴定分析对反应的要求。

金属离子与 EDTA（简单表示成 Y）的配位反应，略去电荷，可简写成

$$M + Y \rightleftharpoons MY$$

其稳定常数 $K_稳$ 或 K_{MY} 为

$$K_{MY} = \frac{[MY]}{[M][Y]} \tag{14.2}$$

EDTA 与一些常见金属离子的配合物的稳定常数见表 14.1。

表 14.1　　　　　EDTA 与一些常见金属离子的配合物的稳定常数
（溶液离子强度 1＝0.1mol/L，温度 293K）

阳离子	$\lg K_{MY}$	阳离子	$\lg K_{MY}$	阳离子	$\lg K_{MY}$
Na^+	1.66	Ce^{4+}	15.98	Ca^{2+}	18.80
Li^+	2.79	Al^{3+}	16.3	Ga^{3+}	20.3
Ag^+	7.32	Co^{2+}	16.31	Ti^{3+}	21.3
Ba^{2+}	7.86	Pr^{2+}	16.31	Hg^{2+}	21.8
Mg^{2+}	8.69	Cd^{2+}	16.46	Sn^{2+}	22.1
Sr^{2+}	8.73	Zn^{2+}	16.50	Th^{4+}	23.2
Be^{2+}	9.20	Pb^{2+}	18.04	Cr^{3+}	23.4
Ca^{2+}	10.69	Y^{3+}	18.09	Fe^{3+}	25.1
Mn^{2+}	13.87	VO_2^+	18.1	U^{4+}	25.8
Fe^{2+}	14.33	Ni^{2+}	18.60	Bi^{3+}	27.94
La^{3+}	15.50	VO^{2+}	18.8	Co^{3+}	36.0

由表 14.1 可见，金属离子与 EDTA 形成的配合物的稳定性主要取决于金属离子的电荷、离子半径和电子层结构等因素。碱金属离子的配合物最不稳定；碱土金属离子的配合物 $\lg K_{MY}＝8\sim11$；过渡元素、稀土元素、Al^{3+} 的配合物 $\lg K_{MY}＝15\sim19$；其他三价、四价金属离子和 Hg^{2+} 的配合物 $\lg K_{MY}＞20$。

EDTA 与金属离子形成的配合物的稳定性对配位滴定反应的完全程度有着重要的影响，可以用 $\lg K_{MY}$ 衡量在不发生副反应情况下配合物的稳定程度。但外界条件如溶液的酸度、其他配位剂、干扰离子等对配位滴定反应的完全程度也都有着较大的影响，尤其是溶液的酸度对 EDTA 在溶液中的存在形式、金属离子在溶液中的存在形式，以及 EDTA 与金属离子形成的配合物的稳定性均有显著的影响。因此，在几种外界条件的影响中，酸度的影响常常是配位滴定中首先应考虑的问题。

14.3　外界条件对 EDTA 与金属离子配合物稳定性的影响

在 EDTA 滴定中，被测金属离子 M 与 EDTA 配位生成配合物 MY，此为主反应。反应物 M、Y 及反应产物 MY 都可能同溶液中其他组分发生副反应，使 MY 配合物的稳定

性受到影响，如下式所示：

$$M \quad + \quad Y \rightleftharpoons \quad MY \qquad 主反应$$

$$OH^- \qquad L \quad H^+ \qquad N \quad H^+ \qquad OH^- \quad \Big\} \; 副反应$$

M(OH)　　　ML　HY　　　NY　MHY　MOHY

$\vdots$　　　　　$\vdots$　$\vdots$

$M(OH)_n$　　　ML_n　H_6Y

羟基配位　　辅助配位　酸效应　　干扰离子　混合配位
效应　　　　效应　　　　　　　　效应　　　效应

式中：L 为辅助配位剂；N 为干扰离子。

　　反应物金属离子与 OH^- 离子或辅助配位剂 L 发生的副反应，EDTA 与 H^+ 离子或干扰离子发生的副反应，都不利于主反应的进行。而反应产物 MY 发生的副反应，在酸度较高情况下，生成酸式配合物 MHY；在碱度较高时，生成 $M(OH)Y$、$M(OH)_2Y$ 等碱式配合物，这些副反应称为混合配位效应，混合配位效应使 EDTA 对金属离子总配位能力增强，故有利于主反应的进行。但其产物大多数不太稳定，其影响一般可以忽略不计。下面着重对 EDTA 的酸效应、金属离子的配位效应分别加以讨论。

14.3.1　EDTA 的酸效应及酸效应系数

　　EDTA 与金属离子的反应本质上是 Y^{4-} 离子与金属离子的反应。由 EDTA 的解离平衡可知，Y^{4-} 离子只是 EDTA 各种存在形式中的一种，只有当 $pH \geqslant 12$ 时，EDTA 才全部以 Y^{4-} 离子形式存在。溶液 pH 值减小，将使式（14.1）所示的平衡向左移动，产生 H_6Y^{2+}、H_5Y^+、H_4Y、H_3Y^-、H_2Y^{2-}、HY^{3-} 等，Y^{4-} 减少，因而使 EDTA 与金属离子的反应能力降低。这种由于 H^+ 与 Y^+ 作用而使 Y^{4-} 参与主反应能力下降的现象称为 EDTA 的酸效应。酸效应的大小用酸效应系数 $\alpha_{Y(H)}$ 来衡量。酸效应系数表示在一定 pH 值条件下 EDTA 的各种存在形式的总浓度 $[Y']$ 与能参与配位反应的 Y^{4-} 的平衡浓度之比。即

$$\alpha_{Y(H)} = \frac{[Y^+]}{[Y^{4-}]} \tag{14.3}$$

其中　　$[Y^+] = [Y^{4-}] + [HY^{3-}] + [H_2Y^{2-}] + \cdots + [H_5Y^+] + [H_6Y^{2+}]$

$$\alpha_{Y(H)} = \frac{[Y^{4-}] + [HY^{3-}] + [H_2Y^{2-}] + \cdots + [H_5Y^+] + [H_6Y^{2+}]}{[Y^{4-}]}$$

$$= 1 + \frac{[H^+]}{K_{a_6}} + \frac{[H^+]^2}{K_{a_6} K_{a_5}} + \frac{[H^+]^3}{K_{a_6} K_{a_5} K_{a_4}} + \frac{[H^+]^4}{K_{a_6} K_{a_5} K_{a_4} K_{a_3}}$$

$$\frac{[H^+]^5}{K_{a_6} K_{a_5} K_{a_4} K_{a_3} K_{a_2}} + \frac{[H^+]^6}{K_{a_6} K_{a_5} K_{a_4} K_{a_3} K_{a_2} K_{a_1}}$$

$$\alpha_{Y(H)} = 1 + \beta_1 [H^+] + \beta_2 [H^+]^2 + \beta_3 [H^+]^3 + \cdots + \beta_5 [H^+]^5 + \beta_6 [H^+]^6 \tag{14.4}$$

其中

$$\beta_1 = \frac{1}{K_{a_6}}$$

$$\beta_2 = \frac{1}{K_{a_5} K_{a_6}}$$

$$\beta_3 = \frac{1}{K_{a_4} K_{a_5} K_{a_6}}$$

$$\beta_4 = \frac{1}{K_{a_3} K_{a_4} K_{a_5} K_{a_6}}$$

......

式中：β 为累积稳定常数。

由上述计算关系可见，酸效应系数与 EDTA 的各级解离常数和溶液的酸有关。在一定温度下，解离常数为定值，因而 $\alpha_{Y(H)}$ 仅随着溶液酸度而变。溶液酸度越大，$[H^+]$ 越大，$\alpha_{Y(H)}$ 值越大，表示酸效应引起的副反应越严重。如果 H^+ 与 Y^{4-} 之间没有发生副反应，即未参加配位反应的 EDTA 全部以 Y^{4-} 形式存在，则 $\alpha_{Y(H)} = 1$。

将不同 pH 值时的 $\alpha_{Y(H)}$ 列于表 14.2。

表 14.2　　　　　　　　　　　　　不同 pH 值时的 $lg\alpha_{Y(H)}$

pH 值	$lg\alpha_{Y(H)}$	pH 值	$lg\alpha_{Y(H)}$	pH 值	$lg\alpha_{Y(H)}$
0.0	23.64	3.8	8.85	7.4	2.88
0.4	21.32	4.0	8.44	7.8	2.47
0.8	19.08	4.4	7.64	8.0	2.27
1.0	18.61	4.8	6.84	8.4	1.87
1.4	16.02	5.0	6.45	8.8	1.48
1.8	14.27	5.4	5.69	9.0	1.28
2.0	13.51	5.8	4.98	9.5	0.83
2.4	12.19	6.0	4.65	10.0	0.45
2.8	11.09	6.4	4.06	11.0	0.07
3.0	10.60	6.8	3.55	12.0	0.01
3.4	9.70	7.0	3.32	13.0	0.00

14.3.2　金属离子的配位效应及其副反应系数

在配位滴定中，金属离子常发生两类副反应：一类是金属离子在水中和 OH^- 生成各种羟基配离子，例如，Fe^{3+} 在水溶液中能生成 $Fe(OH)^{2+}$、$Fe(OH)_2^+$ 等，使金属离子参与主反应的能力下降，这种现象称为金属离子的羟基配位效应，也称金属离子的水解效应。金属离子的羟基配位效应可用副反应系数 $\alpha_{M(OH)}$ 表示：

$$\alpha_{M(OH)} = \frac{[M] + [MOH] + [M(OH)_2] + \cdots + [M(OH)_n]}{[M]}$$

$$= 1 + \beta_1[OH^-] + \beta_2[OH^-]^2 + \cdots + \beta_n[OH^-]^n \tag{14.5}$$

另一类是金属离子与辅助配位剂的作用，有时为了防止金属离子在滴定条件下生成沉淀或掩蔽干扰离子等原因，在试液中须加入某些辅助配位剂，使金属离子与辅助配位剂发生作用，产生金属离子的辅助配位效应。例如，在 pH＝10 时滴定 Zn^{2+}，加入 $NH_3 \cdot H_2O$—NH_4Cl 缓冲溶液，这是为了控制滴定所需的 pH 值，同时又使 Zn^{2+} 与 NH_3 配位形成 $[Zn(NH_3)_4]^{2+}$，从而防止 $Zn(OH)_2$ 沉淀析出。辅助配位效应可用副反应系数 $\alpha_{M(L)}$ 表示：

$$\alpha_{M(L)} = \frac{[M]+[ML]+[ML_2]+\cdots+[ML_n]}{[M]} = 1+\beta_1[L]+\beta_2[L]^2+\beta_3[L]^3+\cdots+\beta_n[L]^n$$

$$(14.6)$$

综合上述两种情况，金属离子的总的副反应系数可用 α_M 表示：

$$\alpha_M = \frac{[M']}{[M]}$$

$$(14.7)$$

式中：$[M]$ 为游离金属离子浓度；$[M'] = [M]+[MOH]+[M(OH)_2]+\cdots+[M(OH)_n]+[ML]+[ML_2]+\cdots+[ML_n]$。

对含辅助配位剂 L 的溶液，经推导可得

$$\alpha_M = \alpha_{M(L)} + \alpha_{M(OH)} - 1$$

$$(14.8)$$

14.3.3 条件稳定常数

由于实际反应中存在诸多副反应，它们对 EDTA 与金属离子的主反应有着不同程度的影响，因此，必须对式（14.2）表示的配合物的稳定常数进行修正，若综合考虑 EDTA 的酸效应和金属离子的副效应，则由式（14.3）和式（14.7）可得

$$[Y^{4-}] = \frac{[Y']}{\alpha_{Y(H)}}, \quad [M] = \frac{[M']}{\alpha_M}$$

代入式（14.2）可得

$$\frac{[MY]}{[M'][Y']} = \frac{K_{MY}}{\alpha_{Y(H)}\alpha_M} = K_{M'Y'}$$

$$(14.9)$$

取对数得

$$\lg K_{M'Y'} = \lg K_{MY} - \lg\alpha_M - \lg\alpha_{Y(H)}$$

$$(14.10)$$

$K_{M'Y'}$ 称为条件稳定常数，在一定的条件下（如溶液酸碱度、辅助配位剂的浓度等一定时），$\alpha_{Y(H)}$ 和 α_M 可以成为定值，则此时 $K_{M'Y'}$ 为常数。当外界条件改变时，$K_{M'Y'}$ 也改变。其大小说明溶液酸碱度和辅助配位效应对配合物实际稳定程度的影响。$K_{M'Y'}$ 是以 EDTA 总浓度和金属离子总浓度表示的稳定常数。一般 MY 的副反应影响较小，在此忽略不作考虑。

影响配位滴定主反应完全程度的因素很多，在诸多影响因素中，若系统中无共存离子干扰、不存在辅助配位剂、金属离子不易水解时，最主要的影响是 EDTA 的酸效应，因此可将式（14.10）简化为仅考虑 EDTA 的酸效应的影响，即

$$\frac{[MY]}{[M][Y']} = \frac{K_{MY}}{\alpha_{Y(H)}} = K'_{MY}$$

取对数得

$$\lg K'_{MY} = \lg K_{MY} - \lg\alpha_{Y(H)}$$

$$(14.11)$$

上式中 K'_{MY} 是考虑了酸效应后 EDTA 与金属离子配合物的稳定常数，即在一定酸度条件

下用 EDTA 溶液总浓度表示的稳定常数。它的大小说明溶液的酸度对配合物实际稳定性的影响。pH 值越大，$\lg \alpha_{Y(H)}$ 值越小，条件稳定常数越大，配位反应越完全，对滴定越有利；反之 pH 值降低，条件稳定常数将减小，不利于滴定。因此，欲使配位滴定反应完全，必须减小酸效应的影响，而酸效应的大小与 pH 值有关，故必须控制适宜的 pH 值条件。

14.3.4　配位滴定中适宜 pH 值条件的控制

配位滴定中适宜 pH 值条件的控制由 EDTA 的酸效应和金属离子的羟基配位效应决定。根据酸效应可确定滴定时允许的最低 pH 值，根据羟基配位效应可大致估计滴定允许的最高 pH 值，从而得出滴定的适宜 pH 值范围。

滴定时允许的最低 pH 值取决于滴定允许的误差和检测终点的准确度。配位滴定的目测终点与化学计量点 pM 的差值 ΔpM 一般为 $\pm(0.2 \sim 0.5)$，即至少为 ± 0.2。若允许相对误差为 $\pm 0.1\%$，金属离子的分析浓度为 c，根据终点误差公式可得

$$\lg(cK'_{MY}) \geqslant 6 \qquad (14.12)$$

通常将式 (14.12) 作为能否用配位滴定法测定单一金属离子的条件。若能满足该条件，则可得到相对误差 $|E_r| \leqslant 0.1\%$ 的分析结果。

将式 (14.11) 和式 (14.12) 结合可得。

$$\lg c + \lg K_{MY} - \lg \alpha_{Y(H)} \geqslant 6$$
$$\lg \alpha_{Y(H)} \leqslant \lg c + \lg K_{MY} - 6 \qquad (14.13)$$

由此式可算出 $\lg \alpha_{Y(H)}$，再查表 14.2，用内插法可求得配位滴定允许的最低 pH 值（pH_{min}）。

由式 (14.13) 可知，由于不同金属离子的 $\lg K_{MY}$ 不同，所以滴定时允许的最低 pH 值也不相同。将各种金属离子的 $\lg K_{MY}$ 值与其最低 pH 值（或对应的 $\lg \alpha_{Y(H)}$ 与最低 pH 值）绘成曲线，称为 EDTA 的酸效应曲线或林邦曲线，如图 14.3 所示。图中金属离子位置所对应的 pH 值，就是滴定该金属离子时所允许的最低 pH 值。

从图 14.3 可以查出单独滴定某种金属离子时允许的最低 pH 值，例如，FeY^- 配合物很稳定（$\lg K_{FeY^-} = 25.1$），查图 14.3 得 pH>1；即可在强酸性溶液中滴定；而 ZnY^{2-} 配合物的稳定性（$\lg K_{ZnY^{2-}} = 16.50$）比 FeY^- 的稍差些，须在弱酸性溶液中（pH≥4.0）滴定；CaY^{2-} 配合物的稳定性更差一些（$\lg K_{CaY^{2-}} = 10.69$），须在 pH≥7.6 的碱性溶液中滴定。

在满足滴定允许的最低 pH 值的条件下，若溶液的 pH 值升高，则 $\lg K'_{MY}$ 增大，配位反应的完全程度也增大。但若溶液的 pH 值太高，则某些金属离子会形成羟基配合物，致使羟基配位效应增大，最终反而影响滴定的主反应。因此，配位滴定还应考虑不使金属离子发生羟基化反应的 pH 值条件，这个允许的最高 pH 值通常由金属离子氢氧化物的溶度积常数估计求得。

除了上述从 EDTA 酸效应和羟基配位效应来考虑配位滴定的适宜 pH 值范围外，还需要考虑指示剂的颜色变化对 pH 值的要求。滴定时实际应用的 pH 值比理论上允许的最低 pH 值要大一些，这样，其他非主要影响因素也考虑在内了。但也应该指出，不同的情

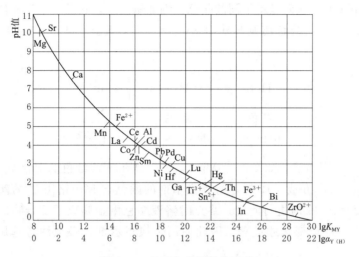

图 14.3　EDTA 的酸效应曲线

（金属离子浓度 0.01mol/L，允许测定的相对误差为±0.1%）

况下矛盾的主要方面不同。如果加入的辅助配位剂的浓度过大，辅助配位效应就可能变成主要影响；若加入的辅助配位剂与金属离子形成的配合物比 EDTA 形成的配合物更稳定，则将掩蔽欲测定的金属离子，而使滴定无法进行。

14.4　金属指示剂确定滴定终点的方法

　　配位滴定与其他滴定一样，判断滴定终点的方法有多种，除了使用金属指示剂外，还可以运用电位滴定、光度测定等仪器分析技术确定滴定终点，但最常用的还是以金属指示剂判断滴定终点的方法。

14.4.1　金属指示剂的性质和作用原理

　　金属指示剂是一些有机配位剂，可与金属离子形成有色配合物，其颜色与游离指示剂的颜色不同，因而能指示滴定过程中金属离子浓度的变化情况。现以铬黑 T 为例说明其作用原理。铬黑 T 在 pH＝8～11 时呈蓝色，它与 Ca^{2+}、Mg^{2+}、Zn^{2+} 等金属离子形成的配合物呈酒红色。如果用 EDTA 滴定这些金属离子，加入铬黑 T 指示剂，滴定前它与少量金属离子配位成酒红色，离子逐步被配位而形成配合物 MY。等到游离金属离子几乎完全配位后，继续滴加 EDTA 时，由于 EDTA 与金属离子配合物的条件稳定常数大于铬黑 T 与金属离子配合物（M—铬黑 T）的条件稳定常数，因此 EDTA 夺取 M—铬黑 T 中的金属离子，将指示剂游离出来，溶液的颜色由酒红色突变为游离铬黑 T 的蓝色，指示滴定终点的到达。

$$M—铬黑 T＋Y \Longrightarrow MY＋铬黑 T$$
$$酒红色 蓝色$$

　　应该指出，许多金属指示剂不仅具有配位剂的性质，而且本身常是多元弱酸或多元弱碱，能随溶液 pH 值变化而显示不同的颜色。例如铬黑 T，它是一个三元酸，第一级解离极容易，第二级和第三级解离则较难（$pK_{a2}=6.3$，$pK_{a3}=11.6$），在溶液中存在下列平衡：

$$H_2In^- \underset{+H^+}{\overset{-H^+}{\rightleftharpoons}} HIn^{2-} \underset{+H^+}{\overset{-H^+}{\rightleftharpoons}} In^{3-}$$

　　　红色　　　　　　蓝色　　　　　　橙色

pH<6　　　pH=8～11　　　pH>12

铬黑 T 与许多阳离子，如 Ca^{2+}、Mg^{2+}、Zn^{2+} 等形成酒红色的配合物（M—铬黑 T）。显然，铬黑 T 在 pH<6 或 >12 时，游离指示剂的颜色与 M—铬黑 T 的颜色有显著的差别。只有在 pH=8～11 时进行滴定，终点时溶液颜色由金属离子配合物的酒红色变成游离指示剂的蓝色，颜色变化才显著。因此使用金属指示剂，必须注意选用合适的 pH 值范围。

14.4.2　金属指示剂应具备的条件

由以上讨论可知，作为金属指示剂，必须具备下列条件：

（1）在滴定的 pH 值范围内，游离指示剂和指示剂与金属离子的配合物两者的颜色应有显著的差别，这样才能使终点颜色变化明显。

（2）指示剂与金属离子形成的有色配合物要有适当的稳定性。指示剂与金属离子配合物的稳定性必须小于 EDTA 与金属离子配合物的稳定性，这样在滴定到达化学计量点时，指示剂才能被 EDTA 置换出来，而显示终点的颜色变化。但如果指示剂与金属离子所形成的配合物太不稳定，则在化学计量点前指示剂就开始游离出来，使终点变色不敏锐，并使终点提前出现而引入误差。

另一方面，如果指示剂与金属离子形成更稳定的配合物而不能被 EDTA 置换，则虽加入过量 EDTA 也达不到终点，这种现象称为指示剂的封闭。例如，铬黑 T 能被 Fe^{3+}、Al^{3+}、Cu^{2+}、和 Ni^{2+} 等离子封闭。

为了消除封闭现象，可以加入适当的配位剂来掩蔽能封闭指示剂的离子（量多时要分离除去）。有时使用的蒸馏水不合要求，其中含有微量重金属离子，也能引起指示剂封闭，所以配位滴定要求蒸馏水有一定的质量指标。

（3）指示剂与金属离子形成的配合物应易溶于水，如果生成胶体溶液或沉淀，在滴定时指示剂与 EDTA 的置换作用将进行缓慢而使终点拖长，这种现象称为指示剂的僵化。例如，用 PAN 作指示剂，在温度较低时易发生僵化。

为了避免指示剂的僵化，可以加入有机溶剂或将溶液加热，以增大有关物质的溶解度。加热还可加快反应速率。在可能发生僵化时，接近终点时更要缓慢滴定，剧烈振摇。

金属指示剂多数是具有若干双键的有色有机化合物，易受日光、氧化剂、空气等作用而分解，有些在水溶液中不稳定，有些久置会变质。为了避免指示剂变质，有些指示剂可以用中性盐（如 NaCl 固体等）稀释后配成固体指示剂使用，有时可在指示剂溶液中加入可以防止指示剂变质的试剂，如在铬黑 T 溶液中加三乙醇胺等。一般指示剂都不宜久置，最好是用时新配。

14.4.3　常用的指示剂

一些常用金属指示剂的主要使用情况列于表 14.3。

表 14.3　　　　　　　　　常 见 的 金 属 指 示 剂

指示剂	适用的 pH 值范围	颜色变化		直接滴定的离子	配制	注意事项
		In	MIn			
铬黑 T （简称 BT 或 EBT)	8～10	蓝	红	pH=10，Mg^{2+}、Zn^{2+} Cd^{2+}、Pb^{2+}、Mn^{2+}、 稀土元素离子	1∶100NaCl （固体）	Fe^{3+}、Al^{3+}、 Cu^{2+}、Ni^{2+} 等离子封闭 EBT
酸性酚蓝 K	8～13	蓝	红	pH=10，Mg^{2+}、 Zn^{2+}、Mn^{2+} pH=13，Ca^{2+}	1∶100NaCl （固体）	
二甲酚橙 （简称 XO)	<6	亮黄	红	pH<1，ZrO^{2+} pH=1～3.5，Bi^{3+}、Th^{4+} pH=5～6，Ti^{3+}、Zn^{2+}、 Pb^{2+}、Cd^{2+}、Hg^{2+} 稀土元素离子	5g/L 水溶液	Fe^{3+}、Al^{3+}、 Ni^{2+}、Ti（Ⅳ） 等离子封闭 XO
磺基水杨酸 （简称 ssal)	1.5～2.5	无色	紫红	pH=1.5～2.5，Fe^{3+}	50g/L 水溶液	ssal 本身无色， FeY^- 呈黄色
钙指示剂 （简称 NN)	12～13	蓝	红	pH=12～13，Ca^{2+}	1∶100NaCl （固体）	Ti（Ⅳ）、Fe^{3+}、 Al^{3+}、Cu^{2+}、Ni^{2+}、 Co^{2+}、Mn^{2+} 等离子 封闭 NN
PAN	2～12	黄	紫红	pH=2～3，Th^{4+}、Bi^{3+} pH=4～5，Cu^{2+}、Ni^{2+}、 Pb^{2+}、Cd^{2+}、Zn^{2+}、 Mn^{2+}、Fe^{2+}	1g/L 乙醇 溶液	MIn 在水中溶解 度很小，为防止 PAN 僵化，滴定 时须加热

除表 14.3 中所列指示剂外，还有一种 Cu—PAN 指示剂，它是 CuY 与少量 PAN 的混合溶液。用此指示剂可以滴定许多金属离子，包括一些与 PAN 配位不够稳定或不显色的离子。将此指示剂加到含有被测金属离子 M 的试液中时，发生如下置换反应：

$$CuY + PAN + M \Longleftrightarrow MY + Cu—PAN$$
　　　蓝色　黄色　　　　　　　紫红色

溶液呈现紫红色。用 EDTA 滴定时，EDTA 先与游离的金属离子 M 配位，当加入的 EDTA 定量配位 M 后，EDTA 将夺取 Cu—PAN 中的 Cu^{2+}，而使 PAN 游离出来。

$$Cu—PAN + Y \Longleftrightarrow CuY + PAN$$
　　　紫红色　　　　　蓝色　黄色

溶液由紫红色变为 CuY 及 PAN 混合而成的绿色，即到达终点。因滴定前加入的

CuY 与最后生成的 CuY 是相等的，故加入的 CuY 不影响测定结果。

Cu—PAN 指示剂可在很宽的 pH 值范围（pH＝2～12）内使用。该指示剂能被 Ni^{2+} 封闭。此外，使用此指示剂时不可同时加入能与 Cu^{2+} 生成更稳定配合物的其他掩蔽剂。

14.5　混合离子的分别滴定

由于 EDTA 能和许多金属离子形成稳定的配合物，实际的分析对象又常常比较复杂，在被测定溶液中可能存在多种金属离子，在滴定时很可能相互干扰，因此，在混合离子中如何滴定某一种离子或分别滴定某几种离子是配位滴定中要解决的重要问题。

14.5.1　分别滴定的判别式

当滴定单独一种金属离子时，只要满足 $\lg(c_M K'_{MY}) \geqslant 6$ 的条件，就可以准确地进行滴定，相对误差 $E_r \leqslant \pm 0.1\%$。但当溶液中有两种或两种以上的金属离子共存时，情况就比较复杂。若溶液中含有金属离子 M 和 N，它们均可与 EDTA 形成配合物，此时欲测定 M 的含量，共存的 N 是否对 M 的测定产生干扰，则须考虑 N 的副反应。设该副反应系数为 $\alpha_{Y(N)}$，当 $K_{MY} > K_{NY}$，且 $\alpha_{Y(N)} \gg \alpha_{Y(H)}$ 情况下，可推导出式（14.14）：

$$\lg(c_M K_{MY'}) \approx \lg K_{MY} - \lg K_{NY} + \lg \frac{c_M}{c_N} \approx \Delta \lg K + \lg \frac{c_M}{c_N} \qquad (14.14)$$

即两种金属离子配合物的稳定常数差值 $\Delta \lg K$ 越大，被测离子浓度 c_M 越大，干扰离子浓度 c_N 越小，则在 N 存在下准确滴定 M 的可能性就越大。至于 $\Delta \lg K$ 应满足怎样的数值才能进行分别滴定，需根据所要求的测定准确度、浓度比 $\frac{c_M}{c_N}$ 及在滴定终点和化学计量点之间 pM 的差值 ΔpM 等因素来决定。对于有干扰离子存在时的配位滴定，一般允许有小于 0.5% 的相对误差，当用指示剂检测终点 $\Delta pM \approx 0.3$，由误差图查得需 $\lg(c_M K'_{MY}) = 5$。当 $c_M = c_N$ 时，则

$$\Delta \lg K = 5 \qquad (14.15)$$

故一般常以 $\Delta \lg K = 5$ 作为分别滴定的判别式，它表示在滴定 M 时，N 不干扰。

当溶液中有两种以上金属离子共存时，能否分别滴定应首先判断各组分在测定时有无相互干扰，若 $\Delta \lg K$ 足够大，则相互无干扰，这时可通过控制酸度依次测出各组分的含量。若有干扰，则需采用掩蔽等方法去除干扰。

14.5.2　用控制溶液酸度的方法分别滴定

如前所述，当用分别滴定的判别式判别若干组分在测定时无相互干扰后，可通过控制酸度依次测出各组分的含量。具体过程如下：

（1）比较混合物中各组分离子与 EDTA 形成配合物的稳定常数大小，得出首先被滴定的应是 K_{MY} 最大的那种离子。

（2）用式（14.15）判断稳定常数最大的金属离子和与其相邻的另一金属离子之间有无干扰。

（3）若无干扰，则可通过计算确定稳定常数最大的金属离子测定的 pH 值范围，选择指示剂，按照与单组分测定相同的方式进行测定，其他离子以此类推。

（4）若有干扰，则不能直接测定，需采取掩蔽、解蔽或分离等方式去除干扰后再测定。

控制溶液的 pH 值范围是在混合离子溶液中进行选择性滴定的途径之一，滴定的 pH 值范围是综合了滴定适宜的 pH 值、指示剂的变色，同时考虑共存离子的存在等情况后确定的，而且实际滴定时选取的 pH 值范围一般比上述求得的适宜 pH 值范围要更狭窄一些。

14.5.3 用掩蔽和解蔽的方法分别滴定

若被测金属离子的配合物与干扰离子的配合物的稳定常数相差不大（$\Delta \lg K < 5$），就不能用控制酸度的方法进行分别滴定，此时可利用掩蔽剂来降低干扰离子的浓度以消除干扰。但需注意干扰离子存在的量不能太大，否则得不到满意的结果。

掩蔽方法按所用反应类型不同，可分为配位掩蔽法、沉淀掩蔽法和氧化还原掩蔽法等，其中用得最多的是配位掩蔽法。

1. 配位掩蔽法

此法是基于干扰离子与掩蔽剂形成稳定配合物以消除干扰。例如，石灰石、白云石中 CaO 与 MgO 的含量测定，即以三乙醇胺掩蔽试样中的 Fe^{3+}、Al^{3+} 和 Mn^{2+}，使之生成更稳定的配合物，消除干扰。然后在 $pH = 10$ 时，以 EDTA 滴定 CaO 和 MgO 的总量，用 KB 指示剂确定终点。

又如，在 Al^{3+} 与 Zn^{2+} 两种离子共存时，可用 NH_4F 掩蔽 Al^{3+} 使其生成稳定的 AlF_6^{3-} 离子，再于 $pH = 5 \sim 6$ 时，用 EDTA 滴定 Zn^{2+}。一些常见的配位掩蔽剂见表 14.4。

表 14.4　　　　　　　　　　　　　　一些常见的配位掩蔽剂

名称	pH 值范围	被掩蔽离子	备注
KCN	>8	Co^{2+}、Ni^{2+}、Cu^{2+}、Zn^{2+}、Hg^{2+}、Cd^{2+}、Ag^+、Tl^+ 及铂系元素	
NH_4F	4～6	Al^{3+}、$Ti(\text{IV})$、$Sn(\text{IV})$、$W(\text{VI})$ 等	NH_4F 比 NaF 好，加入后溶液 pH 值变化不大
邻二氮菲	5～6	Cu^{2+}、Co^{2+}、Ni^{2+}、Zn^{2+}、Hg^{2+}、Cd^{2+}、Mn^{2+}	
三乙醇胺（TEA）	10	Al^{3+}、$Sn(\text{IV})$、$Ti(\text{IV})$、Fe^{3+}	与 KCN 并用，可提高掩蔽效果
	11～12	Fe^{3+}、Al^{3+} 及少量 Mn^{2+}	
二巯基丙醇	10	Hg^{2+}、Cd^{2+}、Zn^{2+}、Bi^{3+}、Pb^{2+}、Ag^+、As^{3+}、$Su(\text{IV})$ 及少量 Cu^{2+}、CO^{2+}、Ni^{2+}、Fe^{3+}	
硫脲	弱酸性	Cu^{2+}、Hg^{2+}、Tl^+	
酒石酸	1.5～2	Sb^{3+}、$Sn(\text{IV})$	在抗坏血酸存在下
	5.5	Fe^{3+}、Al^{3+}、$Sn(\text{IV})$、Ca^{2+}	
	6～7.5	Mg^{2+}、Ca^{2+}、Fe^{3+}、Al^{3+}、Mo^{4+}	
	10	Al^{3+}、$Sn(\text{IV})$、Fe^{3+}	

使用掩蔽剂时需注意下列几点：

（1）干扰离子与掩蔽剂形成的配合物应远比与 EDTA 形成的配合物稳定。而且形成的配合物应为无色或浅色的，不影响滴定终点的判断。

（2）掩蔽剂不与待测离子配位，即使与待测离子形成配合物，其稳定性也应远小于待测离子与 EDTA 配合物的稳定性。

（3）使用掩蔽剂时应注意适用的 pH 值范围，如在 pH＝8～10 时测定 Zn^{2+}，用铬黑 T 作指示剂，则用 NH_4F 可掩蔽 Al^{3+}。但是在测定含有 Ca^{2+}、Mg^{2+}、Al^{3+} 溶液中的 Ca^{2+}、Mg^{2+} 总量时，于 pH＝10 滴定，因为 F^- 与被测物 Ca^{2+} 要生成 CaF_2 沉淀，所以就不能用氟化物来掩蔽 Al^{3+}。此外，选用掩蔽剂还要注意它的性质和加入时的 pH 值条件。例如，KCN 剧毒，只允许在碱性溶液中使用；若将它加入酸性溶液中，则产生的剧毒 HCN 呈气体逸出，对环境与人有严重危害；滴定后的溶液也应注意处理，以免造成污染。掩蔽 Fe^{3+}、Al^{3+} 等的三乙醇胺，必须在酸性溶液中加入，然后再碱化，否则 Fe^{3+} 将生成氢氧化物沉淀而不能进行配位掩蔽。

2. 沉淀掩蔽法

此法是加入选择性沉淀剂作掩蔽剂，使干扰离子形成沉淀以降低其浓度，在不分离沉淀的情况下滴定。例如，欲测定 Ca^{2+}、Mg^{2+} 离子，由于 $\lg K_{CaY} = 10.7$，$\lg K_{MgY} = 8.7$，它们的 $\Delta \lg K < 5$，故不能通过控制酸度进行分别滴定。这时可根据钙、镁的氢氧化物溶解度的差异，加入 NaOH 溶液，使 pH≈12，则 Mg^{2+} 生成 $Mg(OH)_2$ 沉淀，用钙指示剂可以指示 EDTA 滴定 Ca^{2+} 的终点。

用于沉淀掩蔽法的沉淀反应必须具备下列条件：

（1）生成的沉淀溶解度要小，使反应完全。

（2）生成的沉淀应是无色或浅色致密的，最好是晶形沉淀，其吸附能力很弱。实际应用时，较难完全满足上述条件，故沉淀掩蔽法应用不广。常用的沉淀掩蔽剂及其应用范围见表 14.5。

表 14.5　　　　　　　　　　配位滴定中常用的沉淀掩蔽剂及其应用范围

名　称	被掩蔽的离子	待测定的离子	pH 值范围	指示剂
NH_4F	Mg^{2+}、Ca^{2+}、Sr^{2+}、Ba^{2+} 及稀土	Zn^{2+}、Cd^{2+}、Mn^{2+}（有还原剂存在下）	10	铬黑 T
		Ca^{2+}、Co^{2+}、Ni^{2+}	10	紫脲酸铵
K_2CrO_4	Ba^{2+}	Sr^{2+}	10	Mg - EDTA 铬黑 T
Na_2S 或铜试剂	Bi^{3+}、Cd^{2+}、Cu^{2+}、Hg^{2+}、Pb^{2+} 等	Mg^{2+}、Ca^{2+}	10	铬黑 T
H_2SO_4	Pb^{2+}	Bi^{3+}	1	二甲酚橙
$K_4[Fe(CN)_6]$	微量 Zn^{2+}	Pb^{2+}	5～6	二甲酚橙

3. 氧化还原掩蔽法

此法利用氧化还原反应，变更干扰离子价态，以消除其干扰。例如，用 EDTA 滴定 Bi^{3+}、Zr^{4+}、Th^{4+} 等离子时，溶液中如果存在 Fe^{3+}，将有干扰。但 Fe^{2+} 与 EDTA 配合物

的稳定常数比 Fe^{3+} 与 EDTA 配合物的稳定常数小得多（$lgK_{FeY^-} = 25.1$，$lgK_{FeY^{2-}} = 14.33$），因此可加入抗坏血酸或羟胺等还原剂，将 Fe^{3+} 还原成 Fe^{2+}，增大 ΔlgK 值，以消除干扰。

常用的还原剂有抗坏血酸、羟胺、联胺、硫脲、半胱氨酸等，其中有些还原剂同时又是配位剂。

若有些干扰离子的高价态在 EDTA 的滴定时不产生干扰，则可以预先将低价干扰离子（如 Cr^{3+}、VO^{2+} 等离子）氧化成高价酸根（如 $Cr_2O_7^{2-}$、VO_3^- 等）来消除干扰。

4. 解蔽方法

将一些离子掩蔽，对某种离子进行滴定后，使用另一种试剂破坏掩蔽所产生配合物，使被掩蔽的离子重新释放出来，这种作用称为解蔽，所用的试剂称为解蔽剂。

例如，铜合金中 Cu^{2+}、Zn^{2+}、Pb^{2+} 三种离子共存，欲测定其中 Zn^{2+} 和 Pb^{2+}，用氨水中和试液，加 KCN 掩蔽 Cu^{2+} 和 Zn^{2+}，在 pH＝10 时，用铬黑 T 作指示剂，用 EDTA 滴定 Pb^{2+}。滴定后的溶液加入甲醛或三氯乙醛作解蔽剂，破坏 $Zn(CN)_4^{2-}$ 配离子。

$$Zn(CN)_4^{2-} + 4HCHO + 4H_2O \Longrightarrow Zn^{2+} + 4H_2\overset{\overset{\displaystyle OH}{|}}{C}\!\!-\!\!CN + 4OH$$

$$\text{羟基乙腈}$$

释放出的 Zn^{2+}，再用 EDTA 继续滴定。$Cu(CN)_3^{2-}$ 配离子比较稳定，不易被醛类解蔽，但要注意甲醛应分次滴加，用量也不宜过多。如甲醛过多，温度较高，可能使 $Cu(CN)_3^{2-}$ 配离子部分破坏而影响 Zn^{2+} 的测定结果。

第 15 章　氧化还原平衡与氧化还原滴定法

氧化还原滴定法是以氧化还原反应为基础的滴定分析法。氧化还原反应是基于电子转移的反应，反应机理比较复杂；有的反应除了主反应外，还伴随有副反应，因而没有确定的计量关系；有一些反应从化学平衡的观点判断可以进行，但反应速率较慢；有的氧化还原反应中常有诱导反应发生，它对滴定分析往往是不利的，应设法避免之，但是如果严格控制试验条件，也可以利用诱导反应对混合物进行选择性滴定或分别滴定。因此，在氧化还原滴定中，除了从化学平衡的观点判断反应的可行性外，还应考虑反应机理、反应速率、反应条件及滴定条件的控制等问题。

氧化剂和还原剂均可以作为滴定剂，一般根据滴定剂的名称来命名氧化还原滴定法，常用的有高锰酸钾法、重铬酸钾法、碘量法、溴酸钾法及硫酸铈法等。氧化还原滴定法的应用很广泛，能够运用直接滴定法或间接滴定法测定许多无机物和有机物。

15.1　氧化还原反应平衡

氧化还原半反应为

$$Ox + ze^- \rightleftharpoons Red$$
$$\text{氧化态} \qquad \text{还原态}$$

对于可逆的氧化还原电对如 Fe^{3+}/Fe^{2+}、$I_2/2I^-$，在氧化还原反应的任一瞬间，都能迅速建立起氧化还原反应平衡，其电位可用能斯特方程式表示：

$$\varphi_{Ox/Red} = \varphi_{Ox/Red}^{\ominus} + \frac{0.059V}{z} \lg \frac{a_{Ox}}{a_{Red}} (25℃) \tag{15.1}$$

式中：a_{Ox} 和 a_{Red} 分别为氧化态和还原态的活度；$\varphi^{\ominus}$ 为电对的标准电极电位，是指在一定温度下（通常为 25℃），当 $a_{Ox} = a_{Red} = 1mol/L$ 时（若反应物有气体参加，则其分压等于 100kPa）的电极电位。

事实上，通常知道的是离子的浓度，而不是活度，若用浓度代替活度，则需引入活度系数 γ，若溶液中氧化态或还原态离子发生副反应，存在形式也不止一种时，还需引入副反应系数 α。

由 $a_{Ox} = \gamma_{Ox}[Ox]$，$\alpha_{Ox} = \dfrac{c_{Ox}}{[Ox]}$，得 $a_{Ox} = \gamma_{Ox}\dfrac{c_{Ox}}{\alpha_{Ox}}$

同理可得
$$a_{Red} = \gamma_{Red}\frac{c_{Red}}{\alpha_{Red}}$$

则式（15.1）可以写成

$$\varphi_{Ox/Red} = \varphi_{Ox/Red}^{\ominus} + \frac{0.059V}{z} lg \frac{\gamma_{Ox}\alpha_{Red}}{\gamma_{Red}\alpha_{Ox}} + \frac{0.059V}{z} lg \frac{c_{Ox}}{c_{Red}} \tag{15.2}$$

当 $c_{Ox} = c_{Red} = 1mol/L$ 时，式（15.2）为

$$\varphi_{Ox/Red} = \varphi_{Ox/Red}^{\ominus} + \frac{0.059V}{z} lg \frac{\gamma_{Ox}\alpha_{Red}}{\gamma_{Red}\alpha_{Ox}} \tag{15.3}$$

式（15.3）中离子的活度系数 γ 及副反应系数 α 在一定条件下是一个固定值，因而式（15.3）数值应为一常数，以 $\varphi^{\ominus'}$ 表示：

$$\varphi^{\ominus'} = \varphi_{Ox/Red}^{\ominus} + \frac{0.059V}{z} lg \frac{\gamma_{Ox}\alpha_{Red}}{\gamma_{Red}\alpha_{Ox}} \tag{15.4}$$

$\varphi^{\ominus'}$ 称为条件电极电位，是在特定条件下氧化态和还原态的总浓度均为 $1mol/L$ 时的实际电极电位，它在条件不变时为一常数，此时式（15.2）可写为一般通式：

$$\varphi_{Ox/Red} = \varphi_{Ox/Red}^{\ominus'} + \frac{0.059V}{z} lg \frac{c_{Ox}}{c_{Red}} \tag{15.5}$$

标准电极电位与条件电极电位的关系，与在配位反应中的稳定常数 K 和条件稳定常数 K' 的关系相似。显然，在引入条件电极电位后，计算结果就比较符合实际情况。

条件电极电位的大小，反映了在外界因素影响下，氧化还原电对的实际氧化还原能力。应用条件电极电位比用标准电极电位能更正确地判断氧化还原反应的方向、次序和反应完成的程度。

15.2 氧化还原反应进行的程度、速率与影响因素

15.2.1 条件平衡常数

氧化还原反应进行的程度可用平衡常数的大小来衡量，氧化还原反应的平衡常数可根据能斯特方程式从有关电对的标准电极电位或条件电极电位求得。若考虑了溶液中各种副反应的影响，引用的是条件电极电位，则求得的是条件平衡常数 K'。

氧化还原反应的通式为

$$z_2 Ox_1 + z_1 Red_2 = z_2 Red_1 + z_1 Ox_2$$

氧化剂和还原剂两个电对的电极电位分别为

$$\varphi_1 = \varphi_1^{\ominus'} + \frac{0.059V}{z_1} lg \frac{c_{Ox_1}}{c_{Red_1}}$$

$$\varphi_2 = \varphi_2^{\ominus'} + \frac{0.059V}{z_2} lg \frac{c_{Ox_2}}{c_{Red_2}}$$

反应到达平衡时，$\varphi_1 = \varphi_2$，即

$$\varphi_1^{\ominus'} + \frac{0.059V}{z_1} lg \frac{c_{Ox_1}}{c_{Red_1}} = \varphi_2^{\ominus} + \frac{0.059V}{z_2} lg \frac{c_{Ox_2}}{c_{Red_2}}$$

整理后得到

$$lgK' = lg\left[\left(\frac{c_{Red_1}}{c_{Ox_1}}\right)^{z_2}\left(\frac{c_{Ox_2}}{c_{Red_2}}\right)^{z_1}\right] = \frac{(\varphi_1^{\ominus'} - \varphi_2^{\ominus'})z}{0.059V} \tag{15.6}$$

式中：z 为 z_1、z_2 的最小公倍数。

由上式可见，条件平衡常数 K' 的大小是由氧化剂和还原剂两个电对的条件电极电位之差 $\Delta\varphi^{\ominus'}$ 和转移的电子数决定的。$\Delta\varphi_1^{\ominus'}$ 和 $\Delta\varphi_2^{\ominus'}$ 相差越大，K' 越大，反应进行得越完全。实际上，大多数氧化还原反应的 $\Delta\varphi^{\ominus}$ 都是较大的，条件平衡常数也是较大的。

【例 15.1】　计算 $1\text{mol/L H}_2\text{SO}_4$ 溶液中下述反应的条件平衡常数：

$$Ce^{4+} + Fe^{2+} = Ce^{3+} + Fe^{3+}$$

解： 已知 $\varphi_{Fe^{3+}/Fe^{2+}}^{\ominus'} = 0.68\text{V}$，$\varphi_{Ce^{4+}/Ce^{3+}}^{\ominus'} = 1.44\text{V}$，根据式（15.6）得

$$\lg K' = \frac{(\varphi_{Ce^{4+}/Ce^{3+}}^{\ominus'} - \varphi_{Fe^{3+}/Fe^{2+}}^{\ominus'})z_1 \cdot z_2}{0.059\text{V}} = \frac{(1.44\text{V} - 0.68\text{V}) \times 1 \times 1}{0.059\text{V}} = 12.9$$

$$K' = 7.9 \times 10^{12}$$

计算结果说明条件平衡常数 K' 很大，此反应进行得很完全。

15.2.2　化学计量点时反应进行的程度

$\varphi_1^{\ominus'}$ 和 $\varphi_2^{\ominus'}$ 相差多大时反应才能定量完成，满足定量分析的要求呢？要使反应完全程度达 99.9% 以上化学计量点时，

$$\left(\frac{c_{\text{Red}_1}}{c_{\text{Ox}_1}}\right)^{z_2} \geqslant 10^{3z_2}, \quad \left(\frac{c_{\text{Ox}_2}}{c_{\text{Red}_2}}\right)^{z_1} \geqslant 10^{3z_1}$$

如 $z_1 = z_2 = 1$，则代入式（15.6）得

$$\lg K' = \lg\left(\frac{c_{\text{Red}_1}}{c_{\text{Ox}_1}}\right)\left(\frac{c_{\text{Ox}_2}}{c_{\text{Red}_2}}\right) \geqslant \lg(10^3 \times 10^3) = 6 \tag{15.7}$$

再将式（15.7）代入式（15.6）得

$$\varphi_1^{\ominus'} - \varphi_2^{\ominus'} = \frac{0.059\text{V}}{z_1 z_2}\lg K' \geqslant \frac{0.059\text{V}}{1} \times 6 \approx 0.35\text{V} \tag{15.8}$$

即两个电对的条件电极电位之差必须大于 0.4V，这样的反应才能用于滴定分析。

在某些氧化还原反应中，虽然两个电对的条件电极电位相差足够大，符合上述要求，但由于其他副反应的发生，氧化还原反应不能定量地进行，即氧化剂与还原剂之间没有一定的化学计量关系，这样的反应仍不能用于滴定分析。例如 $K_2Cr_2O_7$ 与 $Na_2S_2O_3$ 的反应，从它们的电极电位来看，反应是能够进行完全的。此时 $K_2Cr_2O_7$ 可将 $Na_2S_2O_3$ 氧化为 SO_4^{2-}，但除了这一反应外，还可能有部分被氧化至单质 S 而使它们的化学计量关系不能确定，因此在碘量法中以 $K_2Cr_2O_7$ 作基准物质来标定 $Na_2S_2O_3$ 溶液时，并不能应用它们之间的直接反应。

15.3　氧化还原反应的速率与影响因素

前节讨论了根据氧化还原电对的标准电极电位或条件电极电位，可以判断氧化还原反应进行的方向和反应进行的程度，但这只能指出反应进行的可能性，并未指出反应的速率。实际上不同的氧化还原反应，其反应速率会有很大的差别。有的反应虽然从理论上看是可以进行的，但由于反应速率太慢而可以认为氧化剂与还原剂之间并没有发生反应。所

以对于氧化还原反应，一般不能单从化学平衡观点来考虑反应的可能性，还应从它们的反应速率来考虑反应的现实性。

例如，水溶液中的溶解氧：

$$O_2+4H^++4e^-=2H_2O，\quad \varphi^\ominus_{O_2/H_2O}=1.23V$$

其标准电极电位较高，应该很容易氧化一些较强的还原剂（如 Sn^{2+}、Ti^{3+} 等），但实践证明，这些强还原剂在水溶液中却有一定的稳定性，说明它们与水中的溶解氧或空气中的氧之间的氧化还原反应是缓慢的。

又如，在分析化学中常用的下列反应：

$$2MnO_4^-+5C_2O_4^{2-}+16H^+===2Mn^{2+}+10CO_2\uparrow+8H_2O \qquad (15.9)$$

$$Cr_2O_7^{2-}+6I^-+14H^+===2Cr^{3+}+3I_2+7H_2O \qquad (15.10)$$

反应进行较慢，需要一定时间才能完成。

反应速率缓慢的原因是由于在许多氧化还原反应中电子的转移往往会遇到很多阻力，如溶液中的溶剂分子和各种配体的阻碍、物质之间的静电排斥力等。此外，由于价态的改变而引起的电子层结构、化学键性质和物质组成的变化也会阻碍电子的转移。例如，$Cr_2O_7^{2-}$ 被还原为 Cr^{3+} 及 MnO_4^- 被还原为 Mn^{2+}，由带负电荷的含氧酸根转变为带正电荷的水合离子，结构发生了很大的改变，导致反应速率缓慢。

另一方面，式（15.9）或式（15.10）只表示了反应的最初状态和最终状态，不能说明反应进行的真实情况。实际上氧化还原反应大多经历了一系列中间步骤，即反应是分步进行的。总的反应式表示的是一系列反应的总的结果，在这一系列反应中，只要有一步反应是慢的，就会影响总的反应速率。

影响氧化还原反应速率的因素，除了氧化还原电对本身的性质外，还有反应时外界的条件，如反应物浓度、温度、催化剂、诱导作用等，下面分别进行讨论。

1. 反应物浓度

根据质量作用定律，反应速率与反应物浓度的乘积成正比。由于氧化还原反应的机理较为复杂，不能从总的反应式来判断反应物浓度对反应速率的影响程度。但一般说来，增加反应物浓度可以加速反应的进行。

对于有 H^+ 参与的反应，反应速率也与溶液的酸度有关。例如，对于式（15.10），提高 I^- 及 H^+ 的浓度，有利于反应的加速进行，其中酸度的影响更大。为使此反应迅速完成，需要将溶液中的 $[H^+]$ 保持在 $0.8\sim1mol/L$ 左右。但酸度又不可太高，否则空气中的氧将 I^- 氧化的速率也要加快，给测定带来误差。

2. 温度

对大多数反应来说，升高溶液的温度可加快反应速率。通常溶液温度每升高 $10℃$，反应速率增大 $2\sim3$ 倍。例如，在酸性溶液中 MnO_4^- 与 $C_2O_4^{2-}$ 的反应 [式（15.9）]，在室温下，反应速率缓慢。如果将溶液加热，反应速率便大为加快。所以用 $KMnO_4$ 滴定 $H_2C_2O_4$ 时，通常将溶液加热至 $75\sim85℃$。但升高温度时还应考虑到其他一些可能引起的不利因素。对于式（15.9），温度过高，会引起部分 $H_2C_2O_4$ 分解。有些物质（如 I_2）较易挥发，如将溶液加热，则会引起挥发损失，所以对于式（15.10），不能用加热的办法来提高其反应速率。又如有些物质（如 Sn^{2+}、Fe^{2+} 等）很容易被空气中的氧所氧化，如将溶液加热，就会促使它们氧化，使测定结果出现大的误差。只有采用别的办法提高反应速率。

3. 催化剂

氧化还原反应中经常利用催化剂来改变反应速率。催化剂可分为正催化剂和负催化剂。正催化剂加快反应速率，负催化剂减慢反应速率。催化反应的机理非常复杂。例如，上述 MnO_4^- 与 $C_2O_4^{2-}$ 之间的反应，Mn^{2+} 的存在能促使反应迅速进行。其反应机理可能是在 $C_2O_4^{2-}$ 存在下 Mn^{2+} 被 MnO_4^- 氧化而生成 Mn（Ⅲ）。

$$MnO_4^- + 4Mn^{2+} + 5nC_2O_4^{2-} + 8H^+ \longrightarrow 5Mn(C_2O_4)_n^{(3-2n)} + 4H_2O$$

上述反应是分步进行的，反应过程可简单表示如下：

$$Mn(Ⅶ) \xrightarrow{Mn(Ⅱ)} Mn(Ⅵ) + Mn(Ⅲ)$$
$$\xrightarrow{Mn(Ⅱ)} Mn(Ⅳ) + Mn(Ⅲ)$$
$$\xrightarrow{Mn(Ⅱ)} Mn(Ⅲ)$$

$$Mn(Ⅲ) \xrightarrow{nC_2O_4^{2-}} Mn(C_2O_4)_n^{(3-2n)} \longrightarrow Mn(Ⅱ) + CO_2 \uparrow$$

在此，Mn^{2+} 参加反应的中间步骤，加速了反应，但在最后又重新产生出来，它起了催化剂的作用。同时，在式（15.9）中 Mn^{2+} 是反应的生成物之一，因此假如在溶液中并不另外加入 Mn^{2+}，则在反应开始时由于一般 $KMnO_4$ 溶液中 Mn^{2+} 含量极少，所以虽加热到 $75\sim85℃$，反应进行得仍较为缓慢，MnO_4^- 褪色很慢。但反应一经开始，溶液中产生了少量的 Mn^{2+} 后，由于 Mn^{2+} 的催化作用，就使以后的反应大为加速。这里加速反应的催化剂 Mn^{2+} 是由反应本身生成的，因此这种反应称为自动催化作用。

在分析化学中，还经常应用负催化剂。例如，加入多元醇可以减慢 $SnCl_2$ 与空气中的氧的作用，加入 AsO_3^{3-} 可以防止 SO_3^{2-} 与空气中的氧起作用等。

4. 诱导作用

有的氧化还原反应在通常情况下不发生或反应速率极慢，但在另一反应进行时会促进这一反应的发生。例如，在酸性溶液中 $KMnO_4$ 氧化 Cl^- 的反应速率极慢，当溶液中同时存在 Fe^{2+} 时，$KMnO_4$ 与 Fe^{2+} 的反应加速了 $KMnO_4$ 氧化 Cl^- 的反应。由于一种氧化还原反应的发生而促进另一种氧化还原反应进行的现象，称为诱导作用。

$$MnO_4^- + 5Fe^{2+} + 8H^+ = Mn^{2+} + 4Fe^{3+} + 4H_2O（诱导反应）$$
$$2MnO_4^- + 10Cl^- + 16H^+ = 2Mn^{2+} + 5Cl_2 + 8H_2O（受诱反应）$$

式中：MnO_4^- 为作用体；Fe^{2+} 为诱导体；Cl^- 为受诱体。

诱导反应的产生与氧化还原反应的中间步骤中所产生的不稳定中间价态离子等因素有关。上例中，就是由于 MnO_4^- 被 Fe^{2+} 还原时，经过一系列转移 1 个电子的氧化还原反应，产生 Mn（Ⅵ）、Mn（Ⅴ）、Mn（Ⅳ）、Mn（Ⅱ）等不稳定的中间价态离子，它们能与 Cl 起反应，因而出现诱导反应。

如果在溶液中加入过量的 Mn^{2+}，则 Mn^{2+} 能使 Mn（Ⅵ）迅速转变为 Mn（Ⅱ），而此时又因溶液中有大量 Mn^{2+}，故可降低 Mn（Ⅰ）/Mn（Ⅱ）电对的电位，从而使 Mn（Ⅰ）只与 Fe^{2+} 起反应而不与 Cl 起反应，这样就可防止 Cl^- 对 MnO_4^- 的还原作用。因此只要在溶液

中加入 $MnSO_4 - H_3PO_4 - H_2SO_4$ 混合液，就能使高锰酸钾法测定铁的反应可以在稀盐酸溶液中进行，关于这一点在实际应用上是很重要的。

由前面的讨论可知，为了使氧化还原反应能按所需方向定量地、迅速地进行，选择和控制适当的反应条件和滴定条件（包括浓度、温度、酸度和滴定速度等）是十分重要的。

15.4 氧化还原滴定曲线及指示剂

15.4.1 氧化还原滴定曲线

氧化还原滴定法和其他滴定方法类似，随着滴定剂的不断加入，被滴定物质的氧化态和还原态的浓度逐渐改变，有关电对的电极电位也随之不断变化，反映这种变化的滴定曲线一般用实验方法测得。对于可逆的氧化还原体系，根据能斯特方程式计算得出的滴定曲线与实验测得的曲线比较吻合。

现以在 $1mol/L$ H_2SO_4 中用 $0.1000mol/L$ $Ce(SO_4)_2$ 溶液滴定 $0.1000mol/L$ $FeSO_4$ 溶液为例说明可逆的、对称的氧化还原电对的滴定曲线。

滴定反应为

$$Ce^{4+} + Fe^{2+} = Ce^{3+} + Fe^{3+}$$

$$\varphi^{\ominus'}_{Ce^{4+}/Ce^{3+}} = 1.44V, \quad \varphi^{\ominus'}_{Fe^{3+}/Fe^{2+}} = 0.68V$$

滴定开始后，溶液中同时存在两个电对。在滴定过程中，每加入一定量滴定剂，反应达到一个新的平衡，此时两个电对的电极电位相等，即

$$\varphi^{\ominus'}_{Fe^{3+}/Fe^{2+}} + 0.059Vlg\frac{c_{Fe(III)}}{c_{Fe(II)}} = \varphi^{\ominus'}_{Ce^{4+}/Ce^{3+}} + 0.059Vlg\frac{c_{Ce(IV)}}{c_{Ce(III)}}$$

因此，在滴定的不同阶段可选用便于计算的电对，按能斯特方程式计算体系的电极电位值。各滴定阶段电极电位的计算如下。

1. 化学计量点前

滴定加入的 Ce^{4+} 几乎全部被 Fe^{2+} 还原成 Ce^{3+}，Ce^{4+} 的浓度极小，不易直接求得。但知道了滴定分数 $c_{Fe(III)}/c_{Fe(II)}$ 值就确定了，这时可以利用 Fe^{3+}/Fe^{2+} 电对来计算电极电位值。

2. 化学计量点时

此时，Ce^{4+} 和 Fe^{2+} 都定量地转变成 Ce^{3+} 和 Fe^{3+}。未反应的 Ce^{4+} 和 Fe^{2+} 的浓度都很小，不易直接单独按某一电对来计算电极电位，而要由两个电对的能斯特方程式联立求得。

令化学计量点时的电极电位为 φ_{sp}，则

$$\varphi_{sp} = \varphi^{\ominus'}_{Ce^{4+}/Ce^{3+}} + 0.059Vlg\frac{c_{Ce(IV)}}{c_{Ce(III)}} = \varphi^{\ominus'}_{Fe^{3+}/Fe^{2+}} + 0.059Vlg\frac{c_{Fe(III)}}{c_{Fe(II)}} \tag{15.11}$$

又令 $\varphi^{\ominus'}_1 = \varphi^{\ominus'}_{Ce^{4+}/Ce^{3+}}$，$\varphi^{\ominus'}_2 = \varphi^{\ominus'}_{Fe^{3+}/Fe^{2+}}$，则由式（15.11）可得

$$\varphi_{sp} = \varphi^{\ominus'}_1 + 0.059Vlg\frac{c_{Ce(IV)}}{c_{Ce(III)}}$$

$$\varphi_{sp} = \varphi_2^{\ominus\prime} + 0.059\mathrm{Vlg}\frac{c_{Fe(\mathbb{II})}}{c_{Fe(\mathbb{II})}}$$

将上两式相加得
$$2\varphi_{sp} = \varphi_1^{\ominus\prime} + \varphi_2^{\ominus\prime} + 0.059\mathrm{Vlg}\frac{c_{Ce(\mathbb{IV})}c_{Fe(\mathbb{II})}}{c_{Ce(\mathbb{II})}c_{Fe(\mathbb{II})}}$$

根据前述滴定反应式，当加入 $Ce(SO_4)_2$ 的物质的量与 Fe^{2+} 的物质的量相等时，
$$c_{Ce(\mathbb{IV})} = c_{Fe(\mathbb{II})}, \quad c_{Ce(\mathbb{II})} = c_{Fe(\mathbb{II})}$$

此时
$$\lg\frac{c_{Ce(\mathbb{IV})}c_{Fe(\mathbb{II})}}{c_{Ce(\mathbb{II})}c_{Fe(\mathbb{II})}} = 0$$

故
$$\varphi_{sp} = \frac{\varphi_1^{\ominus\prime} + \varphi_2^{\ominus\prime}}{2}$$

即
$$\varphi_{sp} = \frac{1.44\mathrm{V} + 0.68\mathrm{V}}{2} = 1.06\mathrm{V}$$

对于一般的可逆对称氧化还原反应：
$$z_2 Ox_1 + z_1 Red_2 = z_2 Red_1 + z_1 Ox_2$$

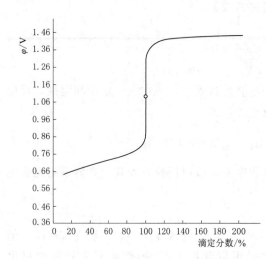

图 15.1　用 0.1000mol/L Ce^{4+} 溶液滴定 0.1000mol/L Fe^{2+} 溶液的滴定曲线

可用类似的方法，求得化学计量点时的电位 φ_{sp} 与 $\varphi_1^{\ominus}$、$\varphi_2^{\ominus}$ 的关系：
$$\varphi_{sp} = \frac{z_1\varphi_1^{\ominus\prime} + z_2\varphi_2^{\ominus\prime}}{z_1 + z_2} \quad (15.12)$$

3. 化学计量点后

此时可利用 Ce^{4+}/Ce^{3+} 电对来计算电位值。

按上述方法将不同滴定点所计算的电极电位值列于表 15.1 中，并绘制滴定曲线如图 15.1 所示。化学计量点前后电位突跃的位置由 Fe^{2+} 剩余 0.1% 和 Ce^{4+} 过量 0.1% 时两点的电极电位所决定，即电位突跃范围为 0.86～1.26V。在该体系中化学计量点的电位（1.06V）正好处于滴定突跃的中间，化学计量点前后的曲线基本对称。

表 15.1　1mol/L H_2SO_4 中用 0.1000mol/L Ce^{4+} 溶液滴定 0.1000mol/L Fe^{2+} 溶液时电极电位的变化（25℃）

滴定分数/%	$\frac{c_{Ox}}{c_{Red}}$ $\frac{c_{Fe(\mathbb{II})}}{c_{Fe(\mathbb{II})}}$	电极电位 φ/V
9	10^{-1}	0.62
50	10^0	0.68
91	10^1	0.74

滴定分数/%	$\dfrac{c_{Ox}}{c_{Red}}$	电极电位 φ/V	
99	10^2	0.80	
99.9	10^3	0.86	
100		1.06	突跃范围
	$\dfrac{c_{Ce(IV)}}{c_{Ce(III)}}$		
100.1	10^{-3}	1.26	
101	10^{-2}	1.32	
110	10^{-1}	1.38	
200	10^0	1.44	

从表 15.1 及图 15.1 可见，对于可逆的、对称的氧化还原电对，滴定分数为 50％时溶液的电极电位就是被测物电对的条件电极电位；滴定分数为 200％时，溶液的电极电位就是滴定剂电对的条件电极电位。

化学计量点附近电位突跃的长短与两个电对的条件电极电位差值的大小有关。电极电位差值越大，突跃越长；反之，则较短。例如，用 $KMnO_4$ 溶液滴定 Fe^{2+} 时电位突跃为 $0.86\sim1.46V$，比用 $Ce(SO_4)_2$ 溶液滴定 Fe^{2+} 时电位的突跃（$0.86\sim1.26V$）长些。

氧化还原滴定曲线常因滴定时介质的不同而改变其位置和突跃的长短。例如，图 15.2 是用 $KMnO_4$ 溶液在不同介质中滴定 Fe^{2+} 的滴定曲线。图中曲线说明以下两点：

（1）化学计量点前，曲线的位置取决于 $\varphi^{\ominus'}_{Fe^{3+}/Fe^{2+}}$，而 $\varphi^{\ominus'}_{Fe^{3+}/Fe^{2+}}$ 的大小与 Fe^{3+} 和介质阴离子的配位作用有关。由于 PO_4^{3-} 易与 Fe^{3+} 形成稳定的无色 $Fe(PO_4)_2^{3-}$ 配离子而使 Fe^{3+}/Fe^{2+} 电对的条件电极电位降低（0.51V），ClO_4^- 则不与 Fe^{3+} 形成配合物，故 $\varphi^{\ominus'}_{Fe^{3+}/Fe^{2+}}$ 较高（0.73V）。所以在有 H_3PO_4 存在时的 HCl 溶液中，用 $KMnO_4$ 溶液滴定 Fe^{2+} 的曲线位置最低，滴定突跃最长。因此，无论用 $Ce(SO_4)_2$、$KMnO_4$ 或 $K_2Cr_2O_7$ 标准溶液滴定 Fe^{2+}，在 H_3PO_4 和 HCl 溶液中，终点时颜色变化都较敏锐。

（2）化学计量点后，溶液中存在过量的 $KMnO_4$，但实际上决定电极电位的是 $Mn(III)/Mn(II)$ 电对，因而曲线的位置取决于 $\varphi^{\ominus'}_{Mn(III)/Mn(II)}$。由于 $Mn(III)$ 易与 PO_4^{3-}、SO_4^{2-} 等阴离子配位而降低其条件电极电位，与 ClO_4^- 则不配位，所以在 $HClO_4$ 介质中用 $KMnO_4$ 滴定 Fe^{2+}，在化学计量点后曲线位置最高。

根据上述讨论可知，用电位法测得滴定曲线后，即可由滴定曲线中的突跃确定滴定终点。如果是用指示剂确定滴定终点，则终点时的电极电位取决于指示剂变色时的电极电位，

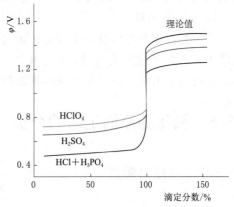

图 15.2 用 $KMnO_4$ 溶液在不同介质中滴定 Fe^{2+} 的滴定曲线

这也可能与化学计量点电位不一致。

15.4.2　氧化还原滴定指示剂

在氧化还原滴定中，除了用电位滴定确定终点外，还经常用指示剂来指示终点。氧化还原滴定中常用的指示剂有以下几类。

1. 氧化还原指示剂

氧化还原指示剂是其本身具有氧化还原性质的有机化合物，它的氧化态和还原态具有不同颜色，它能因氧化还原作用而发生颜色变化。例如，常用的氧化还原指示剂二苯胺磺酸钠，它的氧化态呈紫红色，还原态是无色的。

表 15.2 列出了一些氧化还原指示剂的条件电极电位。在选择指示剂时，应使指示剂的条件电极电位尽量与反应的化学计量点时的电位一致，以减少终点误差。

表 15.2　　　　　　　　　　　　一些氧化还原指示剂的条件电极电位

指示剂	$\varphi_{In}^{\ominus\prime}/V$	颜　色　变　化	
	$[H^+]=1mol/L$	氧化态	还原态
亚甲基蓝	0.53	蓝	无色
二苯胺	0.76	紫	无色
二苯胺磺酸钠	0.84	紫红	无色
邻苯氨基苯甲酸	0.89	紫红	无色
邻二氮菲-亚铁	1.06	浅蓝	红
硝基邻二氮菲-亚铁	1.25	浅蓝	紫红

2. 自身指示剂

有些标准溶液或被滴定物本身具有颜色，如果反应产物无色或颜色很浅，则滴定时无需另加指示剂，它们本身的颜色变化起着指示剂的作用，这种物质叫自身指示剂。例如，用 $KMnO_4$ 作滴定剂滴定无色或浅色的还原剂溶液时，由于 MnO_4^- 本身呈紫红色，反应后它被还原为 Mn^{2+}，Mn^{2+} 几乎无色，因而滴定到化学计量点后，稍过量的 MnO_4^- 就可使溶液呈粉红色（此时 MnO_4^- 的浓度约为 $2\times10^{-6}mol/L$），指示终点的到达。

3. 专属指示剂

可溶性淀粉与游离碘生成深蓝色配合物的反应是专属反应。当 I_2 被还原为 I^- 时，蓝色消失；当 I^- 被氧化为 I_2 时，蓝色出现。当 I_2 溶液的浓度为 $5\times10^{-6}mol/L$ 时即能看到蓝色，反应极其灵敏，因而淀粉是碘量法的专属指示剂。

15.5　氧化还原滴定法的分类

15.5.1　高锰酸钾法

15.5.1.1　概述

高锰酸钾是一种强氧化剂。在强酸性溶液中，$KMnO_4$ 与还原剂作用时得到 5 个电子，

还原为 Mn^{2+}：
$$MnO_4^- + 8H^+ + 5e^- \rightleftharpoons Mn^{2+} + 4H_2O, \quad \varphi^\ominus = 1.51V$$
在中性或碱性溶液中，得到 3 个电子，还原为 MnO_2：
$$MnO_4^- + 2H_2O + 3e^- \rightleftharpoons MnO_2 + 4OH^-, \quad \varphi^\ominus = 0.58V$$

由此可见，高锰酸钾法既可在酸性条件下使用，也可在中性或碱性条件下使用。由于 $KMnO_4$ 在强酸性溶液中具有更强的氧化能力，因此一般都在强酸条件下使用。但 $KMnO_4$ 在碱性条件下氧化有机物的反应速率比在酸性条件下更快。在 NaOH 浓度大于 2mol/L 的碱溶液中，很多有机物与 $KMnO_4$ 反应，此时 MnO_4^- 被还原为 MnO_4^{2-}：
$$MnO_4^- \rightleftharpoons MnO_4^{2-}, \quad \varphi^\ominus = 0.56V$$

用 $KMnO_4$ 作氧化剂，可直接滴定许多还原性物质，如 Fe(Ⅱ)、H_2O_2、草酸盐、As(Ⅲ)、Sb(Ⅲ)、W(Ⅴ) 及 U(Ⅳ) 等。

有些氧化性物质，不能用 $KMnO_4$ 溶液直接滴定，可用间接法测定。例如，测定 MnO_2 的含量时，可在试样的 H_2SO_4 溶液中加入一定量且过量的 $Na_2C_2O_4$，待 MnO_2 与 $C_2O_4^{2-}$ 作用完毕后，用 $KMnO_4$ 标准溶液滴定过量的 $C_2O_4^{2-}$。利用类似的方法，还可测定 PbO_2、Pb_3O_4、$K_2Cr_2O_7$、$KClO_3$、H_3VO_4 等氧化剂的含量。

某些物质虽不具氧化还原性，但能与另一还原剂或氧化剂定量反应，也可以用间接法测定，例如，测定 Ca^{2+} 时，先将 Ca^{2+} 沉淀为 CaC_2O_4，再用稀 H_2SO_4 将所得沉淀溶解，然后用 $KMnO_4$ 标准溶液滴定溶液中的 $C_2O_4^{2-}$，从而间接求得 Ca^{2+} 的含量。显然，凡是能与 $C_2O_4^{2-}$ 定量地沉淀为草酸盐的金属离子（如 Sr^{2+}、Ba^{2+}、Ni^{2+}、Cd^{2+}、Zn^{2+}、Cu^{2+}、Pb^{2+}、Hg^{2+}、Ag^+、Bi^{3+}、Ce^{3+}、La^{3+} 等）都能用同样的方法测定。

高锰酸钾法的优点是 $KMnO_4$ 氧化能力强，应用广泛。但由于其氧化能力强，它可以和很多还原性物质发生作用，所以干扰也比较严重。此外，$KMnO_4$ 试剂常含少量杂质，其标准溶液不够稳定。

15.5.1.2 应用示例

1. 过氧化氢的测定

商品双氧水中过氧化氢的含量可用 $KMnO_4$ 标准溶液直接滴定，其反应为
$$5H_2O_2 + 2MnO_4^- + 6H^+ = 2Mn^{2+} + 5O_2 + 8H_2O$$
此滴定在室温时可在硫酸或盐酸介质中顺利进行，但开始时反应进行较慢，反应产生的 Mn^{2+} 可起催化作用，使以后的反应加速。

H_2O_2 不稳定，在其工业品中一般加入某些有机物如乙酰苯胺等作稳定剂，这些有机物大多能与 MnO_4^- 作用而干扰 H_2O_2 的测定。此时过氧化氢宜采用碘量法或硫酸铈法测定。

2. 铁的测定

$KMnO_4$ 溶液滴定 Fe^{2+}，以测定矿石（如褐铁矿等）、合金、金属盐类及硅酸盐等试样的含铁量，有很大的实用价值。

试样溶解后（通常使用盐酸作溶剂），生成的 Fe^{3+}（实际上是 $FeCl_4^-$、$FeCl_6^{3-}$ 等配离子）应先用还原剂还原为 Fe^{2+}，然后用 $KMnO_4$ 标准溶液滴定。常用的还原剂是 $SnCl_2$

（亦有用 Zn、Al、H_2S、SO_2 及汞齐等作还原剂的），多余的 $SnCl_2$ 可以借加入 $HgCl_2$ 而除去。

$$SnCl_2 + 2HgCl_2 = SnCl_4 + Hg_2Cl_2 \downarrow$$

但是 $HgCl_2$ 有剧毒！为了避免对环境的污染，近年来采用了各种不用汞盐的测定铁的方法。

在用 $KMnO_4$ 溶液滴定前还应加入硫酸锰、硫酸及磷酸的混合液，其作用是：

（1）避免 Cl^- 存在下所发生的诱导反应。

（2）由于滴定过程中生成黄色的 Fe^{3+}，达到终点时，微过量的 $KMnO_4$ 所呈现的粉红色将不易分辨，以致影响终点的正确判断。在溶液中加入磷酸后，PO_4^{3-} 与 Fe^{3+} 生成无色的 $Fe(PO_4)_2^{3-}$ 配离子，就可使终点易于观察。

3. 有机物的测定

在强碱性溶液中，过量 $KMnO_4$ 能定量地氧化某些有机物。例如，$KMnO_4$ 与甲酸的反应为

$$HCOO^- + 2MnO_4^- + 3OH^- \longrightarrow + CO_3^{2-} + 2MnO_4^{2-} + 2H_2O$$

待反应完成后，将溶液酸化，用还原剂标准溶液（亚铁离子标准溶液）滴定溶液中所有的高价态的锰，使之还原为 Mn(II)，计算出消耗的还原剂的物质的量。用同样方法，测出反应前一定量碱性 $KMnO_4$ 溶液相当于还原剂的物质的量，根据两者之差即可计算出甲酸的含量。用此法还可测定葡萄糖、酒石酸、柠檬酸、甲醛等的含量。

4. 水样中化学需氧量（COD）的测定

COD 是量度水体受还原性物质污染程度的综合性指标。它是指水体中还原性物质所消耗的氧化剂的量，换算成氧的质量浓度（以 mg/L 计）。测定时在水样中加入 H_2SO_4 及一定量且过量的 $KMnO_4$ 溶液，置沸水浴中加热，使其中的还原性物质氧化。用一定量且过量的 $Na_2C_2O_4$ 溶液还原剩余的 $KMnO_4$，再以 $KMnO_4$ 标准溶液返滴定剩余的 $Na_2C_2O_4$。本法适用于地表水、地下水、饮用水和生活污水中 COD 的测定。Cl^- 对此法有干扰，可用 Ag_2SO_4 予以除去，含 Cl^- 高的工业废水中 COD 的测定，要采用 $K_2Cr_2O_7$ 法。

以 C 代表水中还原性物质，反应式为

$$4MnO_4^- + 5C + 12H^+ \longrightarrow 4Mn^{2+} + 5CO_2 \uparrow + 6H_2O$$

$$2MnO_4^- + 5C_2O_4^{2-} + 16H^+ \longrightarrow 4Mn^{2+} + 10CO_2 \uparrow + 8H_2O$$

此法必须严格控制加热和溶液沸腾的时间，这是因为 $KMnO_4$ 在酸性水溶液中沸腾时不够稳定。

15.5.2　重铬酸钾法

15.5.2.1　概述

$K_2Cr_2O_7$ 在酸性条件下与还原剂作用，$Cr_2O_7^{2-}$ 得到 6 个电子而被还原成 Cr^{3+}：

$$Cr_2O_7^{2-} + 14H^+ + 6e^- \rightleftharpoons 2Cr^{3+} + 7H_2O, \quad \varphi^\ominus = 1.33V$$

可见，$K_2Cr_2O_7$ 的氧化能力比 $KMnO_4$ 稍弱些，但它仍是一种较强的氧化剂。用重铬酸钾法能测定许多无机物和有机物。此法只能在酸性条件下使用，它的应用范围比高锰酸钾法

窄些。它具有如下的优点：

（1）$K_2Cr_2O_7$ 易于提纯，可以准确称取一定质量干燥纯净的 $K_2Cr_2O_7$，直接配制成一定浓度的标准溶液，不必再进行标定。

（2）$K_2Cr_2O_7$ 溶液相当稳定，只要保存在密闭容器中，浓度可长期保持不变。

（3）在 $1mol/L$ HCl 溶液中，在室温下不受 Cl^- 还原作用的影响，可在 HCl 溶液中进行滴定。

重铬酸钾法也有直接法和间接法之分。对一些有机试样，常在其 H_2SO_4 溶液中加入过量 $K_2Cr_2O_7$ 标准溶液，加热至一定温度，冷却后稀释，再用 Fe^{2+}（一般用硫酸亚铁铵）标准溶液返滴定。这种间接方法可以用于电镀液中有机物的测定。应用 $K_2Cr_2O_7$ 标准溶液进行滴定时，常用氧化还原指示剂，如二苯胺磺酸钠或邻苯氨基苯甲酸等。应该指出，$K_2Cr_2O_7$ 有毒，使用时应注意废液的处理，以免污染环境。

15.5.2.2 应用示例

1. 铁的测定

重铬酸钾法测定铁是利用下列反应：

$$6Fe^{2+} + Cr_2O_7^{2-} + 14H^+ =\!=\!= 6Fe^{3+} + 2Cr^{3+} + 7H_2O$$

试样（铁矿石等）一般用 HCl 溶液加热分解。在热的浓 HCl 溶液中，将铁还原为亚铁，然后用 $K_2Cr_2O_7$ 标准溶液滴定。铁的还原方法除用 $SnCl_2$ 还原外，也采用 $SnCl_2 + TiCl_3$ 还原（无汞测铁法）。与高锰酸钾法测定铁相比，两种方法在测定步骤上有以下不同之处：

（1）重铬酸钾的电极电位与氯的电极电位相近，因此在 HCl 溶液中进行滴定时，不会因氧化 Cl^- 而发生误差，因而滴定时不需加入 $MnSO_4$。

（2）滴定时需要采用氧化还原指示剂，如用二苯胺磺酸钠作指示剂。终点时溶液由绿色（Cr^{3+} 的颜色）突变为紫色或紫蓝色。已知二苯胺磺酸钠变色时的 $\varphi_{In}^{\ominus'} = 0.84V$。如 Fe^{3+}/Fe^{2+} 电对按 $\varphi_{Fe^{3+}/Fe^{2+}}^{\ominus'} = 0.68V$ 计算，则滴定至 99.9% 时的电极电位为

$$\varphi = \varphi_{Fe^{3+}/Fe^{2+}}^{\ominus'} + 0.059V\lg\frac{c_{Fe(\text{III})}}{c_{Fe(\text{II})}}$$
$$= 0.68V + 0.059V\lg\frac{99.9}{0.1}$$
$$= 0.86V$$

可见，当滴定进行至 99.9% 时，电极电位已超过指示剂变色的电位（$>0.84V$），滴定终点将过早到达。为了减少终点误差，需要在试液中加入 H_3PO_4，使 Fe^{3+} 生成无色的稳定 $Fe(PO_4)_2^{3-}$ 配位阴离子，这样既消除了 Fe^{3+} 的黄色影响，又降低了 Fe^{3+}/Fe^{2+} 电对的电极电位。例如，在 $1mol/L$ HCl 与 $0.25mol/L$ H_3PO_4 溶液中 $\varphi_{Fe^{3+}/Fe^{2+}}^{\ominus'} = 0.51V$，从而避免了过早氧化指示剂。

2. 水样中化学需氧量的测定

在酸性介质中以 $K_2Cr_2O_7$ 为氧化剂，测定水样中化学需氧量的方法记作 COD_{Cr}。反应式为

$$2Cr_2O_7^{2-} + 3C + 16H^+ \longrightarrow 4Cr^{3+} + 3CO_2\uparrow + 8H_2O$$

该式表明 $2mol$ $Cr_2O_7^{2-}$ 与 $3mol$ C 及 $3mol$ O_2 转移电子数（12mol）相当，则

$$n_{O_2} = \frac{3}{2} n_{Cr_2O_7^{2-}}$$

15.5.3　碘量法

15.5.3.1　概述

碘量法是利用 I_2 的氧化性和 I 的还原性来进行滴定的分析方法。其半反应为

$$I_2 + 2e^- \rightleftharpoons 2I^-$$

由于固体 I_2 在水中的溶解度很小（0.00133mol/L），故实际应用时通常将 I_2 溶解在 KI 溶液中，此时 I_2 在溶液中以 I_3^- 形式存在：

$$I_2 + I^- \rightleftharpoons I_3^-$$

半反应为

$$I_3^- + 2e^- \rightleftharpoons 2I^-, \quad \varphi_{I_3^-/3I^-}^{\ominus'} = 0.534V$$

但为方便起见，I_3^- 一般仍简写为 I_2。

由 $I_2/2I^-$ 电对的条件电极电位或标准电极电位可见，I_2 是一种较弱的氧化剂，能与较强的还原剂 ［如 Sn(Ⅱ)、Sb(Ⅲ)、As_2O_3、S^{2-}、SO_3^{2-} 等] 作用，例如：

$$I_2 + SO_2 + 2H_2O = 2I^- + SO_4^{2-} + 4H^+$$

因此，可用 I_2 标准溶液直接滴定这类还原性物质，这种方法称为直接碘量法。另一方面，I 作为一中等强度的还原剂，能被一般氧化剂（如 $K_2Cr_2O_7$、$KMnO_4$、H_2O_2、KIO_3 等）定量氧化而析出 I_2，例如：

$$2MnO_4^- + 10I^- + 16H^+ = 2Mn^{2+} + 5I_2 + 8H_2O$$

析出的 I_2 可用还原剂 $Na_2S_2O_3$ 标准溶液滴定：

$$I_2 + 2S_2O_3^{2-} = 2I^- + S_4O_6^{2-}$$

因而可间接测定氧化性物质，这种方法称为间接碘量法。直接碘量法的基本反应为

$$I_2 + 2e^- \rightleftharpoons 2I^-$$

由于 I_2 的氧化能力不强，能被 I_2 氧化的物质有限，而且受溶液中 H^+ 浓度的影响较大，所以直接碘量法的应用受到一定的限制。

但是，凡能与 KI 作用定量地析出 I_2 的氧化性物质及能与过量 I_2 在碱性介质中作用的有机物质，都可用间接碘量法测定。间接碘量法的基本反应为

$$2I^- - 2e^- = I_2$$
$$I_2 + 2S_2O_3^{2-} = S_4O_6^{2-} + 2I^-$$

I_2 与硫代硫酸钠定量反应生成连四硫酸钠（$Na_2S_4O_6$）。

应该注意，I_2 和 $Na_2S_2O_3$ 的反应须在中性或弱酸性溶液中进行。因为在碱性溶液中，会同时发生如下反应：

$$Na_2S_2O_3 + 4I_2 + 10NaOH = 2Na_2SO_4 + 8NaI + 5H_2O$$

而使氧化还原过程复杂化。而且在较强的碱性溶液中，I_2 会发生歧化反应：

$$3I_2 + 6OH^- = IO_3^- + 5I^- + 3H_2O$$

会给测定带来误差。

如果需要在弱碱性溶液中滴定 I_2，应用 Na_3AsO_3 代替 $Na_2S_2O_3$。

因为 I_2 具有挥发性，容易挥发损失；I^- 在酸性溶液中易被空气中的氧所氧化。

$$4I^- + 4H^+ + O_2 = 2I_2 + 2H_2O$$

此反应在中性溶液中进行极慢，但随溶液中 H^+ 浓度增加而加快，若直接受阳光照射，反应速率增加更快。所以碘量法一般在中性或弱酸性溶液中及低温（$<25℃$）下进行滴定。I_2 溶液应保存于棕色密闭的容器中。在间接碘量法中，氧化析出的 I_2 必须立即进行滴定，滴定最好在碘量瓶中进行。为了减少 I^- 与空气的接触，滴定时不应剧烈摇荡。

碘量法的终点常用淀粉指示剂来确定。在有少量 I^- 存在下，I_2 与淀粉反应形成蓝色吸附配合物，根据蓝色的出现或消失来指示终点。在室温及少量 I^-（$\geqslant 0.001mol/L$）存在下，该反应的灵敏度为 $[I_2]=(0.5\sim1)\times10^{-5}mol/L$，无 I^- 时反应的灵敏度降低。反应的灵敏度还随溶液温度升高而降低（$50℃$ 时的灵敏度只有 $25℃$ 时的 $1/10$）。乙醇及甲醇的存在均降低其灵敏度（醇含量超过 50% 的溶液不产生蓝色，小于 5% 的无影响）。

淀粉溶液应用新鲜配制的，若放置过久，则与 I_2 形成的配合物不呈蓝色而呈紫红色。这种紫红色吸附配合物在用 $Na_2S_2O_3$ 滴定时褪色慢，终点不敏锐。

碘量法用的标准溶液主要有硫代硫酸钠和碘标准溶液两种。

15.5.3.2 应用示例

1. 硫化钠总还原能力的测定

在弱酸性溶液中，I_2 能氧化 H_2S。

$$H_2S + I_2 = S\downarrow + 2H^+ + 2I^-$$

这是用直接碘量法测定硫化物。为了防止 S^{2-} 在酸性条件下生成 H_2S 而损失，在测定时应用移液管加硫化钠试液于过量酸性碘溶液中，反应完毕后，再用 $Na_2S_2O_3$ 标准溶液回滴多余的碘。硫化钠中常含有 Na_2SO_3 及 $Na_2S_2O_3$ 等还原性物质，它们也与 I_2 作用，因此测定结果实际上是硫化钠的总还原能力。

其他能与酸作用生成 H_2S 的试样（如某些含硫的矿石，石油和废水中的硫化物，钢铁中的硫，以及有机物中的硫等，都可使其转化为 H_2S），可用镉盐或锌盐的氨溶液吸收它们与酸反应时生成的 H_2S，然后用碘量法测定其中的含硫量。

2. 硫酸铜中铜的测定

二价铜盐与 I^- 的反应如下：

$$2Cu^{2+} + 4I^- = 2CuI\downarrow + 2I_2$$

析出的碘用 $Na_2S_2O_3$ 标准溶液滴定，就可计算出铜的含量。

上述反应是可逆的，为了促使反应实际上趋于完全，必须加入过量的 KI。由于 CuI 沉淀强烈地吸附 I_2，会使测定结果偏低。如果加入 KSCN，使 CuI 转化为溶解度更小的 CuSCN 沉淀：

$$CuI + KSCN = CuSCN\downarrow + KI$$

则不仅可以释放出被 CuI 吸附的 I_2，而且反应时再生出来的 I^- 可与未作用的 Cu^{2+} 反应。这样，就可以使用较少的 KI 而能使反应进行得更完全。但是 KSCN 只能在接近终点时加入，否则 SCN^- 可能被氧化而使结果偏低。

为了防止铜盐水解，反应必须在酸性溶液中进行（一般控制 pH＝3～4）。酸度过低，反应速率慢，终点拖长；酸度过高，则 I^- 被空气氧化为 I_2 的反应被 Cu^{2+} 催化而加速，使结果偏高。又因大量 Cl^- 与 Cu^{2+} 配位，因此应用 H_2SO_4 而不用 HCl（少量 HCl 不干扰）溶液。

矿石（铜矿等）、合金、炉渣或电镀液中的铜，也可应用碘量法测定。对于固体试样，可选用适当的溶剂溶解后，再用上述方法测定。但应注意防止其他共存离子的干扰。例如，试样常含有 Fe^{3+}，由于 Fe^{3+} 能氧化 I^-：

$$2Fe^{3+} + 2I^- = 2Fe^{2+} + I_2$$

故它干扰铜的测定。若加入 NH_4HF_2，可使 Fe^{3+} 生成稳定的 FeF_6^{3-} 配位离子，使 Fe^{3+}/Fe^{2+} 电对的电极电位降低，从而可防止 Fe^{3+} 氧化 I^-。NH_4HF_2 还可控制溶液的酸度，使 pH 值为 $3\sim4$。

3. 漂白粉中有效氯的测定

漂白粉的主要成分是 $CaCl(OCl)$，其他还有 $CaCl_2$、$Ca(ClO_3)_2$ 及 CaO 等。漂白粉的质量以有效氯（能释放出来的氯量）来衡量，用 Cl 的质量分数表示。

测定漂白粉中的有效氯时，使试样溶于稀 H_2SO_4 溶液中，加过量 KI，反应生成的 I_2 用 $Na_2S_2O_3$ 标准溶液滴定，反应为

$$ClO^- + 2I^- + 2H^+ = I_2 + Cl^- + H_2O$$
$$ClO_2^- + 4I^- + 4H^+ = 2I_2 + Cl^- + 2H_2O$$
$$ClO_3^- + 6I^- + 6H^+ = 3I_2 + Cl^- + 3H_2O$$

4. 有机物的测定

对于能被碘直接氧化的物质，只要反应速率足够快，就可用直接碘量法进行测定（如抗坏血酸、巯基乙酸、四乙基铅及安乃近药物等）。抗坏血酸（即维生素 C）是生物体中不可缺少的维生素之一，它具有抗坏血病的功能，也是衡量蔬菜、水果品质的常用指标之一。抗坏血酸分子中的烯醇基具有较强的还原性，能被 I_2 定量氧化成二酮基：

$$C_6H_8O_6 + I_2 = C_6H_6O_6 + 2HI$$

用直接碘量法可滴定抗坏血酸。从反应式看在碱性溶液中有利于反应向右进行，但碱性条件会使抗坏血酸被空气中氧所氧化，也造成 I_2 的歧化反应。

间接碘量法更广泛地应用于有机物的测定中。例如，在葡萄糖的碱性试液中，加入一定量且过量的 I_2 标准溶液，葡萄糖被 I_2 氧化后的反应为

$$I_2 + 2OH^- = IO^- + I^- + H_2O$$
$$CH_2OH(CHOH)_4CHO + IO^- + OH^- = CH_2OH(CHOH)_4COO^- + I^- + H_2O$$

碱液中剩余的 IO^-，歧化为 IO_3^- 及 I^-：

$$3IO^- = IO_3^- + 2I^-$$

溶液酸化后又析出 I_2：

$$IO_3^- + 5I^- + 6H^+ = 3I_2 + 3H_2O$$

最后以 $Na_2S_2O_3$ 标准溶液滴定析出的 I_2。

第 16 章　重量分析法和沉淀滴定法

在众多的化学反应中，有一类能生成沉淀的反应，如恰当利用这类沉淀反应可以定量测定试样中的某些组分，因而构成重量分析法的基础之一；另外，还基于此建立了沉淀滴定法，本章对这两种分析方法分别进行介绍。

16.1　重量分析法概述

重量分析法（或称重量分析）是用适当方法先将试样中的待测组分与其他组分分离，然后用称量的方法测定该组分的含量。待测组分与试样中其他组分分离的方法，常用的有下面两种。

1. 沉淀法

沉淀法是使待测组分生成难溶化合物沉淀下来，然后称量沉淀的质量，根据沉淀的质量计算出待测组分的含量。例如，测定试液中 SO_4^{2-} 含量时，在试液中加入过量 $BaCl_2$ 溶液，使 SO_4^{2-} 定量生成难溶的 $BaSO_4$ 沉淀，经过滤、洗涤、干燥后，称量 $BaSO_4$ 的质量，从而计算出试液中硫酸根离子的含量。

2. 汽化法

汽化法适用于挥发性组分的测定。一般是用加热或蒸馏等方法使被测组分转化为挥发性物质逸出，然后根据试样质量的减少来计算试样中该组分的含量；或用吸收剂将逸出的挥发性物质全部吸收，根据吸收剂质量的增加来计算该组分的含量。例如，要测定水合氯化钡晶体（$BaCl_2 \cdot 2H_2O$）中结晶水的含量，可将氯化钡试样加热，使水分逸出，根据试样质量的减少计算其含湿量。也可以用吸湿剂（如高氯酸镁）吸收逸出的水分，根据吸湿剂质量的增加来计算试样的含湿量。

上述两种方法都是根据称得的质量来计算试样中待测组分的含量。重量分析中的全部数据都需由分析天平称量得到，在分析过程中不需要基准物质和由容量器皿引入的数据，因而避免了这方面的误差。重量分析比较准确，对于高含量的硅、磷、硫、钨和稀土元素等试样的测定，至今仍常使用，测定的相对误差绝对值一般不大于 0.1%。重量分析法的不足之处是操作较烦琐、费时、不适于生产中的控制分析，对低含量组分的测定误差较大。

在沉淀法各步骤中，最重要的一步是进行沉淀反应，其中如沉淀剂的选择与用量、沉淀反应的条件、如何减少沉淀中杂质等都会影响分析结果的准确度。

16.2　沉淀完全的程度与影响沉淀溶解度的因素

利用沉淀反应进行重量分析时，沉淀反应是否进行完全，可以根据反应达到平衡后溶液中未被沉淀的待测组分的量来衡量。显然，难溶化合物的溶解度小，沉淀有可能完全；否则，沉淀就不完全。在重量分析中，为了满足定量分析的要求，必须考虑影响沉淀溶解度的各种因素，以便选择和控制沉淀的条件。

16.2.1　沉淀平衡与溶度积

难溶化合物 MA 在饱和溶液中的平衡可表示为

$$MA_{(固)} \Longleftrightarrow M^+ + A^- \tag{16.1}$$

式中：$MA_{(固)}$ 为固态的 MA。

在一定温度下其活度积 K_{ap} 是一常数，即

$$a_{M^+} \cdot a_{A^-} = K_{ap} \tag{16.2}$$

式中：a_{M^+} 和 a_{A^-} 分别为 M^+ 和 A^- 两种离子的活度。

活度与浓度的关系为

$$a_{M^+} = \gamma_{M^+} [M^+]$$
$$a_{A^-} = \gamma_{A^-} [A^-] \tag{16.3}$$

式中：γ_{M^+} 和 γ_{A^-} 分别为两种离子的活度系数，它们与溶液的离子强度有关。

将式 (16.3) 代入式 (16.2) 得

$$[M^+][A^-]\gamma_{M^+}\gamma_{A^-} = K_{ap} \tag{16.4}$$

在纯水中 MA 的溶解度很小，则

$$[M^+] = [A^-] = S_0 \tag{16.5}$$

$$[M^+] = [A^-] = S_0^2 = K_{sp} \tag{16.6}$$

式中：S_0 为在很稀的溶液中、没有其他离子存在时 MA 的溶解度，由 S_0 所得的溶度积 K_{sp} 非常接近于活度积 K_{ap}。

当外界条件变化，如酸度的变化、配位剂的存在等，都会使金属离子浓度或沉淀剂浓度发生变化，从而影响沉淀的溶解度和溶度积。因此溶度积 K_{sp} 只在一定条件下才是一个常数。

如果溶液中的离子浓度变化不太大，溶度积数值在数量级上一般不发生改变，所以在稀溶液中，仍常用离子浓度乘积来研究沉淀的情况。如果溶液中的电解质浓度较大（如以后将讨论的盐效应），就必须考虑活度对沉淀的影响。

16.2.2　影响沉淀溶解度的因素

影响沉淀溶解度的因素很多，如同离子效应、盐效应、酸效应及配位效应等。此外，温度、溶剂、沉淀的颗粒大小和结构，也对溶解度有影响，下面分别予以讨论。

1. 同离子效应

若要沉淀完全，溶解损失应尽可能小。对重量分析来说，要求沉淀溶解损失的量不能超过一般称量的精确度（即 0.2mg），即处于允许的误差范围之内。但一般沉淀很少能达到这要求。例如，用 $BaCl_2$ 使 SO_4^{2-} 沉淀成 $BaSO_4$，$K_{sp(BaSO_4)} = 1.08 \times 10^{-10}$，当加入 $BaCl_2$ 的量与 SO_4^{2-} 的量符合化学计量关系时，在 200mL 溶液中溶解的 $BaSO_4$ 的质量为

$$\sqrt{1.08 \times 10^{-10}} \times 233 \times \frac{200}{1000} g = 4.8 \times 10^{-4} g = 0.48 mg$$

溶解所损失的量已超过重量分析的要求。

但是，如果加入过量的 $BaCl_2$，沉淀达到平衡时，设过量的 $[Ba^{2+}]=0.01mol/L$，则可计算出 200mL 溶液中溶解的 $BaSO_4$ 的质量：

$$\frac{1.08 \times 10^{-10}}{0.01} \times 233 \times \frac{200}{1000} g = 5.0 \times 10^{-7} g = 0.0005 mg$$

显然，这已远小于允许溶解损失的质量，可以认为沉淀已经完全。

因此，在进行重量分析时，常使用过量的沉淀剂，利用同离子效应来降低沉淀的溶解度，以使沉淀完全。沉淀剂过量的程度，应根据沉淀剂的性质来确定。若沉淀剂不易挥发，应过量少些，如过量 20%～50%；若沉淀剂易挥发除去，则过量程度可适当大些，甚至过量 100%。

必须指出，沉淀剂决不能加得太多，否则将适得其反，可能产生其他影响（如盐效应、配位效应等），反而使沉淀的溶解度增大。

2. 盐效应

在难溶电解质的饱和溶液中，加入其他强电解质，会使难溶电解质的溶解度比同温时在纯水中的溶解度增大，这种现象称为盐效应。例如，在 KNO_3 强电解质存在的情况下，$AgCl$、$BaSO_4$ 的溶解度比在纯水中大，而且溶解度随强电解质浓度增大而增大。例如，当溶液中 $MgCl_2$ 浓度由 0 增到 0.0080mol/L 时，$BaSO_4$ 的溶解度由 $1.04 \times 10^{-5} mol/L$ 增大到 $1.9 \times 10^{-5} mol/L$。

发生盐效应的原因是由于加入的强电解质的种类和浓度影响被测离子的活度系数，当强电解质的浓度增大到一定程度时，离子强度增大而使离子活度系数明显减小。但在一定温度下，K_{ap} 是常数，根据式 (16.4)，$[M^+][A^-]$ 必然要增大，致使沉淀的溶解度增大。

应当指出，如果沉淀本身的溶解度很小，一般来讲，盐效应的影响很小，可以不予考虑。只有当沉淀的溶解度比较大，而且溶液的离子强度很高时，才考虑盐效应的影响。

3. 酸效应

与配位滴定中 EDTA 的酸效应相同，溶液的酸度对沉淀溶解度的影响，称为酸效应。酸效应的发生主要是由于溶液中 H^+ 浓度的大小对弱酸、多元酸或难溶酸解离平衡的影响。若沉淀是强酸盐，如 $BaSO_4$、$AgCl$ 等，其溶解度受酸度影响不大；若沉淀是弱酸或多元酸盐 [如 CaC_2O_4、$Ca_3(PO_4)_2$] 或难溶酸（如硅酸、钨酸）以及许多与有机沉淀剂形成的沉淀，则酸效应就很显著。

通过计算可知，沉淀的溶解度随溶液酸度增加而增加，在以草酸铵沉淀 Ca^{2+} 的重量分析测定中，在 pH=2 时 CaC_2O_4 的溶解损失已超过重量分析要求。若要符合允许误差，则沉淀反应需在 pH=4～6 的溶液中进行。

4. 配位效应

若溶液中存在配位剂，它能与生成沉淀的离子形成配合物，将使沉淀溶解度增大，甚至不产生沉淀，这种现象称为配位效应。例如，用 Cl^- 沉淀 Ag^+ 时的反应：

$$Ag^+ + Cl^- = AgCl\downarrow$$

若溶液中有氨水，则 NH_3 能与 Ag^+ 配位，形成 $Ag(NH_3)_2^+$ 配离子，因而 AgCl 在 0.01mol/L 氨水中的溶解度比在纯水中的溶解度大 40 倍。如果氨水的浓度足够大，则不能生成 AgCl 沉淀。又如 Ag^+ 溶液中加入 Cl^-，最初生成 AgCl 沉淀，但若继续加入过量的 Cl^-，则 Cl^- 能与 AgCl 配位成 $AgCl_2^-$ 和 $AgCl_3^{2-}$ 等配离子，而使 AgCl 沉淀逐渐溶解。AgCl 在 0.01mol/L HCl 溶液中的溶解度比在纯水中的溶解度小，这时同离子效应是主要的；若 ［Cl^-］ 增到 0.5mol/L，则 AgCl 的溶解度超过纯水中的溶解度，此时配位效应的影响已超过同离子效应；若 ［Cl^-］ 更大，则由于配位效应起主要作用，AgCl 沉淀就可能不出现。因此用 Cl^- 沉淀 Ag^+ 时，必须严格控制 Cl^- 浓度。应当指出，配位效应使沉淀溶解度增大的程度与沉淀的溶度积和形成配合物的稳定常数的相对大小有关。形成的配合物越稳定，配位效应越显著，沉淀的溶解度越大。

从以上的讨论可知，在进行沉淀反应时，对无配位反应的强酸盐沉淀，应主要考虑同离子效应和盐效应；对弱酸盐或难溶酸盐，多数情况应主要考虑酸效应；在有配位反应，尤其在能形成较稳定的配合物，而沉淀的溶解度又不太小时，则应主要考虑配位效应。

除上述因素外，温度、其他溶剂的存在及沉淀本身颗粒的大小和结构，也都对沉淀的溶解度有所影响。

（1）温度。溶解一般是吸热过程，绝大多数沉淀的溶解度随温度升高而增大。

（2）溶剂。大部分无机物沉淀是离子型晶体，在有机溶剂中的溶解度比在纯水中要小。例如，在 $CaSO_4$ 溶液中加入适量乙醇，则 $CaSO_4$ 的溶解度就大为降低。

（3）沉淀颗粒大小和结构。同一种沉淀，在相同质量时，颗粒越小，其总表面积越大，溶解度越大。因为小晶体比大晶体有更多的角、边和表面，处于这些位置的离子受晶体内离子的吸引力小，而且又受到外部溶剂分子的作用，容易进入溶液中，所以小颗粒沉淀的溶解度比大颗粒的大。在沉淀形成后，常将沉淀和母液一起放置一段时间进行陈化，使小晶体逐渐转变为大晶体，有利于沉淀的过滤与洗涤。陈化还可使沉淀结构发生转变，由初生成时的结构转变为另一种更稳定的结构，溶解度就大为减小。例如，初生成的 CoS 是 α 型，$K_{spCoS(\alpha)} = 4 \times 10^{-21}$，放置后转变成 β 型，$K_{spCoS(\beta)} = 2 \times 10^{-25}$。

16.3　沉淀的形成与沉淀的条件

为了获得纯净且易于分离和洗涤的沉淀，必须了解沉淀形成的过程和选择适当的沉淀条件。

16.3.1　沉淀的形成

沉淀的形成一般要经过晶核形成和晶核长大两个过程。将沉淀剂加入试液中，当形成沉淀的离子浓度的乘积超过该条件下沉淀的溶度积时，离子通过相互碰撞聚集成微小的晶核，溶液中的构晶离子向晶核表面扩散，并沉积在晶核上，晶核逐渐长大成沉淀微粒。这种由离子形成晶核，再进一步聚集成沉淀微粒的速率称为聚集速率。在聚集的同时，构晶离子在一定晶格中定向排列的速率称为定向速率。如果聚集速率大而定向速率小，即离子很快地聚集生成沉淀微粒，却来不及进行晶格排列，则得到非晶形沉淀。反之，如果定向速率大而聚集速率小，即离子较缓慢地聚集成沉淀，有足够时间进行晶格排列，则得到晶形沉淀。

聚集速率（或称为"形成沉淀的初始速率"）主要由沉淀时的条件所决定，其中最重要的条件是溶液中生成沉淀物质的过饱和度。聚集速率与溶液的相对过饱和度成正比，其经验公式表示如下：

$$v = K\frac{Q-S}{S} \tag{16.7}$$

式中：v 为形成沉淀的初始速率（聚集速率）；Q 为加入沉淀剂瞬间，生成沉淀物质的浓度；S 为沉淀的溶解度；$Q-S$ 为沉淀物质的过饱和度；$(Q-S)/S$ 为相对过饱和度；K 为比例常数，它与沉淀的性质、温度、溶液中存在的其他物质等因素有关。

从式（16.7）可知，相对过饱和度越大，则聚集速率越大。若要聚集速率小，必须使相对过饱和度小，就是要求沉淀的溶解度（S）大，加入沉淀剂瞬间生成沉淀物质的浓度（Q）不太大，即可获得晶形沉淀。反之，若沉淀的溶解度很小，瞬间生成沉淀物质的浓度又很大，则将形成非晶形沉淀，甚至形成胶体。例如，在稀溶液中沉淀 $BaSO_4$，通常都能获得细晶形沉淀；若在浓溶液（如 $0.75\sim3mol/L$）中，则形成胶状沉淀。

定向速率主要决定于沉淀物质的本性。一般极性强的盐类，如 $MgNH_4PO_4$、$BaSO_4$、CaC_2O_4 等，具有较大的定向速率，易形成晶形沉淀。氢氧化物的定向速率较小，因此其沉淀一般为非晶形的。特别是高价金属离子的氢氧化物，如 $Fe(OH)_3$、$Al(OH)_3$ 等，结合的 OH^- 越多，定向排列越困难，定向速率越小。此外，这类沉淀的溶解度极小，聚集速率很大，加入沉淀剂瞬间形成大量晶核，使水合离子来不及脱水，便带着水分子进入晶核，晶核又进一步聚集，因而一般都形成质地疏松、体积庞大、含有大量水分的非晶形或胶状沉淀。二价金属离子（如 Mg^{2+}、Zn^{2+}、Cd^{2+} 等）的氢氧化物含 OH^- 较少，如果条件适当，可能形成晶形沉淀。金属离子的硫化物一般都比其氢氧化物溶解度小，因此硫化物聚集速率很大，定向速率很小，所以二价金属离子的硫化物大多也是非晶形或胶状沉淀。

如上所述，从很浓的溶液中析出 $BaSO_4$ 时，可以得到非晶形沉淀，而从很稀的热溶液中析出 Ca^{2+}、Mg^{2+} 等二价金属离子的氢氧化物并经过放置后，也可能得到晶形沉淀。因此，沉淀的类型，不仅取决于沉淀的本质，也取决于沉淀时的条件，若适当改变沉淀条件，也可能改变沉淀的类型。

16.3.2　沉淀的条件

聚集速率和定向速率这两个速率的相对大小直接影响沉淀的类型。为了得到纯净而易于分离和洗涤的晶形沉淀，要求有较小的聚集速率，这就应选择适当的沉淀条件。从式（16.7）可知，欲得到晶形沉淀应满足下列条件：

（1）在适当稀的溶液中进行沉淀，以降低相对过饱和度。

（2）在不断搅拌下慢慢地滴加稀的沉淀剂，以免局部相对过饱和度太大。

（3）在热溶液中进行沉淀，使溶解度略有增加，相对过饱和度降低。同时，升高温度，可减少杂质的吸附。为防止因溶解度增大而造成的溶解损失，沉淀须经冷却后才可过滤。

（4）陈化。陈化就是在沉淀定量完全后，将沉淀和母液共置一段时间。溶液中大小晶体共存时，由于微小晶体比大晶体溶解度大，溶液对大晶体已经达到饱和，而对微小晶体尚未饱和，因而微小晶体逐渐溶解。溶解到一定程度后，溶液对微小晶体达到饱和时，对大晶体已成为过饱和，于是构晶离子就在大晶体上沉积。当溶液浓度降低到对大晶体是饱和溶液时，对微小晶体已不饱和，微小晶体又要继续溶解。这样继续下去，微小晶体逐渐消失，大晶体不断长大，最后获得颗粒大的晶体。

陈化作用还能使沉淀变得更纯净。这是因为大晶体的比表面较小，吸附杂质量少。同时，由于微小晶体溶解，原来吸附、吸留或包藏的杂质，将重新溶入溶液中，从而提高了沉淀的纯度。

加热和搅拌可以增加沉淀的溶解速率和离子在溶液中的扩散速率，因此可以缩短陈化时间。

为改进沉淀结构，已研究发展了另一途径的沉淀方法——均相沉淀法：沉淀剂不是直接加入溶液中，而是通过溶液中发生的化学反应，缓慢而均匀地在溶液中产生沉淀剂，从而使沉淀在整个溶液中均匀、缓缓地析出。这样可获得颗粒较粗、结构紧密、纯净而易于过滤的沉淀。例如，为了使溶液中的 Ca^{2+} 与 $C_2O_4^{2-}$ 能形成较大的晶形沉淀，可在酸性溶液中加入草酸铵（溶液中主要存在形式是 $HC_2O_4^-$ 和 $H_2C_2O_4$），然后加入尿素，加热煮沸。尿素按下式水解：

$$OC\begin{matrix}NH_2\\ \\NH_2\end{matrix}\ +H_2O\ \xrightarrow{90\sim100℃}\ CO_2+2NH_3$$

生成的 NH_3 中和溶液中的 H^+，溶液的酸度逐渐降低，$C_2O_4^{2-}$ 浓度不断增大，最后均匀而缓慢地析出 CaC_2O_4 沉淀。在沉淀过程中，溶液的相对过饱和度始终比较小，所以可获得大颗粒的 CaC_2O_4 沉淀。

也可以利用氧化还原反应进行均相沉淀。例如，在测定 ZrO^{2+} 时，于含有 AsO_3^{3-} 的 H_2SO_4 溶液中，加入硝酸盐将 AsO_3^{3-} 氧化为 AsO_4^{3-}，使 $(ZrO)_3(AsO_4)_2$ 均匀沉淀，反应如下：

$$2AsO_3^{3-}+3ZrO^{2+}+2NO_3^-=(ZrO)_3(AsO_4)_2\downarrow+2NO_2^-$$

此外，还可利用酯类和其他有机化合物的水解、配合物的分解，或缓慢地合成所需的沉淀剂等方式来进行均相沉淀。

得到纯净而又易于分离的沉淀之后，还需经过过滤、洗涤、烘干或灼烧等操作，这些环节完成得好坏也同样影响分析结果的准确度。

重量分析中使用较多的是采用晶形沉淀形式的测定方法，纵观其全过程，包括沉淀、过滤、洗涤、烘干、灼烧和称量等诸多环节，其中对测定准确度影响最为关键的一环就是使被测组分生成纯净、颗粒大、易于分离和洗涤的沉淀。所以学习重量分析（沉淀法）的着重点应放在如何创造生成晶形沉淀的反应条件上，其余的内容都是围绕这一重点而展开的。

16.4 重量分析计算和应用示例

16.4.1 重量分析计算

重量分析是根据称量形式的质量来计算待测组分的含量。例如，测定某试样中的硫含量时，使之沉淀为 $BaSO_4$，灼烧后称量 $BaSO_4$ 沉淀，其质量为 0.5562g，则试样中的硫含量计算如下：

$$m_s = m_{BaSO_4} \times \frac{M_s}{M_{BaSO_4}} = 0.5562g \times \frac{32.07g/mol}{233.4g/mol} = 0.07642g$$

在上例计算过程中，用到的待测组分的摩尔质量与称量形式的摩尔质量之比为一常数，通常称为化学因数或换算因数。在计算化学因数时，必须给待测组分的摩尔质量和（或）称量形式的摩尔质量乘以适当系数，使分子和分母中待测元素的原子数目相等。

16.4.2 重量分析的应用示例

【例 16.1】 在镁的测定中先将 Mg^{2+} 沉淀为 $MgNH_4PO_4$，再灼烧成 $Mg_2P_2O_7$ 称量。若 $Mg_2P_2O_7$ 质量为 0.3515g，则镁的质量为多少？

解：每一个 $Mg_2P_2O_7$ 分子含有两个 Mg 原子，故

$$m_{Mg} = m_{Mg_2P_2O_7} \times \frac{2M_{Mg}}{M_{Mg_2P_2O_7}} = 0.3515g \times \frac{2 \times 24.31g/mol}{222.6g/mol} = 0.07677g$$

【例 16.2】 分析某铬矿（不纯的 Cr_2O_3）中的 Cr_2O_3 含量时，把 Cr 转变为 $BaCrO_4$ 沉淀。设称取 0.5000g 试样，转变为 $BaCrO_4$ 的质量为 0.2530g。求此矿中 Cr_2O_3 的质量分数。

解：由 $BaCrO_4$ 质量换算为 Cr_2O_3 质量的化学因数 F 为

$$\frac{2M_{Cr_2O_3}}{M_{BaCrO_4}}$$

故

$$w_{Cr_2O_3} = \frac{0.2530g}{0.5000g} \times \frac{152.0g/mol}{2 \times 253.3g/mol} \times 100\% = 15.18\%$$

16.5 银量法滴定终点的确定

沉淀滴定法中可以用指示剂确定终点，也可以用电位滴定确定终点。现以银量法为例，将几种确定滴定终点的方法介绍如下。

16.5.1 莫尔法

水是人们在生产、生活中接触最多、需求量最大的物质，在天然水中几乎都含有不等数量的 Cl^-，而来自城镇自来水厂的生活饮用水中更带有消毒处理后的余氯，当饮用水中

的 Cl^- 含量超过 $4.0g/L$ 时，将有害于人的健康，因此对水中 Cl^- 含量的监测就显得相当重要。多数情况下采用莫尔法测定水中的 Cl^- 含量，即在含有 Cl^- 的中性溶液中，加入 K_2CrO_4 指示剂，用 $AgNO_3$ 标准溶液滴定。由于 $AgCl$ 的溶解度比 Ag_2CrO_4 小，在用 $AgNO_3$ 溶液滴定过程中，首先生成 $AgCl$ 沉淀，待 $AgCl$ 定量沉淀后，过量的一滴 $AgNO_3$ 溶液才与 K_2CrO_4 反应，并立即形成砖红色的 Ag_2CrO_4 沉淀，指示终点的到达。

显然，指示剂 K_2CrO_4 的用量对于指示终点有较大影响。CrO_4^{2-} 浓度过高或过低，沉淀的析出就会提前或推迟，因而将产生一定的终点误差。因此要求 Ag_2CrO_4 沉淀应该恰好在滴定反应化学计量点时产生，根据溶度积原理可以求出化学计量点时 $[Ag^+]=1.33\times10^{-5}\,mol/L$，而此时产生 Ag_2CrO_4 沉淀所需的 CrO_4^{2-} 浓度为 $6.33\times10^{-3}\,mol/L$。在滴定时，由于 K_2CrO_4 呈黄色，当其浓度较高时颜色较深，不易判断砖红色的 Ag_2CrO_4 沉淀的出现，因此指示剂的浓度以略低一些为好。一般滴定溶液中 CrO_4^{2-} 浓度宜控制在 $5\times10^{-3}\,mol/L$。

K_2CrO_4 浓度降低后，要使 Ag_2CrO_4 析出沉淀，必须多加一些 $AgNO_3$ 溶液。这样，滴定剂就过量了。滴定终点将在化学计量点后出现，但由此产生的终点误差一般都小于 0.1%，可以认为不影响分析结果的准确度。如果溶液较稀，如用 $0.01000mol/L\ AgNO_3$ 溶液滴定 $0.01000mol/L\ KCl$ 溶液，则终点误差可达 0.6% 左右，就会影响分析结果的准确度。在这种情况下，通常需要以指示剂的空白值对测定结果进行校正。CrO_4^{2-} 与 H^+ 有如下的平衡关系：

$$2H^++2CrO_4^{2-} \Longrightarrow 2HCrO_4^- \longrightarrow Cr_2O_7^{2-}+H_2O$$

所以在酸性溶液中，平衡将向右移动，使 CrO_4^{2-} 浓度降低，影响 Ag_2CrO_4 沉淀的生成，当然也就影响终点的判断。

$AgNO_3$ 在强碱性溶液中则沉淀为 Ag_2O，因此莫尔法只能在中性或弱碱性（$pH=6.5\sim10.5$）溶液中进行。如果试液为酸性或强碱性，可用酚酞作指示剂，以稀 $NaOH$ 溶液或稀 H_2SO_4 溶液调节至酚酞的红色刚好褪去，也可用 $NaHCO_3$、$CaCO_3$ 或 $Na_2B_4O_7$ 等预先中和，然后再滴定。

由于生成的 $AgCl$ 沉淀容易吸附溶液中过量的 Cl^-，使溶液中 Cl 浓度降低，与之平衡的 Ag^+ 浓度增加，以致 Ag_2CrO_4 沉淀过早产生，引入误差，故滴定时必须剧烈摇动，使被吸附的 Cl^- 释出。$AgBr$ 吸附 Br^- 比 $AgCl$ 吸附 Cl^- 严重，滴定时更要注意剧烈摇动，否则会引入较大误差。

AgI 和 $AgSCN$ 沉淀相应吸附 I^- 和 SCN^- 的情况更为严重，所以莫尔法不适用于测定 I^- 和 SCN^-。能与 Ag^+ 生成沉淀的 PO_4^{3-}、AsO_3^{3-}、CO_3^{2-}、S^{2-}、$C_2O_4^{2-}$ 等阴离子，能与 CrO_4^{2-} 生成沉淀的 Ba^{2+}、Pb^{2+} 等阳离子，以及在中性或弱碱性溶液中发生水解的 Fe^{3+}、Al^{3+}、Bi^{3+}、Sn^{4+} 等离子，对测定都有干扰，应预先将其分离。

由于以上原因，莫尔法的应用受到一定限制。此外，它只能用来测定卤素，却不能用 $NaCl$ 标准溶液直接滴定 Ag^+。这是因为在 Ag^+ 试液中加入 K_2CrO_4 指示剂，将立即生成大量的 Ag_2CrO_4 沉淀，而且 Ag_2CrO_4 沉淀转变为 $AgCl$ 沉淀的速度甚慢，使测定无法进行。如采用莫尔法测定 Ag^+，需用返滴定的方式，即在含 Ag^+ 试液中先加入一定量且过量的 $NaCl$ 标准溶液，再加入 K_2CrO_4 指示剂，然后用 $AgNO_3$ 标准溶液回滴过量的 Cl^-。

利用 Cl^- 与 Ag^+ 生成 $AgCl$ 沉淀反应来测定 Cl^-，K_2CrO_4 作指示剂指示终点，看似很简单，但该反应过程在酸性、中性、弱碱性和强碱性的溶液中，却会有不同的结果。可见要达到预期的效果，必须选择适合的反应条件。在莫尔法中就要抓住指示剂 K_2CrO_4 的用量和溶液的 pH 值两个重点，请读者在接下来的佛尔哈德法和法扬司法的学习中自己找一下应该注意什么问题。

16.5.2　佛尔哈德法

佛尔哈德法是在 Ag^+ 的酸性溶液中，加入铁铵矾 $[NH_4Fe(SO_4)_2 \cdot 12H_2O]$ 指示剂，用 NH_4SCN 标准溶液直接进行滴定。滴定过程中首先生成白色的 AgSCN 沉淀。滴定到达化学计量点附近，Ag^+ 浓度迅速降低，SCN^- 浓度迅速增加，待过量的 SCN^- 与铁铵矾中的 Fe^{3+} 反应生成红色 $Fe(SCN)^{2+}$ 配离子，即指示终点的到达。

在上述滴定过程中生成的 AgSCN 沉淀要吸附溶液中的 Ag^+，使 Ag^+ 浓度降低，SCN^- 浓度增加，以致红色的最初出现会略早于化学计量点，因此滴定过程中也需剧烈摇动，以释出被吸附的 Ag^+。此法的优点在于可以在酸性溶液中直接测定 Ag^+。

用佛尔哈德法测定卤素时采用间接法，即先加入一定量且过量的 $AgNO_3$ 标准溶液，再以铁铵矾作指示剂，用 NH_4SCN 标准溶液回滴剩余的 Ag^+。

由于 AgSCN 的溶解度小于 AgCl 的溶解度，所以用 NH_4SCN 溶液回滴剩余的 Ag^+ 达化学计量点后，稍微过量的 SCN^- 可能与 AgCl 作用，使 AgCl 转化为 AgSCN。

$$AgCl + SCN^- = AgSCN\downarrow + Cl^-$$

如果剧烈摇动溶液，反应将不断向右进行，直至达到平衡。可见，到达终点时，已经多消耗了一部分 NH_4SCN 标准溶液。为了避免上述误差，通常可采用以下两种措施：

（1）试液中加入已知过量的 $AgNO_3$ 标准溶液之后，将溶液煮沸，使 AgCl 凝聚，以减少 AgCl 沉淀对 Ag^+ 的吸附。滤去沉淀，并用稀 HNO_3 充分洗涤沉淀，然后用 NH_4SCN 标准溶液返滴滤液中过量的 Ag^+。显然，这一措施要用到沉淀、过滤等操作，手续烦琐、耗时。

（2）在滴加 NH_4SCN 标准溶液前加入硝基苯 1～2mL，在摇动后，AgCl 沉淀进入硝基苯层中，使它不再与滴定溶液接触，即可避免发生上述 AgCl 沉淀与 SCN^- 的沉淀转化反应。

比较溶度积的数值可知，用本法测定 Br^- 和 I^- 时，不会发生上述沉淀转化反应。但在测定 I^- 时，应先加 $AgNO_3$，再加指示剂，以避免 I^- 对 Fe^{3+} 的还原作用。

由于指示剂中的 Fe^{3+} 在中性或碱性溶液中将水解，因此佛尔哈德法应该在 $[H^+] > 0.3mol/L$ 的溶液中进行。

16.5.3　法扬司法

法扬司法使用的吸附指示剂是一类有色的有机化合物，它被吸附在胶体微粒表面后，发生分子结构的变化，从而引起颜色的变化。

例如，用 $AgNO_3$ 作标准溶液测定 Cl^- 时，可用荧光黄作指示剂。荧光黄是一种有机弱酸，可用 HFI 表示。在溶液中它可解离为荧光黄阴离子 FT^-，呈黄绿色。在化学计量点之前，溶液中存在过量 Cl^-，AgCl 沉淀胶体微粒吸附 Cl^- 而带有负电荷，不会吸附指示剂阴离子 FT⁻，溶液仍呈 FT⁻ 的黄绿色；而在化学计量点后，稍过量的 $AgNO_3$ 标准溶液即可使 AgCl 沉淀胶体微粒吸附 Ag^+ 而带正电荷，形成 $AgCl \cdot Ag^+$。这时，带正电荷的胶体微粒将吸附 FT⁻，并发生分子结构的变化，出现由黄绿变成淡红的颜色变化，指示终点的到达。

$$AgCl \cdot Ag^+ + FT^- \rightarrow AgCl \cdot Ag^+ \mid FT^-$$
黄绿色　　　淡红色

为了使终点变色敏锐，使用吸附指示剂时需要注意以下几个问题：

（1）由于吸附指示剂的颜色变化发生在沉淀微粒表面，因此，应尽可能使卤化银沉淀呈胶体状态，而具有较大的表面积。为此，在滴定前应将溶液稀释，并加入糊精、淀粉等高分子化合物作为保护胶体，以防止 AgCl 沉淀凝聚。

（2）常用的吸附指示剂大多是有机弱酸，而起指示作用的是它们的阴离子。如荧光黄，其 $pK_a \approx 7$。当溶液 pH 值低时，荧光黄大部分以 HFI 形式存在，不会被卤化银沉淀吸附，不能指示终点。所以用荧光黄作指示剂时，溶液的 pH 值应为 $7 \sim 10$。若选用 pK_a 较小的指示剂，则可以在 pH 值较低的溶液中指示终点。

（3）卤化银沉淀对光敏感，遇光易分解析出金属银，使沉淀很快转变为灰黑色，影响终点观察，因此在滴定过程中应避免强光照射。

（4）胶体微粒对指示剂离子的吸附能力，应略小于对待测离子的吸附能力，否则指示剂将在化学计量点前变色，但如果吸附能力太差，终点时变色也不敏锐。卤化银对卤素离子、SCN⁻ 和几种吸附指示剂的吸附能力大小顺序为

$$I^- > SCN^- > Br^- > 曙红 > Cl^- > 荧光黄$$

（5）溶液中被滴定离子的浓度不能太低，因为浓度太低时，沉淀很少，观察终点比较困难。如用荧光黄作指示剂，用 $AgNO_3$ 溶液滴定 Cl⁻ 时，Cl⁻ 浓度要求在 0.005mol/L 以上。但 Br⁻/I⁻、SCN⁻ 等的测定灵敏度稍高，浓度低至 0.001mo/L 仍可准确滴定。

吸附指示剂除用于银量法外，还可用于测定 Ba^{2+} 及 SO_4^{2-} 等。

吸附指示剂种类很多，现将常用的列于表 16.1 中。

表 16.1　　　　　　　　　常用的吸附指示剂

指示剂名称	待测离子	滴定剂	适用的 pH 值范围
荧光黄	Cl⁻、Br⁻、I⁻、SCN⁻	Ag^+	$7 \sim 10$
二氯荧光黄	Cl⁻、Br⁻、I⁻、SCN⁻	Ag^+	$4 \sim 6$
溴甲酚绿	SCN⁻	Ag^+	$4 \sim 5$
曙红	Br⁻、I⁻、SCN⁻	Ag^+	$2 \sim 10$
溴酚蓝	Cl⁻、SCN⁻	Ag^+	$2 \sim 3$
甲基紫	SO_4^{2-}、Ag^+	Ba^{2+}、Cl⁻	酸性溶液
罗丹明 6G	Ag^+	Br⁻	稀 HNO_3

第17章 吸光光度法

基于物质分子对光的选择性吸收而建立起来的分析方法称为吸光（或分光）光度法，包括比色法、可见分光光度法及紫外分光光度法等。本章重点讨论可见分光光度法。许多物质是有颜色的，如高锰酸钾水溶液呈深紫色，Cu^{2+}水溶液呈蓝色。溶液愈浓，颜色愈深。可以比较颜色的深浅来测定物质的浓度，这称为比色分析法。它既可以靠目视进行，也可以采用分光光度计来进行。后者称为分光光度法。

吸光光度法灵敏度较高，检测下限达 $10\sim6mol/L$，适用于微量组分的测定。某些新技术如催化分光光度法，检测下限可达 $10^{-8}mol/L$。

吸光光度法测定的相对标准偏差为 $2\%\sim5\%$，可满足微量组分测定对精确度的要求。另外，吸光光度法测定迅速，仪器价格便宜，操作简单，应用广泛，几乎所有的无机物质和许多有机物质都能用此法进行测定。它还常用于化学平衡等的研究。因此吸光光度法对生产和科学研究都有极其重要的意义。

17.1 吸光光度法基本原理

17.1.1 物质对光的选择性吸收

当光束照射到物体上时，光与物体发生相互作用，产生反射、散射、吸收或透射，如图 17.1 所示。若被照射物系均匀溶液，则溶液对光的散射可以忽略。不同波长的可见光呈现不同的颜色。当一束白光（由各种波长的光按一定比例组成），如日光或白炽灯光等，通过某一有色溶液时，一些波长的光被吸收，另一些波长的光透过。透射光（或反射光）刺激人眼而使人感觉到溶液的颜色。因此溶液的颜色由透射光（或反射光）所决定。由吸收光和透射光组成白光的两种光称为补色光，两种颜色互为补色。如硫酸铜溶液因吸收白光中的黄色光而呈现蓝色，黄色与蓝色即为补色。表 17.1 列出了物质颜色与吸收光颜色的互补关系。

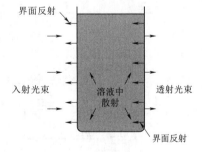

图 17.1 溶液对光的作用示意图

当一束光照射到某物质或其溶液时，组成该物质的分子、原子或离子与光子发生"碰撞"，光子的能量被分子、原子或离子吸收，使这些粒子由最低能态（基态）跃迁到较高能态（激发态）。

表 17.1   **物质颜色与吸收光颜色的互补关系**

物质颜色	吸 收 光		物质颜色	吸 收 光	
	颜色	波长/nm		颜色	波长/nm
黄绿	紫	400～450	紫	黄绿	560～580
黄	蓝	450～480	蓝	黄	580～600
橙	绿蓝	480～490	绿蓝	橙	600～650
红	蓝绿	490～500	蓝绿	红	650～780
紫红	绿	500～560			

$$M + h\nu \rightarrow M^+$$
基态　　激发态

被激发的粒子约在 10^{-8} s 后又回到基态，并以热或荧光等形式放出能量。

分子、原子或离子具有不连续的量子化能级，如图 17.2 所示。仅当照射光的光子能量（$h\nu$）与被照射物质粒子的基态和激发态能量之差相当时才能发生吸收。不同的物质粒子由于结构不同而具有不同的量子化能级，其能量差也不相同，所以物质对光的吸收具有选择性。

图中，A、B 为电子能级，$v' = 0, 1, 2, \cdots$，为 A 中各振动能级，$j' = 0, 1, 2, \cdots$，为 $v' = 0$ 振动能级中各转动能级。

让不同波长的单色光透过某一固定浓度和厚度的有色溶液，测量每一波长下溶液对光的吸收程度（即吸光度 A），然后将 A 对波长 λ 作图，即可得吸收曲线（吸收光谱。它描述了物质对不同波长光的吸收能力。如图 17.3 所示，从邻二氮菲-亚铁的吸收曲线可见，

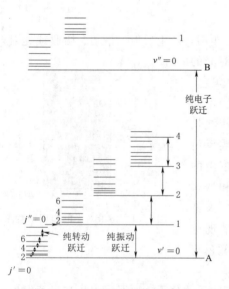

图 17.2 双原子分子能级跃迁

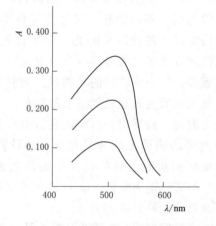

图 17.3 邻二氮菲-亚铁溶液的吸收曲线
（配合物浓度由下向上依次为
0.002mg/mL，0.004mg/mL，0.006mg/mL）

该配合物对 510nm 的绿色光吸收最多，有一吸收峰，相应的波长称最大吸收波长，用 λ_{max} 表示。对波长 600nm 以上的橙红色光几乎不吸收，完全透过，所以溶液呈橙红色。这说明了物质呈色的原因及对光的选择性吸收。不同物质其吸收曲线的形状和最大吸收波长各不相同，据此可用作物质的定性分析。在一定的范围内，不同浓度的同一物质，最大吸收波长不变，在吸收峰及附近处的吸光度随浓度增大而增大，据此可对物质进行定量分析。在 λ_{max} 处测定吸光度灵敏度最高，因此吸收曲线又是吸光光度法定量分析时选择测定波长的重要依据。

17.1.2 光吸收的基本定律——朗伯-比尔定律

当一束平行单色光通过单一均匀、非散射的吸光物质溶液时，光强度减弱。溶液的浓度 c 越大，液层厚度 b 越厚，入射光越强，则光被吸收得越多，光强度的减弱也越显著。它是由实验观察得到的。

$$A = -\lg T = \lg \frac{I_0}{I} = abc \tag{17.1}$$

式中：A 为吸光度；T 为透射率或称透光度，$T = I/I_0$；I_0 为入射光强度；I 为透射光强度；a 为比例常数，称为吸收系数。A 为量纲为一。

通常 b 以 cm 为单位，如果 c 以 g/L 为单位，则 a 的单位为 L/(g·cm)。如果 c 以 mol/L 为单位，则此时的吸收系数称为摩尔吸收系数，用符号 κ 表示，单位为 L/(mol·cm)。于是式（17.1）可表示为

$$A = \kappa bc \tag{17.2}$$

式（17.1）和式（17.2）都是朗伯-比尔定律的数学表达式。此定律不仅适用于溶液，也适用于其他均匀、非散射的吸光物质（气体或固体，是各类吸光光度法定量分析的依据。试验上，这种关系也常用线性回归方程式表示。

κ 是吸光物质在特定波长和溶剂情况下的一个特征常数，数值上等于浓度为 1mol/L 吸光物质在 1cm 光程中的吸光度，是物质吸光能力大小的量度。它可作为定性鉴定的参数，也可用以估量定量方法的灵敏度：κ 值愈大，方法愈灵敏。由试验结果计算 κ 时，常以被测物质的总浓度代替吸光物质的浓度，这样计算的 κ 值实际上是表观摩尔吸收系数。κ 与 a 的关系为

$$\kappa = Ma \tag{17.3}$$

式中：M 为物质的摩尔质量。

【例 17.1】 铁（Ⅱ）质量浓度为 5.0×10^{-4} g/L 的溶液，与 1，10-邻二氮菲反应，生成橙红色配合物，最大吸收波长为 508nm。比色皿厚度为 2cm 时，测得该显色溶液的 $A = 0.19$。计算邻二氮菲-亚铁比色法对铁的 a 及 κ。

解： 已知铁的摩尔质量为 55.85g/mol。根据朗伯-比尔定律得

$$a = \frac{A}{bc} = \frac{0.19}{2\text{cm} \times 5.0 \times 10^{-4}\text{g/L}} = 190\text{L/(g·cm)}$$

$$\kappa = Ma = 55.85\text{g/mol} \times 190\text{L/(g·cm)} = 1.1 \times 10^4\text{L/(mol·cm)}$$

在多组分体系中，如果各种吸光物质之间没有相互作用，这时体系的总吸光度等于各

组分吸光度之和，即吸光度具有加和性。由此可得

$$A_{总}=A_1+A_2+\cdots+A_n=\kappa_1bc_1+\kappa_2bc_2+\kappa_3bc_3+\cdots+\kappa_nbc_n \tag{17.4}$$

式中：下角标为吸收组分 1，2，$\cdots$，n。

17.2 分光光度计

吸光度测定使用的分光光度计有紫外-可见分光光度计和可见分光光度计之分，种类和型号也繁多。按光路结构来说，可分为单波长单光束分光光度计、单波长双光束分光光度计、双波长分光光度计。

1. 单波长单光束分光光度计

单波长单光束分光光度计最常见，其结构如图 17.4 所示，特点是结构简单。参比池与试样吸收池先后经手动被置于光路中，测定的时间间隔较长。若此时间内光源强度有波动，易带来测量误差，故要求稳定的光源电源。

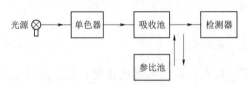

图 17.4 单波长单光束分光光度计结构示意图

最常见的国产 722 型可见分光光度计就是一种单波长单光束分光光度计，其光路结构如图 17.5 所示，采用光电管检测器，工作波长范围为 330～800nm。

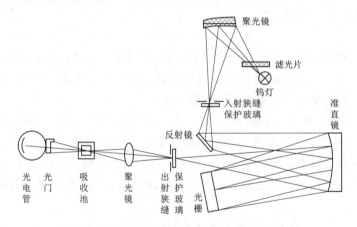

图 17.5 722 型可见分光光度计光学系统示意图

为了正确使用分光光度计，现将其组成的各部件的作用及性能介绍如下。

（1）光源。要求能够在所需波长范围内发出强而稳定的连续光谱。可见光区常用钨丝灯作光源。钨丝加热到白炽时，发射出 320～2500nm 波长的连续光谱，光强度分布随灯丝温度而变化。温度增高时，总强度增大，且在可见光区的强度分布增大，但温度增高会影响灯的寿命。钨丝灯工作温度一般为 2600～2870K（钨的熔点为 3680K）。灯的温度取决于电源电压，电压的微小波动会引起光强度的很大变化，因此应使用稳压电源，使光强度稳定。近紫外区常采用氢灯或氘灯作光源，它们发射 180～375nm 的连续光谱。

（2）单色器。单色器由棱镜或光栅等色散元件及狭缝和透镜等组成。此外，常用的滤

光片也起一定的滤光作用。

1）棱镜。光通过入射狭缝，经准直透镜以一定角度射到棱镜上，在棱镜的两界面上发生折射而色散。色散了的光被聚焦在一个微微弯曲并带有出射狭缝的表面上，移动棱镜或出射狭缝的位置，就可使所需波长的光通过狭缝照射到样品池上。单色光的纯度取决于棱镜的色散率和出射狭缝的宽度，玻璃棱镜对 $400\sim1000nm$ 波长的光色散较大，适用于可见分光光度计。

2）光栅。有透射光栅和反射光栅之分。反射光栅较透射光栅更常用。它是在一抛光的金属表面上刻划一系列等距离的平行刻槽或在复制光栅表面喷镀一层铝薄膜而制成。当复合光照射到光栅上时，每条刻槽都产生衍射作用。由每条刻槽所衍射的光又会互相干涉而产生干涉条纹。光栅正是利用不同波长的入射光产生干涉条纹的衍射角不同（长波长光衍射角大，短波长光衍射角小），从而将复合光分成不同波长的单色光。

使用棱镜单色器可以获得半宽度为 $5\sim10nm$ 的单色光，光栅单色器可获得半宽度小至 $0.1nm$ 的单色光，且可方便地改变测定波长。

从单色器出射的光束通常混有少量与仪器指示波长不一致的杂散光，其来源之一是光学部件表面尘埃的散射，因此应该保持光学部件的洁净。

（3）吸收池。亦称比色皿，用于盛放测光试液。吸收池本身应能透过所需波长的光线。可见光区可用无色透明、能耐腐蚀的玻璃吸收池，大多数仪器都配有液层厚度为 $0.5cm$、$1cm$、$2cm$、$3cm$ 等的一套长方形吸收池。紫外光区使用石英吸收池。同厚度吸收池间的透光度相差应小于 0.5%。为了减少入射光的反射损失，测量时让光束垂直入射吸收池的透光面。指纹、油腻或其他沉积物都会影响吸收池透射特性，因此应注意保持吸收池的光洁。

（4）检测系统。光电检测器将光强度转换成电流来测量吸光度。检测器对测定波长范围内的光应有快速、灵敏的响应，产生的光电流应与照射于检测器上的光强度成正比。可见分光光度计常使用硒光电池或光电管作检测器，采用毫伏表作读数装置。现代仪器常与计算机联机，在显示器上显示结果。

2. 双波长分光光度计

图 17.6 为双波长分光光度计示意图。从光源发出的光经两个单色器，得到两束波长不同的单色光。借切光器调节，使两束光以一定的时间间隔交替照射到盛有试液的吸收池，检测器显示出试液在波长 λ_1 和 λ_2 处的透光度差值 ΔT 或吸光度差值 ΔA。

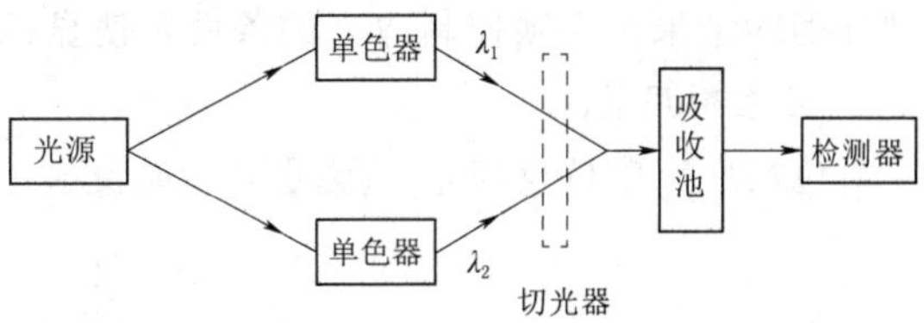

由于 $\Delta A = A_{\lambda_1} - A_{\lambda_2} = (\kappa_{\lambda_1} - \kappa_{\lambda_2})bc$，因而 ΔA 与吸光物质浓度 c 成正比，这

图 17.6 双波长分光光度计示意图

是用双波长双光束分光光度计进行定量分析的理论根据。由于仅用一个吸收池，且用试液本身作参比液，因此消除了单波长光度法中吸收池与参比池不一致所引起的误差，提高了测定的准确度。又因为测定的是试液在两波长处的吸光度差值，故可提高测定的选择性和灵敏度。

17.3 显色反应及显色条件的选择

光度分析中，对于本身无吸收的待测组分，先要通过显色反应将待测组分转变成有色化合物，然后测定吸光度或吸收曲线。与待测组分形成有色化合物的试剂称为显色剂。在光度分析中选择合适的显色反应，并严格控制反应条件，是十分重要的。

17.3.1 显色反应的选择

显色反应多为配位反应或氧化还原反应，而配位反应最常用。同一组分常可与多种显色剂反应，生成不同的有色物质。选用显色反应应考虑以下因素。

（1）灵敏度高。光度法一般用于微量组分的测定，因此选择灵敏的显色反应是应考虑的主要方面。应当选择生成的有色物质的摩尔吸收系数 κ 较大的显色反应。一般来说，当 κ 值为 $10^4 \sim 10^5 \, \mathrm{L/(mol \cdot cm)}$ 时，显色反应灵敏度较高。如用氨水与 Cu^{2+} 生成铜氨配合物来测定 Cu^{2+}，κ 只有 $1.2 \times 10^2 \, \mathrm{L/(mol \cdot cm)}$。灵敏度很低。而用苦胺 R 在 $0.7 \mathrm{mol/L}$ 盐酸介质中测定 Cu^{2+}，κ 为 $2.8 \times 10^4 \, \mathrm{L/(mol \cdot cm)}$。用双硫腙在 $0.1 \mathrm{mol/L}$ 浓度下，以 CCl_4 萃取测定 Cu^{2+}，κ 为 $5.0 \times 10^4 \, \mathrm{L/(mol \cdot cm)}$，灵敏度都是较高的。

（2）选择性好。指显色剂仅与一个组分或少数几个组分发生显色反应。仅与一种离子发生反应者称为特效（或专属）显色剂。特效显色剂实际上是不存在的，但是干扰较少或干扰易于除去的显色反应是可以找到的。

（3）显色剂。其在测定波长处无明显吸收。这样，试剂空白值就小，可以提高测定的准确度及降低方法的检测下限。通常把两种有色物质最大吸收波长之差称为对比度，一般要求显色剂与有色化合物的对比度 $\Delta\lambda > 60 \mathrm{nm}$。

（4）反应生成的有色化合物组成恒定。化学性质稳定。这样，可以保证至少在测定过程中吸光度基本上不变，否则将影响吸光度测定的准确度及再现性。

17.3.2 显色条件的选择

吸光光度法是测定待测物质的吸光度或显色反应达到平衡后溶液的吸光度，因此为了得到准确的结果，必须控制适当的条件，使显色反应完全、稳定。

1. 显色剂用量

显色反应（配位反应）一般可用下式表示：

$$M \;+\; R \;\rightleftharpoons\; MR$$
$$\text{待测组分} \quad \text{显色剂} \quad \text{有色配合物}$$

根据溶液平衡原理，有色配合物稳定常数愈大，显色剂过量愈多，愈有利于待测组分形成有色配合物。但是过量的显色剂有时会引起副反应，背景值提高，对测定反而不利。显色剂的适宜用量常通过试验来确定：将待测组分的浓度及其他条件固定，然后加入不同量的显色剂，测定其吸光度，绘制吸光度（A）—浓度（c_R）关系曲线，一般可得到如图 17.7 所示三种不同的情况。

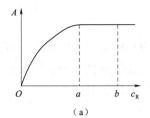
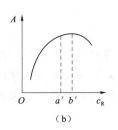
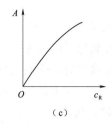

图 17.7　吸光度与显色剂浓度的关系曲线

如图 17.7（a）所示，当显色剂浓度 c_R 在 $0\sim a$ 范围内时，显色剂用量不足，待测离子没有完全转变成有色配合物。随着 c_R 增大，吸光度 A 增大。$a\sim b$ 范围内吸光度最大且稳定，因此可在 $a\sim b$ 间选择合适的显色剂用量。这类反应生成的有色配合物稳定，对显色剂浓度控制要求不太严格。

如图 17.7（b）所示，c_R 在 $a'\sim b'$ 这一较窄的范围内，吸光度值才较稳定，其余吸光度都下降，因此必须严格控制 c_R 的大小。如硫氰酸盐与钼的反应：

$$Mo(SCN)_3^{2+} \underset{-SCN^-}{\overset{+SCN^-}{\rightleftharpoons}} Mo(SCN)_5 \underset{-SCN^-}{\overset{+SCN^-}{\rightleftharpoons}} Mo(SCN)_6^-$$

$$\text{浅红} \qquad\qquad \text{橙红} \qquad\qquad \text{浅红}$$

显色剂 SCN 浓度太低或太高，生成配位数低或高的配合物，吸光度都降低。

如图 17.7（c）所示，随着显色剂浓度增大，吸光度不断增大。如 SCN^- 与 Fe^{3+} 的反应，生成逐级配合物 $Fe(SCN)_n^{3-n}$，$n=1$，2，6，随着 SCN 浓度增大，生成颜色越来越深的高配位数配合物，此种情况亦必须严格控制显色剂用量。

2. 酸度

酸度对显色反应的影响是多方面的。大多数有机显色剂是有机弱酸，且带有酸碱指示剂性质，溶液中存在着下列平衡：

$$HR \rightleftharpoons H^+ + R^-$$
$$+$$
$$Me^{n+}$$
$$\Updownarrow$$
$$MeR_n \text{（有色化合物）}$$

酸度改变，将引起平衡移动，从而影响显色剂及有色化合物的浓度，还可能引起配位基团（R）数目的改变以致改变溶液的颜色。

此外，酸度对待测离子存在状态及是否发生水解也是有影响的。

显色反应的适宜酸度范围也是通过实验作出吸光度-pH 值曲线来确定的。

3. 显色温度

显色反应一般在室温下进行，有的反应则需要加热，以加速显色反应进行完全。有的有色物质当温度高时又容易分解。为此，对不同的反应，应通过试验找出适宜的温度范围。

4. 显色时间

大多数显色反应需要经一定的时间才能完成。时间的长短又与温度的高低有关。有的有色物质在放置时，受到空气的氧化或发生光化学反应，会使颜色减弱。因此必须通过试验，作出一定温度下的吸光度－时间关系曲线，求出适宜的显色时间。

5. 干扰的消除

光度分析中，共存离子如本身有颜色，或与显色剂作用生成有色化合物，都将干扰测定。要消除共存离子的干扰，可采用下列方法：

（1）加入配位掩蔽剂或氧化还原掩蔽剂，使干扰离子生成无色配合物或无色离子。如用 NH_4SCN 作显色剂测定 CO^{2+} 时，Fe^{3+} 的干扰可借加入 NaF 使之生成无色 FeF_6^{3-} 而消除。测定 Mo(Ⅵ) 时可借加入 $SnCl_2$ 或抗坏血酸等将 Fe^{3+} 还原为 Fe^{2+} 而避免与 SCN^- 作用。

（2）选择适当的显色条件以避免干扰。如利用酸效应，控制显色剂解离平衡，降低 [R]，使干扰离子不与显色剂作用。如用磺基水杨酸测定 Fe^{3+} 时，Cu^{2+} 与试剂形成黄色配合物，干扰测定，但若控制 pH 值在 2.5 左右，则 Cu^{2+} 不干扰。

（3）分离干扰离子。在不能掩蔽的情况下，可采用沉淀、离子交换或溶剂萃取等分离方法除去干扰离子。应用萃取法时，可直接在有机相中显色测定，称为萃取光度法，不但可消除干扰，还可以提高分析灵敏度。

（4）选择适当的光度测量条件（适当的波长或参比溶液），消除干扰。

综上所述，建立一个新的光度分析方法，必须研究优化上述各种条件。应用某一显色反应进行测定时，必须对这些条件进行控制，并使试样的显色条件与绘制标准曲线时的条件一致，这样才能得到重现性好而准确度高的分析结果。

17.3.3　显色剂

1. 无机显色剂

无机显色剂与金属离子生成的化合物不够稳定，灵敏度和选择性也不高，应用已不多。尚有实用价值的仅有硫氰酸盐［测定 Fe^{3+}、Mo(Ⅵ)、W(Ⅴ)、Nb(Ⅴ) 等］，钼酸铵（测定 P、Si、W 等）及 H_2O_2［测定 V(Ⅴ)、Ti(Ⅳ) 等］等数种。

2. 有机显色剂

大多数有机显色剂与金属离子生成稳定的配合物，显色反应的选择性和灵敏度都较无机显色反应高，因而广泛应用于吸光光度分析中。

有机显色剂及其产物的颜色与它们的分子结构有密切关系。分子中含有一个或一个以上的某些不饱和基团（共轭体系）的有机化合物，往往是有颜色的，这些基团称为发色团（或生色团），如偶氮基（—N＝N—）、亚硝基（—N＝O）、醌基（ ＝⬡＝ ）、硫羰基（ ＞C＝S ）等都是发色团。

另外一些基团，如—NH_2、—NR_2、—OH、—OR、—SH、—Cl^- 及—Br^- 等，虽然

本身没有颜色，但它们却会影响有机试剂及其与金属离子的反应产物的颜色，这些基团称为助色团。如水杨酸中引入甲氧基后，与Fe(Ⅲ)反应产物的最大吸收波长向长波方向移动，颜色也因而加深，这种现象称为"红移"。

当金属离子与有机显色剂形成螯合物时，金属离子与显色剂中的不同基团通常形成一个共价键和一个配位键，改变了整个试剂分子内共轭体系的电子云分布情况，从而引起颜色的改变。如茜素与Al^{3+}反应：

黄色   红色

由于茜素分子中氧原子提供电子对与Al配位，氧原子的电子云发生较大变形，而这个氧原子又处在共轭体系中，因此生成配合物的颜色显著加深。

17.4 吸光光度法的应用

吸光光度法主要应用于微量组分的测定，也能用于多组分分析以及研究化学平衡、配合物的组成等。

17.4.1 多组分分析

应用分光光度法，常常可能在同一试样溶液中不经分离而测定一个以上的组分。假定溶液中同时存在x和y两组分，其吸收光谱一般有如下两种情况：

（1）吸收光谱不重叠，或至少可能找到某一波长处x有吸收而y不吸收，在另一波长处，y有吸收而x不吸收，如图17.8所示，则可分别在波长λ_1和λ_2处测定，组分x和y而相互不产生干扰。这与单组分测定无区别。

（2）吸收光谱重叠。这种情况下，要找出两个波长，使二组分的吸光度差值ΔA较大，如图17.9所示。在波长为λ_1和λ_2处测定吸光度A_1和A_2，由吸光度的加和性得联立方程：

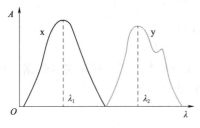

图17.8 吸收光谱不重叠

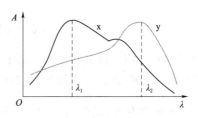

图17.9 吸收光谱重叠

$$A_1 = \kappa_{x1}bc_x + \kappa_{y1}bc_y \left.\begin{matrix} \\ \\ \end{matrix}\right\}$$
$$A_2 = \kappa_{x2}bc_x + \kappa_{y2}bc_y$$

式中：c_x、c_y 分别为 x 和 y 的浓度；κ_{x1}、κ_{y1} 分别为 x 和 y 在波长 λ_1 时的摩尔吸收系数；κ_{x2}、κ_{y2} 分别为 x 和 y 在波长 λ_2 处的摩尔吸收系数。

解方程组可求出 c_x、c_y。各 κ 可预先用 x 和 y 的纯溶液在两波长处测得。

原则上对任何数目的混合组分都可以用此方法建立方程组求解，但实际应用中通常仅限于两个或三个组分的体系。因为三组分以上的体系，如果各组分的吸收光谱差别不大，会带来很大的计算误差。解决这个问题需建立测定波长数比组分数多的矛盾方程组，并运用最小二乘法等计算求解。

17.4.2　酸碱解离常数的测定

分光光度法可用于测定对光有吸收的酸（碱）的解离常数，是研究酸碱指示剂及金属指示剂的重要方法之一。例如，有一元弱酸 HL 按下式解离：

$$HL \rightleftharpoons H^+ + L^-, \quad K_a = \frac{[H^+][L^-]}{[HL]}$$

首先配制一系列总浓度（c）相等，而 pH 值不同的 HL 溶液，用酸度计测定各溶液的 pH 值。在酸式（HL）或碱式（L^-）有最大吸收的波长处，用 1cm 比色皿测定各溶液的吸光度 A，则

$$A = \kappa_{HL}[HL] + \kappa_L[L^-] = \kappa_{HL}\frac{[H^+]c}{K_a + [H^+]} + \kappa_L\frac{K_a c}{K_a + [H^+]} \tag{17.5}$$

假设高酸度时，弱酸全部以酸式形式存在（即 $c = [HL]$），测得的吸光度为 A_{HL}，则

$$A_{HL} = \kappa_{HL}c \tag{17.6}$$

低酸度时，弱酸全部以碱式形式存在（即 $c = [L^-]$），测得的吸光度为 A_{L^-}，则

$$A_{L^-} = \kappa_L c \tag{17.7}$$

将式（17.6）、式（17.7）代入式（17.5），得

$$A = \frac{A_{HL}[H^+]}{K_a + [H^+]} + \frac{K_a A_{L^-}}{K_a + [H^+]}$$

整理得

$$K_a = \frac{A_{HL} - A}{A - A_{L^-}}[H^+]$$

$$pK_a = pH + \lg\frac{A - A_{L^-}}{A_{HL} - A} \tag{17.8}$$

式（17.8）是用光度法测定一元弱酸解离常数的基本公式。利用实验数据，可由此公式用代数法计算 pK_a 值，或由图解法（图 17.10）求 pK_a 值。

17.4.3　配合物组成及稳定常数的测定

分光光度法是研究配合物组成（配位比）和测定稳定常数的最有用的方法之一。下面

简单介绍常用的摩尔比法。

设金属离子 M 与配体 L 的反应生成对光有吸收的配合物 ML_n。

$$M + nL \rightleftharpoons ML_n$$

配制金属离子浓度 c_M 固定，而配体浓度 c_L 逐渐改变的系列溶液，并测定它们的吸光度。以吸光度为纵坐标，c_L/c_M 为横坐标作图，如图 17.11 所示。

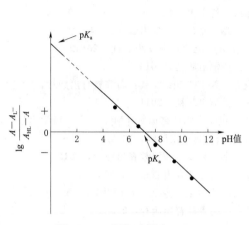

图 17.10　图解法测定 pK_a

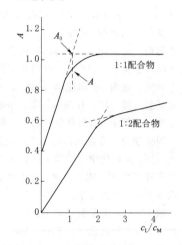

图 17.11　配合物的摩尔比法图示

当 $c_L/c_M < n$ 时，金属离子未完全配合，随着配体浓度的增加，生成的配合物增多，吸光度增大。当 $c_L/c_M > n$ 时，金属离子几乎全部生成配合物，吸光度不再改变。两条直线的交点（若配合物易解离，则曲线转折点不敏锐，应用外延法求交点）所对应的横坐标 c_L/c_M 值若为 n，则配合物的配位比为 $1:n$。

此法亦可用以测定配合物的稳定常数。如图 17.11 中形成 $1:1$ 配合物时，根据物料平衡：

$$c_M = [M] + [ML]$$

$$c_L = [L] + [ML]$$

若金属离子和配体在测定波长处无吸收，则

$$A = \kappa_{ML}[ML] \quad (b = 1\mathrm{cm})$$

配合物的摩尔吸收系数 κ_{ML} 可由 c_L/c_M 比值较高时恒定的吸光度 A_0 得到，因为这时全部离子都已配位，$c_M = [ML]$，故 $\kappa_{ML} = A_0/c_M$。

由于 κ_{ML} 已知，以上三个方程式中包含三个未知数，因此用反应不很完全区域的吸光度和 c_M、c_L 数据可计算各平衡浓度，并由此得到稳定常数：

$$K = \frac{[ML]}{[M][L]} = \frac{\dfrac{A}{\kappa_{ML}}}{(c_M - [ML])(c_L - [ML])} = \frac{A\kappa_{ML}}{(c_M\kappa_{ML} - A)(c_L\kappa_{ML} - A)} \quad (17.9)$$

此法适用于解离度小的配合物，尤其是配位比高的配合物的组成的测定。

参 考 文 献

［1］ 汪小兰. 有机化学［M］. 5 版. 北京：高等教育出版社，2017.

［2］ 于跃芹，刘永军. 有机化学［M］. 2 版. 北京：科学出版社，2018.

［3］ 李艳梅，赵圣印，王兰英. 有机化学［M］. 2 版. 北京：科学出版社 2014.

［4］ 李瀛，王清廉，薛吉军. 有机化学简明教程［M］. 北京：科学出版社，2013.

［5］ 王兴明，康明. 有机化学［M］. 2 版. 北京：科学出版社，2015.

［6］ 邢其毅，裴伟伟，徐瑞秋，等. 基础有机化学［M］. 3 版. 北京：高等教育出版社，2005.

［7］ 章烨，张荣华. 有机化学［M］. 2 版. 北京：科学出版社，2011.

［8］ 中国化学会，有机化合物命名审定委员会. 有机化合物命名原则［M］. 北京：科学出版社，2017.

［9］ 郑用熙. 分析化学中的数理统计方法［M］. 北京：科学出版社，1986.

［10］ 华东理工大学，四川大学. 分析化学［M］. 7 版. 北京：高等教育出版社，2018.

［11］ 武汉大学. 分析化学：上册［M］. 6 版. 北京：高等教育出版社，2016.

［12］ 王敏. 分析化学手册：2. 化学分析［M］. 3 版. 北京：化学工业出版社，2016.

［13］ 武汉大学. 分析化学：下册［M］. 6 版. 北京：高等教育出版社，2018.